I0032107

STUD-BOOK DE LA RACE BARBE

REGISTRE

CHEVAUX ET JUMENTS

ALGER

IMPRIMERIE DU GOUVERNEMENT GÉNÉRAL

1892

STUD-BOOK DE LA RACE BARBE

———

REGISTRE

DES

CHEVAUX ET JUMENTS

8° S
82777

GOUVERNEMENT GÉNÉRAL DE L'ALGÉRIE

STUD-BOOK DE LA RACE BARBE

REGISTRE

DES

CHEVAUX ET JUMENTS

DONT L'INSCRIPTION A ÉTÉ AUTORISÉE

PAR

M. le Gouverneur Général de l'Algérie

PAR APPLICATION DE L'ARRÊTÉ DU 8 MARS 1886

ALGER

GIRALT, IMPRIMEUR DU GOUVERNEMENT GÉNÉRAL

16, RAMPE MAGENTA, 16

—

1892

AVANT-PROPOS

LA RACE CHEVALINE BARBE

(SES DÉRIVÉS OU SES VARIÉTÉS)

L'étude à laquelle nous avons l'intention de nous livrer
aujourd'hui ne saurait avoir pour but de rechercher les
origines du cheval, car des avants hippologues ont traité
la question et présenté des arguments historiques
irréfutables devant lesquels nous devons nous incliner ;
notre intention n'est pas non plus de rechercher si l'Asie
ou l'Afrique a été le berceau de la race chevaline ou si
l'arabe est plus ancien que le barbe, mais nous sommes
tout disposé à admettre que de ces deux branches ou
variétés sont issues toutes les races chevalines européennes existant de nos jours ; seulement elles ont subi
les transformations diverses que le sol, le climat et la
nourriture des régions dans lesquelles elles se trou-
vaient transplantées devaient nécessairement leur donner.

Ce principe admis par tous les hippologues, l'histoire
nous apprend en outre qu'à l'époque de la conquête
arabe, l'Afrique du nord a été envahie par les flots de
l'Islamisme ; or, tout fait supposer que c'est à ce moment que la race arabe est venue se mêler et fusionner

pour ainsi dire avec la race barbe, qui, jusque là avait conservé son caractère particulier ; par conséquent, selon nous, on peut vraisemblablement admettre qu'à cette époque remontent les modifications subies par notre race chevaline indigène, transformations qui se sont multipliées suivant le sol, le climat ou le milieu dans lequel les tribus nomades vivaient alors, en guerroyant journellement ; d'où il résulte que dès le début de la conquête et au fur et à mesure que nos devanciers parcouraient le pays et apprenaient à le connaître, ils constataient que le cheval barbe, sans avoir les formes aussi gracieuses et aussi harmonieuses que le cheval arabe, était plus étoffé et plus osseux, avait surtout la tête plus longue, et souvent busquée, la poitrine profonde, le rein court et puissant, la croupe oblique ou avalée et souvent ronde ; mais tous ces caractères généraux variaient à l'infini dans les trois provinces algériennes, suivant que les tribus indigènes campaient dans la plaine, les vallées ou la montagne.

Aujourd'hui encore, la situation est la même, c'est-à-dire que les mêmes variétés dans la race existent ; malheureusement elle est dégradée et elle a perdu ses qualités de fond et de rusticité qui avaient fait sa réputation et qui, en outre, signalaient, à juste titre, le barbe comme le meilleur cheval de guerre du monde.

Nous n'examinerons pas ici les causes de cette dégénérescence, car nous nous éloignerions trop du but que nous cherchons à atteindre ; ce modeste travail, du reste, devant se borner à définir les principaux caractères des nombreuses variétés de la race barbe existant aujourd'hui dans la colonie, pour en arriver à indiquer aussi clairement que possible, l'amélioration que ces différents types sont susceptibles de recevoir dans toutes les régions algériennes.

Le Tell algérien, c'est-à-dire la partie comprise entre

le littoral et la région des hauts plateaux, est traversée, diagonalement, du nord-est au sud-ouest par le grand Atlas, ce qui démontre que dans notre colonie algérienne on passe facilement des altitudes les plus basses aux altitudes les plus élevées; cette configuration du territoire tellien prouve encore que l'industrie chevaline ne réussit pas partout; que dans le pays kabyle elle est absolument réfractaire et nullement à la convenance des indigènes et que, par conséquent, les centres chevalins se trouvent parfaitement groupés dans les trois grandes circonscriptions administratives de la Colonie.

Ce qui frappe en outre, le plus encore, l'œil du connaisseur, c'est que malgré toutes ses variétés, le prototype de la race se présente sous des caractères bien différents dans les trois départements ou divisions militaires de l'Algérie; il en est du reste de même entre le cheval tunisien et le cheval marocain, également de race barbe, qui sont loin de présenter les mêmes caractères.

L'étude que nous avons entreprise laissera de côté, pour le moment, le cheval barbe d'origine saharienne, de la région hors Tell, car dans ce territoire où nécessité fait loi, le cheval est avant tout une arme pour la défense et il s'élève ou s'améliore d'une façon particulière qui ne pèse d'aucun poids dans l'augmentation ou la diminution de la richesse publique des nomades de ce territoire excentrique; du reste, la race barbe saharienne sera l'objet d'un paragraphe spécial dans ce travail.

Le département d'Alger, le moins étendu des trois, se trouve resserré par les deux autres ; c'est celui dans lequel la colonisation a fait les plus grands progrès et c'est, par conséquent, celui où l'élément européen domine ; aussi, pour ces motifs, il a toujours été considéré comme le plus pauvre au point de vue des ressources chevalines et ses chevaux ont été de tout temps les moins estimés.

La plaine de la Mitidja, toute la vallée du bas et du haut Chéliff, les plateaux de Téniet-el-Haâd, du Sersou, de Boghar, c'est-à-dire l'ancien Tittery et la tribu des Adaouras, dans les environs d'Aumale, ont été et sont encore les meilleurs centres de production et ceux dans lesquels la race barbe a conservé quelque chose de particulier et de bien tranché, ce qui permet de décrire les nombreuses variétés ou les différents types que l'on trouve encore dans ces régions, mais qui ne sont actuellement que les débris des richesses chevalines que possédaient autrefois les grandes tribus indigènes.

La Mitidja, aujourd'hui entièrement colonisée, couverte de fermes, d'exploitations agricoles et de grands vignobles, ne peut plus être considérée comme un pays de production chevaline, car non seulement l'éleveur indigène a quitté le territoire pour aller vivre dans la montagne, mais les indigènes de la plaine ne sont plus aujourd'hui que les simples kammès des européens et, dans ces conditions, chacun travaille suivant ses moyens ou ses besoins ; là où il faut un moteur plus puissant, on cherche à faire le cheval de trait ; là où l'européen possède de bonnes et vastes prairies, il fait le commerce du bétail et ne perdra pas son temps à faire un cheval qui lui rapporte peu, ou que le plus souvent il ne peut élever convenablement et aussi facilement que l'indigène ; pour ces motifs, l'industrie chevaline a considérablement périclité ; dans la plaine de la Mitidja, le cheval de cette région n'a plus aucun caractère tranché ; les éleveurs ne possèdent du reste que des juments barbes sans valeur qu'ils achètent sur les marchés.

Ils nourrissent peu ou mal les jeunes sujets avec le

fourrage grossier qu'ils donnent au bétail ; enfin, les
poulains et pouliches se développent tardivement et
s'étiolent à l'écurie où ils restent en permanence au
lieu de gambader nuit et jour, suivant les saisons, dans
les paddocks.

En résumé, la colonisation a tué le cheval barbe
dans cette région privilégiée ; cependant il serait facile
de démontrer qu'avec de bons étalons de l'Etat, l'amélioration des prairies qui manquent de calcaire, de la
nourriture et un élevage en liberté, on arriverait à
donner au cheval barbe de la plaine, l'ampleur et
l'ossature qui lui manquent et des aptitudes en rapport
avec les besoins des colons européens, qui tous réclament depuis de longues années le cheval agricole
indispensable pour leur exploitation.

La vallée du Chéliff possède un cheval barbe dont la
réputation s'est maintenue ; celui du bas Chéliff est de
taille moyenne, mais fortement charpenté et membré,
la tête longue et forte surtout en ganaches, le rein
court, bien soudé, la croupe ronde et les extrémités
un peu communes ; en un mot, dans l'ensemble, ce
cheval accuse peu de sang, surtout dans les bas-fonds
de la vallée et de la plaine ; néanmoins, il est très résistant quand il n'est pas usé prématurément et, ce qui le
prouve, c'est que les chevaux ou étalons les plus vieux
et les mieux conservés des établissements militaires,
sont originaires d'Orléansville et du pays d'élevage
environnant.

Dans le haut Chéliff, le barbe offre des caractères
peu différents, mais il accuse plus de sang et d'origine,
son tissu est plus fin, ses crins plus soyeux ; en un
mot, il est plus léger et a plus de distinction ; c'est un
cheval trempé, énergique, très résistant à la fatigue.
Dans certaines tribus indigènes et principalement chez
les Ouled-Moktar et les Ouled-Sidi-Daoud, on rencontre

encore des animaux puissants, très équilibrés, susceptibles de faire des étalons de premier ordre et qui sont
en outre les seuls du département d'Alger, désignés
autrefois sous le nom de Tittery, ayant bien conservé
le type ou le cachet de la race barbe.

La circonscription de Téniet-el-Haad s'étend jusqu'au
plateau du Sersou et forme, pour ainsi dire, la limite
entre le Tell et les hauts plateaux ; c'est un pays de production et d'élevage par excellence et c'est en outre la
région où les Sahariens de la division militaire d'Alger
viennent estiver annuellement et entrer, par conséquent,
en relations commerciales avec les indigènes des tribus
limitrophes ; le cheval barbe de cette circonscription a
plus de taille, plus de lignes et beaucoup plus de distinction que celui de la plaine ; il se ressent pour ainsi
dire du contact avec les tribus sahariennes et là, surtout, on trouve le barbe avec un grand cachet de race,
tête carrée, œil bien ouvert, oreilles fines, naseaux
dilatés, encolure bien greffée, belle sortie de garrot,
beau dessus, cerceau cylindrique, bonne direction de
hanches, membres secs et de bonne nature, en un mot
tout ce qui accuse la noblesse et le sang.

Dans la circonscription d'Aumale, on rencontre, surtout chez les Adaouras, un cheval barbe de très grande
taille, ayant de la réputation et de la valeur, bien
trempé, mais peu harmonieux et surtout peu équilibré ;
par contre, les juments poulinières sont irréprochables,
ont surtout, en dehors de la taille et de la distinction,
de grandes et belles lignes, en un mot, un cadre et un
ensemble des plus harmonieux, ce qui fait supposer
que par un appareillement très judicieux on pourrait
arriver à doter cette région d'une production d'élite,
pouvant satisfaire à tous les besoins et donnant surtout
le cheval de selle ou de guerre dont notre pays a tant
besoin ; ce territoire, du reste, a beaucoup d'analogie

avec celui du Hodna dont nous parlerons un peu plus loin.

Quant au cheval barbe de la plaine des Aribs qui avait autrefois le plus de valeur dans l'ancienne subdivision d'Aumale, il a disparu à la suite de l'insurrection de 1871 qui a désagrégé et dispersé toutes les tribus indigènes occupant ce territoire. Or, les quelques fermes isolées, exploitations agricoles ou villages existant aujourd'hui, ne peuvent encore contribuer à relever l'industrie chevaline jadis si florissante dans cette circonscription.

Le cheval barbe des cercles de Boghar et de Djelfa est celui se rapprochant le plus du type saharien; il a, du reste, presque la même origine, attendu que les Sahariens n'élèvent que leurs pouliches et vendent aux éleveurs du Tell et surtout dans les tribus limitrophes où ils viennent estiver annuellement, presque tous leurs produits mâles. Le cheval de Boghar a donc forcément plus d'espèce et plus de race que celui de la plaine, il est grand et élancé, sa taille varie entre 1ᵐ 50 et 1ᵐ 55, sa tête est expressive, l'œil bien ouvert et les naseaux dilatés, son encolure grêle est souvent renversée, le garrot bien sorti, le dessus irréprochable, la croupe longue et la cuisse descendue, les membres secs, les tendons très détachés, le pied petit et sûr; en un mot, c'est le cheval résistant par excellence, accusant de l'énergie et de la trempe et ayant surtout une grande vitesse. Il est généralement de robe grise, devient presque blanc avec l'âge, a généralement trop de ladre, enfin son tissu est fin et ses crins très soyeux. Dans certaines parties montagneuses de ce territoire, on rencontre dans quelques tribus un cheval barbe étoffé et puissant, offrant les mêmes caractères dans l'âge adulte, mais qui n'a rien de séduisant comme poulain ou jeune cheval; ce produit rustique, bien trempé, se transformant à vue d'œil avec quelques soins et de la nourriture est selon nous un cheval de guerre de premier ordre et c'est là surtout que l'on peut encore trouver le cheval étalon convenant à l'amélioration de la race barbe du département d'Alger et qui, avec un bon élevage, fournira à la colonisation et à tous les services, le cheval pouvant parer à tous les besoins et ayant le plus de valeur marchande.

Le pays kabyle du département d'Alger ne produisant qu'un mulet de petite taille, mais rustique et bien trempé, s'occupe peu de l'élevage du cheval ; du reste, le berbère est peu cavalier, mais c'est un vigoureux fantassin, par conséquent il est inutile de s'occuper de tout ce pays au point de vue de la production chevaline.

Néanmoins, ce que la colonisation et le commerce désirent rencontrer dans ce territoire, c'est un animal ayant plus de taille et d'ampleur, en un mot, plus fort que le mulet kabyle actuel qui a ses qualités et sa valeur, mais ne répondant pas suffisamment aux besoins de la colonisation qui réclame un moteur plus puissant. A ce sujet nous croyons devoir rappeler ici les sages conseils du colonel Vallot : « Une espèce « hybride et improductive ne constitue pas une race, « on ne la perfectionne pas, elle ne se dégrade pas, on « fait de bons ou de mauvais mulets suivant que les « baudets sont bien ou mal choisis et que les juments « sont plus ou moins mulassières.

« Cette industrie, qui trouvera toujours son encoura- « gement dans la vente ou dans l'emploi de ses pro- « duits, dans l'avantage que trouvent les éleveurs en « utilisant beaucoup de juments défectueuses dont ils « obtiennent des mulets qui auront d'autant plus de « valeur que les chevaux qu'elles auraient produit « eussent été plus mauvais, car il est généralement « reconnu que les qualités qui constituent une bonne

« jument mulassière sont des défectuosités au point de
« vue de la production du cheval. »

Enfin, notre digne et vénéré chef terminait ainsi ses
réflexions humoristiques :

« Comme on le voit, il suffit pour seconder l'indus-
« trie mulassière d'avoir de bons baudets étalons à
« accoupler avec les mauvaises juments d'un pays, car,
— que dit Jean Bugeaud à son fermier ? — Mon gars,
« si tu veux une bonne mulassière, prends celle qui
« ressemble le plus à une barrique sur quatre bâtons
« tordus — et Jean Bugeaud c'est le Poitou fait
« homme, c'est-à-dire l'industrie mulassière incar-
« née !!! »

D'aussi sages conseils devraient servir de ligne de
conduite aux colons algériens qui trouveraient, selon
nous, dans la production mulassière, des avantages
rémunérateurs qu'ils n'obtiendront jamais avec l'élevage du cheval, nécessitant des soins spéciaux, journa-
liers et assidus, que leurs travaux agricoles incessants,
d'un bout de l'année à l'autre, empêchent de donner
aux jeunes produits, ou bien encore des dépenses
excessives que le prix de vente ne peut compenser
suffisamment, et enfin des accidents nombreux qui
viennent souvent leur faire perdre complètement un
rare et bien léger bénéfice.

Le département d'Oran, beaucoup plus vaste que
celui d'Alger, possède encore de nos jours des ressources chevalines très grandes qui ne le cèdent en
rien à celles des autres provinces de l'Algérie ; mais
ce qui les distingue surtout, c'est que le cheval barbe
oranais a un cachet tout particulier qui saute aux yeux
de tout le monde et qui le fait connaître partout où il
se présente. Sa taille est moyenne et atteint rarement
1^{m}54 ou 1^{m}55, sa tête est expressive, tient plutôt de
l'arabe que du barbe, l'encolure est bien plantée,

l'épaule oblique, la ligne du dos horizontale, la croupe ronde mais puissante, les membres forts et les tendons bien détachés, en un mot, c'est surtout un cheval bien roulé, tassé près de terre et surtout très homogène, chez lequel tout annonce la force, la rusticité et l'endurance.

Ces caractères principaux varient légèrement, il est vrai, suivant les régions, car dans ce département comme dans les autres, les variétés dans la race sont aussi nombreuses; mais dans l'ensemble, elle a ce cachet particulier qui lui est propre et qu'on ne rencontre ni dans les chevaux du département d'Alger, ni dans ceux du Maroc, également d'espèce barbe.

Les centres chevalins ou de production du département d'Oran sont à peu près ce qu'ils étaient autrefois sous la domination turque ou au début de la conquête et si nous relevons aujourd'hui quelques modifications, elles sont dues au développement de la colonisation ou à l'amoindrissement de certaines tribus et à la disparition des grandes familles indigènes qui avaient alors la jouissance de la plus grande partie du territoire. Ainsi, des douars et smalas qui étaient si riches en chevaux et dont les goums arabes étaient si remarquables autrefois, ne possèdent plus aujourd'hui que des animaux de labour ou quelques juments et mulets. Le centre de la subdivision de Mascara, c'est-à-dire la plaine d'Eghis, ainsi que la région de Bel-Abbès, n'ont plus aujourd'hui qu'une population chevaline barbe insignifiante et le cheval agricole ou de trait et le mulet sont devenus indispensables dans les exploitations agricoles et pour la viticulture; en un mot, tout le territoire se trouvant colonisé, l'éleveur indigène n'a plus de terrains de parcours en plaine; il est relégué dans la montagne ou sur les plateaux, se livre à l'industrie de l'alfa ou du palmier nain, et les plus aisés

seuls conservent une ou deux poulinières et se livrent
encore à l'élevage du cheval.

Le pays de production du département d'Oran comprend aujourd'hui sur le littoral : la circonscription de
Mostaganem, le Dahara, les vallées du bas Chélif et du
Riou et les plaines de la Mina et de Relizane ; dans
l'intérieur les communes mixtes de Zemmorah, d'Ammi-
Moussa, les hauts plateaux de Tiaret, Frendah et Saïda
et, sur des points isolés, les communes mixtes de
Cacherou et de la Mékerra. Enfin, le sud ou la région
saharienne du département d'Oran possède, comme
nous l'avons dit pour le département d'Alger, une
vaste jumenterie chez les Haras, les Trafis, les Rezaïna
et les Oulad-Sidi-Cheick, dont il sera question plus loin.

Le cheval barbe de la circonscription de Mostaganem,
surtout celui élevé par les indigènes de l'ancienne tribu
des Medjaher, est encore, de nos jours, celui qui a
conservé le plus de race et qui se raproche le plus de
l'arabe avec lequel il semble avoir fusionné complètement ; sa tête est expressive et fière, souvent carrée,
l'œil grand et ouvert, l'encolure bien sortie, le garrot
très en arrière, le dessus légèrement tranchant, la
croupe longue, la cuisse bien descendue, des membres
secs et de bonne nature, le tissu est fin et les crins
soyeux, la robe foncée domine dans cette variété et
surtout au Dahara où le cheval est généralement plus
court de lignes, avec toutes les formes un peu plus
arrondies.

Celui des plaines de la Mina et de Relizane, et des
vallées du Riou et du bas Chélif, accuse moins de sang
que le cheval de Mostaganem ; mais il est plus grand
et plus fort, a surtout plus de branche et par conséquent plus de lignes, aussi il diffère peu de celui que
nous avons décrit dans le département d'Alger ; en
un mot, c'est un cheval ayant de la réputation et de la

valeur que les chefs indigènes, le commerce et l'armée viennent enlever au marché hebdomadaire de Relizane, le plus important de toute l'Algérie.

Le cheval des Flittas et d'Ammi-Moussa est de nos jours le meilleur et le plus renommé du département d'Oran; non seulement il accuse de la race, de la rusticité et de la trempe, mais il est harmonieux, plein de distinction et ses qualités de fond et de vitesse en font le cheval de selle par excellence. Il a la taille et le signalement de celui de la région de Mostaganem, avec un peu plus de finesse de tissus et d'élégance dans l'ensemble; on rencontre aussi dans cette région beaucoup de robes foncées et les gris et les rouans deviennent souvent et presque toujours blancs porcelaine avec reflets argentés; c'est, en un mot, un animal ayant toujours les plus grands succès sur les hippodromes, et qui conserve dans le milieu où il est transplanté le type qui lui est propre, ce qui semble indiquer qu'il a les principales qualités d'un bon reproducteur. Enfin, les plus renommés sont ceux des environs de Rahouïa, des Ouled-Cheriff et des Hallouya.

Les régions de Tiaret, Frendah, Saïda, Daya et Sebdou, qui forment les limites du Tell dans le département d'Oran, jusqu'à la frontière marocaine, possèdent, surtout dans les tribus qui campent dans les environs de Tiaret et de Frendah, de beaux et très bons chevaux grands et forts, qui peuvent passer à la rigueur comme une race spéciale dans cette région, bien que présentant les mêmes caractères; en un mot, le cheval de Tiaret est grand et fort; il atteint même 1^{m}58 et 1^{m}60; son ensemble est très régulier, mais il accuse peu de sang, s'affine beaucoup, il est vrai, avec l'âge, et peut être utilisé à tous les services, c'est pourquoi il conserve une valeur marchande bien au-dessus de la moyenne.

De plus, toute cette région qui s'étend de Boghar,

par Téniet-el-Haâd, les plateaux du Sersou, Tiaret,
Frendah et Saïda, jusqu'à la frontière marocaine,
négocie en permanence avec les indigènes des tribus
sahariennes et reçoit chaque année les animaux mâles
que la pauvreté du sol ne permet pas d'élever dans le
Sahara ; il en résulte que ces jeunes produits, de très
bonne origine par les mères, transplantés dans de bons
pâturages du Tell, se développent rapidement et deviennent en peu d'années des animaux de premier ordre,
ayant de la qualité et de la race que n'ont pas les chevaux des plaines et vallées du département d'Oran, qui
sont, du reste, soumis à d'autres influences climatériques
que l'on ne peut nier, et qui, néanmoins, font la réputation du cheval barbe oranais et le maintiennent au
premier rang.

Dans les communes de Cacherou, de la Mekerra,
chez les Ouled-Sliman et à Témouchent, la production
chevaline est encore assez nombreuse, mais elle n'a
aucun cachet particulier ; c'est un cheval lourd et commun, assez résistant, pouvant faire un bon service dans
le rang, ou le cheval agricole convenant à la colonisation. Enfin, sur la frontière ouest, on ne rencontre que
le type marocain, qui appartient aussi à la famille
barbe ; c'est un cheval n'ayant aucune physionomie et
peu harmonieux, le plus souvent haut perché et plat,
décousu, serré dans sa poitrine et ses épaules, très
défectueux dans sa croupe, souvent haute et avalée,
et laissant beaucoup à désirer dans sa membrure et
surtout dans ses aplombs.

Le département de Constantine, le plus étendu des
trois, a été considéré comme le plus riche en chevaux,
ses vastes plaines indiquent clairement que c'est le
grenier d'abondance de l'Algérie, seulement la race
chevaline de cette région Est présente des caractères
très différents, et on peut même avancer que le cheval

de Constantine ne ressemble en rien à celui des deux autres départements; il est d'abord plus grand et plus anguleux; sa taille atteint facilement 1ᵐ 60, il a la physionomie du barbe, de grandes lignes bien accusées, une belle épaule, beaucoup de poitrine, un bon dessus, la croupe courte et fuyante, les articulations un peu hautes, de beaux jarrets, mais souvent trop de longueur de canons et les membres un peu grêles; c'est, en un mot, un cheval fort et puissant, ayant de belles actions et couvrant beaucoup de terrain, ce qui le fait rechercher par le commerce pour les services publics ou les attelages de luxe.

Mais, comme dans les autres départements, il existe de nombreuses variétés dans l'espèce, suivant que le produit est élevé en plaine, dans les vallées ou sur la montagne; en un mot, partout où le sol et l'altitude modifient la nature des plantes fourragères qui sont généralement la seule nourriture d'animaux élevés si pauvrement.

Presque tout le littoral du département de Constantine est montagneux en territoire kabyle; aussi on peut avancer que depuis Bougie jusqu'à la Calle, les ressources chevalines sont insignifiantes et sans caractère, l'indigène de cette région ne connait que l'industrie mulassière et dans les exploitations européennes, le cheval et le mulet de trait importés sont devenus indispensables. La circonscription de Constantine, au contraire, est très riche en chevaux, et les plus renommés ou ceux qui ont le plus de valeur proviennent des communes mixtes de Châteaudun-du-Rhumel, Aïn-M'lila, Oum-el-Bouaghi; dans la région Sétifienne, les communes de M'sila, de Bordj, des Riras et des Eulmas, possèdent de très riches variétés; mais les plus renommées ou celles ayant le plus de race, proviennent des communes de Tébessa, Khenchela, Batna et Barika où l'on rencontre les plus belles poulinières de la région. Enfin, sur la frontière tunisienne on rencontre le cheval de Souk-Ahras qui est moins grand, mais plus homogène que celui de la plaine ; c'est un petit cheval de montagne bien trempé et résistant, ayant assez de valeur et que l'on pourrait facilement améliorer encore, car les juments poulinières de cette région ont un grand cachet de race, de l'ampleur et de la régularité dans l'ensemble et les lignes

Les populations sahariennes de ce département, moins guerrières que celles de la province d'Oran et ayant par conséquent moins le goût du cheval puisqu'elles se servent de mehari pour les expéditions lointaines, possèdent néanmoins de belles poulinières ; mais cette jumenterie est moins nombreuse que celle des autres provinces.

Par contre, dans les centres de production que nous venons d'indiquer, le cheval de Constantine a bien conservé les caractères du type barbe que nous venons de décrire, mais ils ont tous entre eux un air de famille qui les fera toujours distinguer facilement des chevaux des autres régions algériennes ; aussi, là encore, il est nécessaire de bien définir ou dépeindre les nombreuses variétés de la race.

Le cheval de M'sila, désigné sous le nom de cheval du Hodna, est le plus grand, le plus distingué et le plus complet de la région sétifienne ; il a un grand cachet de race, sa tête est expressive, son œil bien ouvert, son ensemble très harmonieux, en un mot, c'est le grand et beau cheval de parade ou de revue, pouvant faire l'étalon ou le cheval de tête ; l'insurrection de 1871 a malheureusement ruiné tout ce pays qui n'a chance de se relever aujourd'hui qu'avec une administration sage et prévoyante et surtout bien des années de prospérité.

Le cheval de Sétif, qui provient des tribus indigènes environnant cette circonscription, est grand et fort comme celui du Hodna, mais il n'a pas le même degré de sang ni le même fini dans l'ensemble; il est généralement gris ou rouan foncé, la tête est longue et forte surtout en ganaches, l'encolure souvent fausse, le dessus tranchant, la croupe ronde mais puissante et les extrémités communes. C'est un cheval qui se fait tardivement et qui souffre dans le jeune âge par suite du manque de nourriture, mais qui s'affine en vieillissant et devient souvent très bon pour le service ; aussi, bien conservé, il a une valeur marchande au-dessus de la moyenne quand la misère des éleveurs indigènes surtout n'est pas trop grande dans la région, car à ce moment, ils en sont réduits à tout vendre pour assurer les besoins de leurs familles ou de leurs tentes.

Les grandes plaines ou plateaux qui s'étendent de Bordj-bou-Arréridj à El-Guerra, de El-Guerra à El-Mader et des Ouled Ramoun à Aïn-Beïda sont les plus vastes et les meilleurs points de production chevaline de ce département ; dans cette région, le poulain est nourri suffisamment, se développe, devient grand et fort, très osseux et conserve ses caractères et son type de cheval de plaine, c'est-à-dire ses grandes lignes et un ensemble harmonieux. Les juments ont généralement plus de race que les chevaux ; malheureusement les grands travaux publics et la construction des voies ferrées ont introduit un peu partout des juments exotiques qui ont beaucoup contribué à abâtardir la race indigène, sous le prétexte de lui donner du gros et de l'ampleur que réclament souvent les grandes exploitations ; aussi, aujourd'hui on rencontre par ci, par là, des animaux des deux sexes et surtout des juments avec des têtes monstrueuses, des reins longs et mal attachés, une membrure grossière et cotonneuse, enfin des pieds larges et plats qu'on ne voit que dans les pays marécageux.

Il est certain que cette dégradation disparaîtra avec le temps dans une race aussi vieille et aussi affirmée que le barbe ; mais de si tristes résultats peuvent servir de leçon aux éleveurs et doivent surtout démontrer que dans les bons pays de production où la nature et la fertilité du sol peuvent contribuer largement à la réussite de l'élevage, on peut facilement imprimer à l'espèce chevaline de chaque localité des caractères certains et propres se transmettant par voie de génération et qui finissent par créer les différents types répondant à tous les besoins de la Colonie.

La ligne qui sépare les tribus du Tell de la région des hauts plateaux et saharienne, comprend depuis la frontière de la Tunisie, les communes mixtes de Tébessa, Khenchela et Barika, qui sont celles possédant les plus belles ressources chevalines ; ces tribus, dont les plus grandes fractions se trouvent en territoire militaire, forment des communes indigènes portant les mêmes noms, possèdent surtout les juments poulinières les plus renommées de cette région, qui se reconnaissent par la taille, de grandes lignes et surtout certains caractères de race qui nous mettent dans l'obligation de constater qu'elles ont plus d'arabe que de barbe et que sur certains points on pourrait les comparer ou les prendre pour de bonnes et belles juments de pur sang anglais ou anglo-arabes implantées dans le pays ; cependant tout ce territoire a été de tout temps, comme on le sait, indemne de tout croisement ; par conséquent, ce sont donc uniquement les relations commerciales avec les Sahariens assurant l'échange des produits, la nature du sol et l'influence du milieu qui ont transformé et maintenu au premier rang et avec toutes les qualités d'origine et de sang, cette variété de la race barbe du département de Constantine.

Cette région, frontière du Tell algérien, ainsi que l'Aurès, territoire montagneux, possèdent encore la plus belle espèce mulassière et asine de l'Algérie ; c'est du reste cette production hybride dont le débouché est toujours assuré qui a contribué à dégrader la race chevaline de cette circonscription ; mais fort heureusement l'administration l'a compris, car des stations de monte de nouvelle création remplaceront le baudet étalon rouleur et des encouragements aux poulinières suitées récompenseront les éleveurs qui cherchent à maintenir au premier rang l'industrie chevaline et l'élevage dans cette région privilégiée.

La région saharienne de notre Colonie algérienne se trouve séparée du Tell par celle des hauts plateaux que l'on peut représenter comme un vaste territoire complétement dénudé, couvert d'alfa ou de diss, et des chotts (ou lacs salés) immenses, retenant les eaux pluviales qui ne trouvent pas d'autre écoulement et qui finissent par venir se perdre et s'évaporer dans ces bas-fonds sablonneux. En pénétrant un peu plus dans cette région saharienne on rencontre la ligne des ksours (ou villages arabes) où les sahariens viennent annuellement emmagasiner ou ensiloter leurs approvisionnements et quelquefois leurs richesses lorsqu'ils craignent un coup de main ou une attaque des tribus dissidentes ; aussi les ksouriens sont leurs fidèles gardiens et le plus souvent leurs serviteurs religieux. Ainsi allégés, les nomades deviennent libres de leurs mouvements et peuvent se lancer dans l'extrême sud, soit pour guerroyer s'ils ont à se venger d'un parti ennemi ou d'un sof, soit à la recherche de nourriture pour leurs nombreux troupeaux de chameaux et de moutons qui constituent leur principale richesse. Aussi, nos postes

avancés et le commandement militaire de ce territoire
sont installés en grande partie sur cette ligne. Enfin,
au-delà, c'est le désert, c'est-à-dire, l'immensité ! ! !
On y parvient, au sud-est, par les vallées de l'Oued-
Igharghar et de l'Oued-Mia ; au centre de l'Algérie par
le M'Zab, El-Goléa ou la vallée de l'Oued Seggueur et
enfin dans le sud-ouest, par les vallées de l'Oued-
Naamous et de l'Oued Zousfaria ; tels sont les itinéraires
que suivent habituellement les tribus sahariennes ou
les caravanes allant négocier au Touat, au Gourara ou
au Tafilalet.

Il est donc facile de se rendre compte par ce qui
précède, que sur un aussi vaste territoire et avec une
pareille existence, le cheval devient pour le saharien,
non seulement un besoin, une nécessité absolue, mais
c'est encore une arme indispensable à la défense ; il
est vrai que dans certaines régions sahariennes il a
pour auxiliaire le méhari et c'est du reste pourquoi la
population chevaline saharienne de la division de
Constantine est bien moins nombreuse que celle des
deux autres provinces ; par contre, dans le Sud oranais,
où les tribus sahariennes sont plus guerrières et toujours sur la défensive pour protéger leurs troupeaux
ou défendre leurs caravanes, le cheval s'impose encore
plus, il est le plus souvent l'honneur de la tente et
toujours l'objet des plus grands soins.

Comme on le voit, le saharien n'a rien de commun
avec l'arabe du Tell et naturellement comme son existence n'est pas la même, son élevage est différent et le
résultat qu'il obtient est tout autre. Bien des auteurs
ont avancé, du reste avec juste raison, que si l'espèce
chevaline que l'on rencontrait aujourd'hui dans les
tribus était plus sobre et surtout plus nombreuse en
juments qu'en chevaux mâles, on devait attribuer cette
situation à la pauvreté du Sahara et à la grande sobriété

des juments de cette région. Certes, la pauvreté du sol est indéniable ; quant au saharien, il est dans l'opulence, comparativement au felah du Tell ; ce sont uniquement les insurrections du Sud ou les dissensions de tribus à tribus, l'obligeant à guerroyer, qui précipitent sa ruine à la suite de plusieurs razzias ; mais, en temps ordinaire, ses troupeaux sont sa fortune et lui assurent en tout temps une vie large et indépendante. Le plus mauvais côté de sa situation, c'est que, de bonne volonté ou non, il est obligé de suivre le mouvement de la tribu et la réussite ou la richesse est toujours pour le vainqueur. Quant à la sobriété de la jument, qui est peut-être légendaire aux yeux des indigènes du Sahara, elle est, selon nous, contestable, car tout homme de cheval s'étant occupé d'élevage, a pu constater que, le plus souvent, pendant l'allaitement, le bon éleveur était obligé de s'ingénier pour empêcher la jument de dévorer la ration de son poulain. Nous avons vu des poulinières se mettre à genoux et ramper des heures entières pour chercher à atteindre l'augette contenant la nourriture du produit ; or, il est difficile d'admettre que les juments sahariennes soient plus sobres, nous oserions même dire plus tendres pour leurs produits que les juments du Tell. — Bref, si dans le Sahara algérien le nombre des juments est beaucoup plus considérable que celui des chevaux mâles, c'est que la jument est plus calme et moins bruyante que le cheval et que, par conséquent, le cavalier saharien peut s'en servir en toute sécurité pour aller en reconnaissance au loin et surtout la nuit, tandis que le cheval, hennissant, le ferait découvrir à de grandes distances ; de plus, la jument peut vivre sous la tente, au milieu de la famille ; là au moins on évite les vols et les accidents qui obligent le saharien à être toujours en éveil et sur le qui vive. C'est enfin principalement pour ces motifs que les sahariens vendent ou échangent presque toujours leurs produits mâles aux Arabes du Tell au moment de leur estivage ou quand ils viennent annuellement faire leurs approvisionnements de grains.

La race barbe saharienne n'a pas de cachet particulier ; elle a évidemment plus de race, de noblesse et de sang que toutes les variétés qu'on rencontre dans le Tell ; de plus, soit par atavisme ou par sélection, car elle est encore de nos jours indemne de tout croisement, elle a plus les caractères de l'arabe que du barbe mais avec plus de taille, par conséquent plus de lignes ; on peut encore avancer que certaines juments de cette région pourraient passer pour des animaux de pur sang anglais. La race saharienne a en outre une résistance à toute épreuve ; sa légèreté et sa souplesse viennent, il est vrai, de son état d'entraînement perpétuel ; enfin la membrure est osseuse et sèche, les tendons sont forts et toujours très détachés, le pied est petit mais sûr et aussi résistant que du fer ; tel est dans son ensemble le cachet général de la race barbe du sud, que l'on ne trouve malheureusement que trop rarement dans le commerce algérien, car le Sahara est un grand consommateur et le nomade, à aucun prix, ne se décidera à vendre une jument qui a des performances, c'est-à-dire de la réputation dans sa tribu. Le cheval mâle de cette région, qui ne sert qu'à l'étalonnage et qui est quelquefois la monture d'un grand chef indigène dans une fantasia ou à la tête d'un goum est aussi noble et a autant de sang que la jument, mais n'étant pas soumis au même entraînement, il est plus étoffé, souvent même empâté ; en un mot, son embonpoint est surtout le résultat de l'inaction, attendu que, comme la jument, il n'a en dehors de l'orge que du diss ou de l'alfa pour toute nourriture.

La population chevaline des régions sahariennes de

toute l'Algérie est d'environ 30.000 têtes dont 1/10e de mâles ; elle atteint, d'après la statistique officielle, une moyenne de 12.000 têtes dans le département d'Alger et d'Oran et elle est seulement d'environ 5.000 têtes dans le département de Constantine où elle a pour auxiliaire le mehari. Dans la région saharienne du département d'Alger c'est la grande tribu des Larbaa qui possède les plus belles richesses chevalines, ce sont également les plus nombreuses ; le cheval barbe de cette tribu a le type du cheval de l'oghar, c'est, en un mot, le modèle du cheval du Tittery avec un peu plus de taille, de noblesse et de finesse de tissu ; la robe dominante est le gris rouané qui devient blanc mat ou porcelaine avec l'âge ; malheureusement il est souvent déshonoré par trop de ladre.

Dans le sud oranais, les grandes fractions sont plus nombreuses et ont peut-être des caractères plus tranchés ; le cheval des Harrars a beaucoup d'analogie avec celui de Tiaret, mais avec un plus grand cachet de race ; celui des Trafis et des Rézaïna, moins grand que le précédent, est le type de l'arabe de pur sang dont il a la finesse et l'élégance ; enfin, celui des Hamyanes est beaucoup plus grand et plus fort, mais il a peu de distinction, la tête est surtout longue et commune, et l'arrière-main est aussi défectueux que chez le cheval marocain.

Dans le sud de la province de Constantine, la race barbe n'a pas de cachet particulier ; ce sont les deux grandes familles indigènes qui ont le commandement de la plus grande partie de ce territoire qui possèdent encore quelques juments de valeur ; mais la production est peu homogène et les sahariens ne se servent guère du cheval que pour la chasse ou l'escorte des convois de ravitaillement et des caravanes ; en un mot, le mehari le remplace avantageusement ; aussi le

cheval barbe n'a pas conservé les qualités de sang,
de race et d'endurance que l'on peut constater dans la
région saharienne des deux autres provinces de l'Algérie.

Colonel BRÉGARD
Directeur des Etablissements hippiques
de l'Algérie.

————•••————

RAPPORT AU GOUVERNEUR GÉNÉRAL

SUR

L'INSTITUTION D'UN STUD-BOOK

DE LA RACE BARBE

———

Alger, le 8 mars 1886.

Les pays du nord de l'Afrique ont été réputés de tout temps, pour l'excellente race de chevaux qu'ils produisaient. De nos jours, les cavaliers indigènes, grâce aux qualités de leurs montures qui déployaient une vitesse et surtout une surprenante force de résistance aux fatigues, contrarièrent souvent les plus habiles manœuvres de nos généraux. Aussi, les longues expéditions d'Algérie avaient-elles fait acquérir aux chevaux barbes un incontestable renom de supériorité par rapport à la plupart des autres races de chevaux de guerre. Ce renom est loin d'avoir disparu aujourd'hui encore.

Cependant, depuis la pacification du pays, la possession d'un bon cheval est devenue moins indispensable pour l'indigène, qui n'a plus à songer à faire des incursions chez ses voisins, non plus qu'à se défendre contre les attaques des tribus autrefois ennemies.

Délivré du souci de sa propre sécurité, l'Arabe s'est livré davantage aux travaux de l'agriculture, qui demandent l'emploi de bêtes de somme et il a, peu à peu, renoncé à l'élevage du cheval de guerre ou de luxe, qui exige beaucoup plus de soins et ne rapporte souvent qu'un produit relativement faible.

Aussi, depuis plusieurs années déjà, la question de la conservation de la race barbe s'est-elle posée en Algérie. Tous les hommes compétents s'accordent, en effet, pour reconnaître que, si des mesures suffisamment efficaces ne sont pas prises bientôt, la race barbe dégénérera rapidement, pour se perdre tout à fait, à très brève échéance. Enfin, une autre cause d'altération de cette race provient de ce que la colonisation européenne éprouve également le besoin de posséder des chevaux de trait bien plus que des chevaux de selle. Des éleveurs européens n'ont pas tardé à se préoccuper de produire des animaux plus forts qui, il faut bien l'avouer, trouvent sur place un écoulement facile et rémunérateur. Sans parler des importations de races étrangères de toutes pièces, on a croisé le cheval barbe avec des animaux de race anglaise pur sang, demi-sang, tarbe, bretonne, etc... Mais, quoi qu'on en dise, ce ne sont là que des essais sur le mérite desquels les avis sont très-partagés et qui ont besoin, dans tous les cas, d'une consécration que le temps peut seul leur donner.

De ce qui précède, il résulte que l'existence de la race barbe à l'état pur se trouve aujourd'hui mise en péril par les changements survenus dans les conditions d'être de l'indigène algérien, qui n'a plus le même intérêt qu'autrefois à se procurer des chevaux de choix coûte-que-coûte et, en second lieu, par les croisements qu'expérimentent les agriculteurs européens à la recherche d'un cheval de travail.

L'Administration ne saurait cependant rester indifférente en présence de ce danger. Devant l'opinion publique, en France et en Algérie, le gouvernement local, qui concentre la plus grande somme d'autorité sur les populations, encourrait bientôt de graves reproches s'il ne tentait pas tous les efforts en son pouvoir, pour préserver la précieuse race barbe de la décadence qui la menace.

Ce n'est pas que le service des remontes militaires, qui, dans la colonie, remplace celui des haras, ne fasse depuis longtemps de réels sacrifices pour se trouver en mesure de pouvoir mettre chaque année, à la saison de la monte, des étalons de prix à la disposition des éleveurs européens et

indigènes sur nombre de points de la colonie.
Disposant de moyens puissants, le service des
remontes militaires a certainement contribué,
pour une large part, à ce que des représentants de
la race barbe pure existent encore en Algérie entre
les mains des indigènes et des européens.

Depuis quelques années, le Ministère de l'Agriculture a, de son côté, détaché dans la colonie
un inspecteur général des Haras qui a reçu
mandat d'approuver, après examen de sa part,
les étalons qui lui sont présentés par des parti-
culiers pour faire un service de monte dans les
conditions du règlement général de 1880. Les
primes payées à ce jour ont varié de 400 à 800 fr.
par an et par étalon.

Mais les animaux possédés par le service des
remontes militaires, non plus que ceux acceptés
par l'Inspection générale des Haras en Algérie,
n'appartiennent pas tous à la race barbe pure :
plusieurs sont d'origine syrienne, d'autres sont
des demi-sang, des anglo-arabes, des bretons,
des percherons, etc..

L'Etat encourage sous d'autres formes encore
l'élève du cheval en Algérie. C'est ainsi que cette
même Administration de la guerre fait distribuer,
chaque année, une somme de 45.000 francs pour
primes aux poulains et poulinières suitées de
leurs produits issus des étalons de la remonte.

De son côté, le Ministère de l'Agriculture dépense en prix en argent et médailles de toutes catégories plus de 20.000 francs dans les concours régionaux hippiques qui se tiennent, tantôt dans une province, tantôt dans une autre. Il est attribué, en outre, pour plus de 40.000 francs de subventions aux différentes sociétés hippiques de la colonie.

Mais, comme par la force même des choses, ainsi qu'on l'a vu plus haut, ces divers encouragements ne peuvent pas viser la race barbe uniquement, il s'en suit que l'intervention de l'Etat, dans ces conditions, risque précisément, aux yeux de plusieurs excellents hippologues, de contribuer, d'une manière très active, à compromettre la pureté de cette race. On ne saurait, dans tous les cas, compter uniquement sur ces encouragements pour assurer son amélioration ou simplement sa conservation.

Pour obtenir un résultat aussi utile et partant si désirable, il est besoin, l'expérience l'a démontré dans les autres pays, de faire plus encore, d'organiser une sorte d'état-civil, de dresser en un mot, l'arbre généalogique de chaque famille d'animaux appartenant à la race à préserver de toute infusion de sang étranger.

A plusieurs reprises déjà, des vœux avaient été émis dans des réunions hippiques pour que l'Administration fasse tenir un registre, sur lequel seraient inscrits tous les animaux reconnus comme réunissant toutes les qualités qui distinguent la race barbe pure. Cette institution qui a pris naissance en Angleterre, est également en vigueur en France ; dans ces deux pays, elle est désignée sous le nom de *Stud-Book*.

Au moyen de ce registre, les ressources en animaux de race pure sont connus, les accouplements peuvent être soigneusement surveillés, la production est dirigée d'une manière judicieuse, rien n'est abandonné au hasard et, à ce prix seulement, il est possible d'écarter les principales causes d'abâtardissement et de dégénérescence. Bien plus, cette sélection, appliquée à une race déjà douée des plus précieuses qualités, doit nécessairement, à la longue, amener de nouveaux perfectionnements et, but essentiel à poursuivre, elle assure une augmentation continue dans le nombre des sujets de choix.

Sur la proposition de M. l'Inspecteur général des Haras, Plazen, vous preniez, à la date du 30 novembre 1885, une décision instituant une Commission de sept membres qui, sous la présidence de M. Müller, conseiller de gouvernement, devait se livrer à un examen approfondi de la question et subsidiairement jeter les bases du *Stud-Book* de la race barbe.

Cette Commission a tenu deux séances dans le courant de janvier ; l'utilité d'un Stud-Book algérien a été reconnue par l'unanimité des membres. La question s'étant posée de savoir si le Stud-Book à créer devait s'appliquer aux dérivés du barbe et de l'arabe, du barbe et de l'anglais, du barbe et de l'anglo-arabe, il a été décidé que l'affaire serait réservée et que l'immatriculation à entreprendre porterait uniquement, jusqu'à nouvel ordre du moins, sur les animaux de race barbe pure.

Le principe étant admis, la Commission s'est occupée des moyens d'exécution. Elle s'est arrêtée aux résolutions suivantes :

1º Tenue du Stud-Book pour la race barbe pure, aux bureaux de l'Agriculture au Gouvernement Général, sous le contrôle d'une Commision spéciale chargée d'examiner les demandes d'inscription ;

2º Au début, admission à ce Stud-Book des animaux adultes reconnus comme possédant l'ensemble les conditions nécessaires ;

3º Appel à faire cette année-ci, aux éleveurs du département d'Alger, pour les inviter à conduire leurs animaux dans des localités et à des dates indiquées à l'avance, pour les présenter à l'examen d'une Commission spéciale sous la présidence d'un Conseiller de gouvernement qui, après examen, prononcera l'admission ou le rejet des chevaux et juments ;

4º Mêmes opérations les années suivantes dans les provinces d'Oran et de Constantine ;

5º Une fois ce premier recensement terminé, n'autoriser l'inscription au Stud-Book que des jeunes sujets issus de père et mère portés eux-mêmes sur ce registre.

La Commission s'est préoccupée, en outre, des mesures dont l'adoption serait recommandée à l'Administration en vue d'assurer le succès du Stud-Book en ménageant certains avantages aux éleveurs ou détenteurs de chevaux et juments inscrits au Stud-Book. Ces propositions feront l'objet d'un rapport détaillé qui sera présenté ultérieurement à l'examen de Monsieur le Gouverneur Général.

Mais, dès aujourd'hui, on peut être certain de la faveur que trouvera l'institution du Stud-Book auprès des éleveurs européens ; quant aux indigènes, il n'est pas douteux que le simple fait d'une plus-value assurée aux animaux certifiés de pure race par l'Administration ne les gagne bientôt à l'œuvre et ne leur fasse rechercher pour leurs meilleurs chevaux et juments, l'inscription au registre destiné précisément à en augmenter la valeur vénale.

Tout le monde est, d'ailleurs, d'accord sur ce point que les animaux inscrits au Stud-Book ne formeront jamais qu'une minorité par rapport à la population chevaline de la colonie, mais il n'en fourniront pas moins les éléments nécessaires pour reconstituer la race barbe et même l'améliorer en un nombre d'années relativement restreint. Dans un autre ordre d'idées, l'institution de ce Stud-Book est appelée à rendre d'utiles services aux éleveurs qui voudront tenter l'épreuve du croisement de cette race avec d'autres races également d'élite.

J'ai fait préparer deux arrêtés, l'un organique ayant pour objet d'instituer le Stud-Book de la race barbe pure, et l'autre d'exécution portant nomination de la Commission spéciale avec désignation des dates et lieux de convocation pour le département d'Alger.

J'ai l'honneur de prier Monsieur le Gouverneur Général de vouloir bien, s'il le juge à propos, revêtir ces deux arrêtés de sa signature.

Le Secrétaire Général du Gouvernement,
DURIEU.

ARRÊTÉ

Le Gouverneur Général de l'Algérie,

Vu le décret du 26 août 1881, sur la haute administration de la colonie ;

Considérant que l'Algérie est le pays d'origine de la race de chevaux connue sous le nom de barbe ;

Considérant qu'il y a le plus haut intérêt, au point de vue de la défense nationale, en même temps que pour le développement de la richesse publique, à la conservation de cette race qui possède de précieuses qualités de vitesse, de sobriété, en même temps qu'une remarquable force de résistance aux fatigues ;

Considérant que la connaissance de la généalogie des géniteurs est éminemment utile aux éleveurs pour la conservation d'une race à l'état pur et son amélioration par la sélection.

Vu les résolutions adoptées par la Commission d'études qui avait été chargée d'examiner la question de l'établissement en Algérie, d'un Stud-Book, pour la race barbe ;

Sur le rapport du Secrétaire Général du Gouvernement ;

ARRÊTE :

Article 1er. — Il sera établi au Gouvernement Général (Bureau de l'Agriculture) un registre matricule pour l'inscription des chevaux de race barbe pure existant en Algérie.

Art. 2. — Tout propriétaire d'un cheval barbe pure en pourra obtenir l'inscription au registre matricule, à la condition d'avoir à justifier les origines de son cheval, de son identité auprès de la Commission créée par l'article suivant.

Art. 3. — Une Commission composée de neuf membres sera chargée de l'examen des titres produits à l'appui des demandes. Les inscriptions seront autorisées par le Gouverneur Général sur la proposition de la Commission.

Cette Commission est présidée par un Conseiller rapporteur près le Conseil de Gouvernement, désigné au commencement de chaque année.

En font partie de droit : l'Inspecteur général des Haras en Algérie et le Directeur des établissements hippiques en résidence à Alger. Les autres Membres sont nommés par décision gouvernementale. Leurs fonctions seront gratuites.

Art. 4. — Au début et à titre essentiellement exceptionnel, une Commission spéciale nommée par arrêté gouvernemental se transportera successivement dans les principaux centres d'élevage des trois provinces, pour y procéder à l'examen des chevaux et juments présentés par leurs propriétaires pour être immatriculés au registre de la race barbe pure.

Art. 5. — Le Secrétaire Général du Gouvernement, les Préfets des trois départements et les Généraux commandant les divisions sont chargés, chacun en ce qui le concerne, de l'exécution du présent arrêté.

Fait à Alger, le 8 mars 1886.

TIRMAN.

EXPLICATION DES ABRÉVIATIONS

ang. .... anglo.
ant. .... antérieur, antérieure.
ar. .... arabe.
b. .... barbe.
balz. .... balzane.
diag. .... diagonale.
dr, ... droit, droite.
fort^t .... fortement.
g. .... gauche.
inf. .... inférieure.
irr. .... irrégulière.
irrég^t .... irrégulièrement.
lat. .... latérale.
lég^t .... légèrement.
post. .... postérieure.
q. q. .... quelques.
sup. .... supérieur, supérieure.

STUD-BOOK ALGÉRIEN

RACE BARBE

943

ABD-EL-NOUR

(Etablissements hippiques de l'Algérie.)

1881. — 1ᵐ53. Bai châtain, pelotte en tête mélangée, petit ladre entre les naseaux, balz. post. dr. irr. et bordée, feu arabe au sommet des épaules et au canon ant., légère raie de mulet.

1

ABDOULA-AGHA

(Etablissements hippiques de l'Algérie.)

1878. — 1ᵐ50. Rouan clair légᵗ pommelé, petit ladre entre les naseaux.

948

ABIGAIL

(Etablissements hippiques de l'Algérie.)

1876. — 1ᵐ50. Gris très clair, marbré autour des yeux au bas du chanfrein entre dans les naseaux, aux lèvres et à l'anus, feu arabe de chaque côté du chanfrein.

1489

ABIOD

(M. Hadj Ahmed ben Cheikh, à Ouled Hellal, commune
mixte de Boghari.)

1886. — 1^m 51. — Gris clair, ladre aux lèvres, oreille
dr. fendue.

294

ABLACK

(Etablissements hippiques de l'Algérie.)

1877. — 1^m 57. Gris clair, lég^t rouané, truité à la
tête, ladre au bas du chanfrein, entre les naseaux,
dans la narine g. et aux lèvres.

1337

ABOUD

(M. Yacoub ben Yaya, à M'Fatah, commune mixte de Boghari). .

1887. — Par SOUAK, 214, et REBIHA, 170.

1261

ACEUF

(M. Abdelkader ben Ahmet, à Beni-Soumeur, commune
mixte de Téniet-el-Haâd.)

1886. — Par OULANI, 62, et BAÏDA, 79.

1336

ACHEUK

(M. Abdelkader ben El Hadj Embarek, à Abid, commune
mixte de Berrouaghia.)

1887. — Par ADJAN, 2, et DHAOUÏA, 169.

293

ACHOUR

(Etablissements hippiques de l'Algérie.)

1877. — 1^m 59. Gris clair, lég^t rouané, ladre autour
des yeux, au bas du chanfrein, entre dans les naseaux
et aux lèvres et aux parties génitales, feu arabe aux
épaules.

309

AÇLY

(Etablissements hippiques de l'Algérie).

1878. — 1^m 52. Alezan, très lég^t neigé, en tête prolongé par une petite liste déviant à g. au bas du chanfrein, terminée par du ladre entre, dans les naseaux
et aux lèvres, balz. post. irr.

2

ADDJAN

(Etablissements hippiques de l'Algérie.)

1878. — 1^m 58. Gris clair, lég^t truité, ladre au-
dessous de l'œil dr. au chanfrein, à dr. entre les naseaux, dans la narine dr., marbré aux lèvres, feu arabe
à la base de l'encolure et à la pointe des épaules, oreille
dr. fendue.

1682   ADIDI

(M. Amar ben Saad, aux Ouled Driss.)

1890. — Bai très clair, irrég* en tête gris orné au bout du nez et aux yeux. Par Lydia, 45, et Zerkaka, 178.

1298   ADIM

(M. El Guetchtouli ben El Hadj Kouïder, à Rebaïa, commune mixte de Berrouaghia).

1887. — Par Bajar, 9, et Fatma, 131.

962   ADJALI

(Etablissements hippiques de l'Algérie.)

1877. — 1ᵐ 54. Gris clair, truité sur le corps et à la tête, ladre entre les naseaux, dans la narine droite et à la lèvre inférieure.

1335   ADJAN

(M. Moul El Abda ben El Hadj Sâad, à Zenakra Maoucha, commune mixte de Boghari.)

1887. — Bai marron. Par Adjan, 2, et Chaaba, 164.

1972

AFIF

(M. Ben Taïeb ben Amar, à El-Beddad, commune mixte
de Téniet-el-Haâd.)

1887. - Par SULTAN, 58, et HAMMAMA, 129.

1409

AGENDA

(M. Amar ben Abed, à Beni-Zenthis, commune mixte
de Cassaigne).

1888. — Noir mal teint, en tête, balz. post. g.
Par AZELEF, 263, et CHEHEBA, 427.

913

AGRA

(Etablissements hippiques de l'Algérie.)

1879. — 1ᵐ53. Noir légᵗ en tête, petite liste mélangée au bas du chanfrein terminée par du ladre entre
les naseaux et dans la narine dr., petites balz. post.
irr. et bordées.

1262

AHMET

(M. Abdelkader ben Ahmed, à Beni-Soumeur, commune
mixte de Téniet-el-Haâd.)

1887. — Par BADER, 8, et BAÏDA, 79,

254   AHMEUR

(Etablissements hippiques de l'Algérie.)

1871. — 1ᵐ55. Alezan, crins lég^t lavés, fort^t en tête prolongée par une liste s'élargissant lég^t sur le chanfrein, terminée par du ladre entre et sur le naseau dr., balz. post. dr.

1535   AÏSSA

(M. Abdelkader ben Smati, à Oued-Zenin, commune mixte d'Aumale.)

1888. — 1ᵐ 48. Alezan, fort^t en tête prolongée, ladre aux naseaux et aux lèvres, 4 balz. irr., les post. haut chaussées, feu arabe autour de l'œil dr.

217   AKDAM

(Etablissements hippiques de l'Algérie.)

1880. — 1ᵐ53. Rouan clair pommelé, ladre entre les naseaux et aux lèvres, feu arabe à la pointe des épaules, oreille dr. fendue.

310   AL BORAK

(Etablissements hippiques de l'Algérie.)

1876. — 1ᵐ 48. Gris clair, lég^t rouané et pommelé, ladre entre les naseaux, dans la narine g. et aux lèvres.

311 ALDERMAN

(Etablissements hippiques de l'Algérie.)

1872. — 1m59. Gris clair, truité à la tête.

388 ALDJEMAOUI

(M. Kaddour ben Karoubi, à Adjama, commune mixte d'Ammi-Moussa.)

1884. — 1m44. Gris très clair, crins blancs, ladre aux naseaux et aux lèvres.

932 ALGARO

(Etablissements hippiques de l'Algérie.)

1879. — 1m52. Alezan foncé, fort en tête, prolongé par une liste terminée par du ladre entre dans les naseaux et à la lèvre inf., tâches blanches sur le dos, en avant et au-dessus du genou g., en dedans du genou dr. et dans le pli des genoux, aux paturons et dans le pli du jarret dr., balz. post. irr., la g. herminée.

3 ALGEBECK

(Etablissements hippiques de l'Algérie.)

1879. — 1m52. Bai clair, doré, miroité, balz. post. g. bordée.

960 ALGENIB

(Etablissements hippiques de l'Algérie.)

1876. — 1ᵐ51. Alezan, fortᵗ en tête bordé prolongé par une petite liste mélangée interrompue au milieu du chanfrein, petit ladre à la lèvre sup., balz. post. chaussées et bordées.

4 ALGUAZIL

(Etablissements hippiques de l'Algérie.)

1873. — 1ᵐ50. Gris très clair, légᵗ truité, ladre au bas du chanfrein entre dans les naseaux et aux lèvres, feu arabe à la pointe des épaules.

925 ALIBORON

(Etablissements hippiques de l'Algérie.)

1878. — 1ᵐ51. Gris rouané foncé, en tête plus clair, petit ladre entre les naseaux, dans la narine dr. et aux lèvres, petite balz. post. dr. dent., oreille dr. fendue.

952
ALIFRI
(Etablissements hippiques de l'Algérie.)

1877. — 1^{m}50. Bai irrég^t, en tête prolongé par une liste mélangée sur le milieu du chanfrein s'élargissant à g. au-dessus des naseaux, terminée par du ladre, entre dans les naseaux et à la lèvre sup., traces de balz. lat. g., petite liste à la base de l'encolure du côté dr., taches blanches sur le dos, les côtes et le ventre.

915
ALI-PACHA
(Etablissements hippiques de l'Algérie.)

1878. — 1^{m}51. Bai, lég^t rubican.

919
ALMANSOUR
(Etablissements hippiques de l'Algérie.)

1878. — 1^{m}50. Gris rouané pommelé, fort^t en tête terminé par du ladre entre dans les naseaux et au bout des lèvres, grande balz. post. g., feu au garrot, crins de la crinière et de la queue mélangés, fouet de la queue lavé.

913
ALP
(Etablissements hippiques de l'Algérie.)

1876. — 1^{m}49. Gris de fer foncé, plus clair à la tête, en tête à g., taches blanches sur le garrot, sur le dos et les côtés à gauche, balz. post. g., principes latéraux dr.

312 ALTAMOR

(Etablissements hippiques de l'Algérie.)

1875. — 1^{m}55. Noir, irrég^t en tête bordé, petite liste mélangée au bas du chanfrein, terminée par du ladre entre les naseaux, balz. post. g. bordée et herminée, feu arabe de chaque côté du chanfrein et aux épaules, oreille dr. fendue.

1459 AMATO

(Etablissements hippiques de l'Algérie.)

1876. — 1^{m}50. Gris clair, ladre marbré au chanfrein, entre les naseaux, aux lèvres et au périnée.

1281 AMMI-MOUSSA

(M. Abbed ben Admed, à Beni-Lent, commune mixte de Téniet-el-Haâd.)

1889. — Par AMMI-MOUSSA, 268, et MABROUKA, 111.

268 AMMI-MOUSSA

(Etablissements hippiques de l'Algérie.)

1873. — 1^{m}52. Gris clair, ladre marbré entre dans les naseaux et aux lèvres.

AMRI

(Etablissements hippiques de l'Algérie.)

1882. — 1^m 52. Bai châtain lég^t rubican, fort^t en tête bordé prolongé par une large liste se terminant par du ladre entre dans les naseaux et aux lèvres, principe post. du même côté, charbonné à la fesse g., lég. raie de mulet.

930

AMROUS

(Etablissements hippiques de l'Algérie.)

1878. — 1^m 50. Gris clair, ladre marbré autour des yeux, boit dans son blanc, oreille dr. fendue.

970

-ARABI

(Etablissements hippiques de l'Algérie.)

1882. — 1^m 55. Gris clair rouané pommelé, feu arabe au sommet des épaules.

964

ARARIS

(Etablissements hippiques de l'Algérie.)

1878. — 1^m 50. Blanc, lég^t truité, ladre marbré au bout du nez.

5

ARBA

(Etablissements hippiques de l'Algérie.)

1871. — 1ᵐ 60. — Gris très clair, ladre marbré entre les naseaux, dans la narine gauche et aux lèvres.

267

ARBAL

(Etablissements hippiques de l'Algérie.)

1872. — 1ᵐ 52. Gris rouané, pommelé sur la croupe, marbré au bout du nez et aux lèvres, feu arabe en croix vers le milieu de l'épaule g.

1320

ARCH

(M. Hadj Mohamed ben Ouada, à Charon.)

1889. — Noir mal teint.
Par REKEB, 213, et TAOUS, 147.

264

ARCOLE

(Etablissements hippiques de l'Algérie.)

1873. — 1ᵐ 50. Gris de fer foncé, plus clair à la tête, ladre à la lèvre inférieure, balz. diagon. g., la post. mouchetée.

ARFICH

1171

(M. El Hadj ben Youssef, à Oued-Ferah.)

1890. — Bai fort en tête prolongé par une liste terminée par du ladre dans les narines et aux lèvres,
balz. post. Par LYDIA, 45, et ZENIMIA, 179.

ARWED

942

(Etablissements hippiques de l'Algérie.)

1879. — 1ᵐ 53. Gris clair, légᵗ rouané aux membres,
ladré entre dans les naseaux et aux lèvres, traces de
feu aux membres post.

ASLAN

963

(Etablissements hippiques de l'Algérie.)

1876. — 1ᵐ 49. Gris clair truité, ladre marbré au
bout du nez et aux lèvres, cicatrice sur le dos et au
passage des sangles à dr.

ASSAKI

921

(Etablissements hippiques de l'Algérie.)

1881. — 1ᵐ 52. Rouan foncé, plus clair à la tête, tâches blanches sur le garrot et sur le dos, grisonné aux
paturons ant., feu arabe au sommet des épaules.

6 ## ATTRABI

(Etablissements hippiques de l'Algérie.)

1874. -- 1ᵐ 52. Gris très clair, ladre marbré autour des yeux, aux joues. B. c. d. s. b. Ladre à l'anus, au périnée et aux parties génitales, coup de lance à l'encolure à dr.

7 ## AZEDJI

(Etablissements hippiques de l'Algérie.)

1874. — 1ᵐ 54. Gris clair, légᵗ truité, ladre marbré entre les naseaux, aux lèvres, sur les joues, autour des yeux et aux testicules.

263 ## AZELEF

(Etablissements hippiques de l'Algérie.)

1869. — 1ᵐ 50. Gris clair et truité, plus foncé aux articulations.

287 ## AZIN

(Etablissements hippiques de l'Algérie.)

1874. — 1ᵐ 53. Gris rouané, pommelé, tête plus claire et légᵗ truitée.

1605

BACHAGA

(M. Bonnefoy, à Aïn-Smara.)

1884. — 1ᵐ56. Gris, plus foncé aux fesses et aux membres, ladre marbré aux testicules, feu au sommet des épaules.

8,

BADER

(Etablissements hippiques de l'Algérie.)

1874. — 1ᵐ54. Blanc mat, ladre marbré au bas du chanfrein, entre naseaux et aux lèvres.

1304

BADER

(M. El Oussif ben Mabkhout, à Ouled Allane.)

1886. — Par BADER, 8, et AÏN-BOUCIF, 138.

1695

BADIR

(Etablissements hippiques de l'Algérie.)

1880. — 1ᵐ51. Gris très clair buvant complètement dans son blanc, feu aux membres ant.,coup de lance au côté g. de l'encolure.

320 · BADJI

(Etablissements hippiques de l'Algérie.)

1881. — 1ᵐ 57. Gris pommelé, ladre au bas du chanfrein et aux lèvres, 3 balz. dont une ant. dr. irr. et ch.

10 BAHAR

(Etablissements hippiques de l'Algérie.)

1877. — 1ᵐ 59. Rouan pommelé, plus clair et fortᵗ truité à la tête.

9 BAJAR

(Etablissements hippiques de l'Algérie.)

1876. — 1ᵐ 49. Gris très clair, légᵗ truité et moucheté, ladre marbré entre dans les naseaux, aux lèvres et aux parties génitales, feu arabe de chaque côté du chanfrein, oreille dr. fendue.

1329 BAJAR

(M. Mohamed ben Hadj Moussa, à St-Cyprien-des-Attafs.)

1888. — Gris. Par BAJAR, 9, et ZARAH, 158.

1233 BAKAZIK

(Etablissements hippiques de l'Algérie.)

1878. — 1ᵐ 50. Gris très clair, ladre marbré entre les naseaux, aux lèvres, à la base de la queue et au périné.

1398

BAKHATI

(M. Kaddour bel Larbi, à Oued-Bakta, commune mixte
d'Ammi-Moussa.)

1888. — Gris rouané, ladre autour des yeux, au
bas du chanfrein, entre dans les naseaux, aux lèvres
et au menton. Par DEFINA, 342, et T'FAHA, 770.

1397

BAKHTI

(M. El Hadj M'hamed ben Abderrhaman, à Oued-Bakhta,
commune mixte d'Ammi-Moussa.)

1888. — Gris, en tête. Par CHEÏR, 331, et TRLDJA, 768.

11

BALEB

(Etablissements hippiques de l'Algérie.)

1876. — 1ᵐ55. Gris très clair, petit ladre marbré
entre les naseaux, feu arabe à la pointe des épaules et
à la base de l'encolure.

2

12   BALIN

(Etablissements hippiques de l'Algérie.)

1883. — 1ᵐ52. Gris, tête plus claire, ladre entre les naseaux et à la lèvre sup.

12   BANIANS

(Etablissements hippiques de l'Algérie.)

1883. — 1ᵐ45. Gris rouané, fortement en tête se prolongeant par une large liste, se terminant par du ladre marbré, entre dans les naseaux et aux lèvres, balz. post. irré., la g. chaussée.

947   BARBAKAN

(Etablissements hippiques de l'Algérie.)

1872.— 1ᵐ50. Bai clair, pelotte en tête bordée, léger ladre entre les naseaux, taches blanches sur le garrot et sur les côtes, cicatrices aux membres ant.

348

BAS

(Etablissements hippiques de l'Algérie.)

1878. — 1ᵐ 54. Gris clair, ladre marbré au bas du chanfrein, aux naseaux et aux lèvres.

1697

BASS

(Etablissements hippiques de l'Algérie.)

1881. — 1ᵐ 53. Gris clair, légᵗ rouané, pommelé, ladre marbré autour des yeux, entre dans le naseau g. et aux lèvres.

14

BASSEM

(Etablissements hippiques de l'Algérie.)

1880. — 1ᵐ 55. Gris pommelé, rouané, plus clair à la tête, aux extrémités post. et à l'antʳᵉ droite.

769

BATAOUI

(M. El Hadj Mohamed Ben Abderrhaman aux Ouled-Bakta, commune mixte d'Ammi Moussa.)

1886. — Gris. Par CHEÏR et TELDJA, 768.

938 **BAYDAR**

(Etablissements hippiques de l'Algérie.)

1881. — 1ᵐ54. Bai màrron, irrégᵗ en tête à g., ta ·
ches blanches sur le garrot, le dos et les côtes, petite
balz. post. g. irr. et herminé. Cicatrice au passage des
sangles à droite.

319 **BAZ**

(Etablissements hippiques de l'Algérie.)

1881. — 1ᵐ50. Alezan, en tête prolongé par une
liste se terminant au bas du chanfrein, ladre entre et
dans les naseaux. 4 balz. les ant. plus petites, coup de
lance du côté dr. de l'encolure.

1696 **BEAUTAM**

(Etablissements hippiques de l'Algérie.)

1884. — 1ᵐ55. Alezan cuivré, taches accidentelles
sur les côtes.

313 **BECTAN**

(Etablissements hippiques de l'Algérie.)

1876. — 1ᵐ57. Gris clair légᵗ rouané, ladre au bas
du chanfrein, entre dans les naseaux et à la lèvre inf.,
feu arabe aux épaules et sur les côtés du chanfrein.

15

BEDEJ

(Etablissements hippiques de l'Algérie.)

1880. — 1m52. Rouan clair neigé, truité à la tête, ladre au bas du chanfrein entre les naseaux dans la narine g. et aux lèvres.

937

BEDER

(Etablissements hippiques de l'Algérie)

1872. — 1m54. Bai brun foncé légt en tête. Cicatrices sur le garrot et aux paturons ant., balz. post. herminées la gauche plus petite.

315

BEDLAH

(Etablissements hippiques de l'Algérie).

1881. — 1m53. Alezan, légt en tête, petite balz post. dr., irrég. et truitée, cicatrice sur la hanche droite.

1392

BEDLAH

(M. Si El Ghazli Bel Hadj, à Ouled-Ismeur, commune mixte d'Ammi Moussa.)

1888. — Alezan, en tête, balz. irrég. Par BEDLAH, 315, et HAMMAMA, 805.

442   ## BEL-ALI

(M. Joseph Navarro, à Mostaganem.)

1877. — 1ᵐ 52. Gris très clair, foncé aux naseaux et lèvres noires, feu en raies et étoile à la pointe des épaules.

1699   ## BELKACEM

(Etablissements hippiques de l'Algérie.)

1886. — 1ᵐ 58. Bai châtain foncé.

1624   ## BELKREIR

(M. Mohamed Larbi ben Abdallah, à Ouled bou Derhem, commune mixte de Khenchela.)

1880. — Rouan vineux, belle face, ladre entre dans les naseaux au bout du nez et aux lèvres, 3 balz. haut chaussées dont 1 ant. dr., trace opposée. Par AMROUS, 930 et ZERGA, 1052.

1413   ## BEL-KHIR

(M. Hamed ben Bakhti, à El-Ghoualiz commune mixte de l'Hillil.)

1888. -- Bai, en tête prolongé par une fine liste se terminant par du ladre entre les naseaux, balz. post. g. Par SCYLLA, 243 et RABHA 628.

2.089

BENAÏM

(Etablissements hippiques de l'Algérie.)

1878. — 1^{m}54. Gris clair à la tête et sur différentes parties du corps, cicatrices au sommet des jarrets, feu arabe aux membres ant.

317

BEN-BENNY

(Etablissements hippiques de l'Algérie.)

1879. — 1^{m}52. Gris clair, truité à la tête, petit ladre au bout du nez.

1,679

BENDJAR

(M. Ferrer à Romilly.)

1890. — Bai, étoile en tête. Par BENDJAR, 16 et COCOTTE 1,145.

895

BENDJAR

(M. Ben Aouda Ben Darsaïa à Ouled Allane.)

1887. — Noir. Par BENDJAR, 16 et FODHA, 126.

16 **BENDJAR**

(Etablissements hippiques de l'Algérie.)

1877. — 1ᵐ 54. Gris clair, lég. pommelé, marbré au bas du chanfrein entre les naseaux et aux lèvres, oreille droite fendue.

265 **BEN-HALLEL**

(Etablissements hippiques de l'Algérie.)

1872. — 1ᵐ 50. Gris très clair, légᵗ rouané sur l'arrière-main, ladre marbré entre dans les naseaux, au bout du nez, aux lèvres et sur les paupières. Oreille droite fendue.

208 **BENNY**

(Etablissements hippiques de l'Algérie.)

1883. — 1ᵐ 56. Gris clair, ladre au bas du chanfrein, entre dans les naseaux et aux lèvres.

1424 **BEN-SAIM**

(M. Si Abdelkader ben Sahraoui, à Beni-Louma, commune mixte de Zemmorah.)

1888. — Bai, en tête, balz. lat. droite, trace post. gauche. Par TERBY, 282, et AÏCHA, 523.

314
BERBERY

(Etablissements hippiques de l'Algérie.)

1874. — 1ᵐ 52. Gris clair, légᵗ rouané sur la croupe, plus foncé aux extrémités, ladre marbré sur le chanfrein, entre dans les naseaux et aux lèvres.

17
BERECK

(Etablissements hippiques de l'Algérie.)

1883. — 1ᵐ50. Gris foncé, tête plus claire, ladre entre les naseaux et aux lèvres, 3 balz. irr. dont une ant. g.

207
BERGOUT

(Etablissements hippiques de l'Algérie.)

1884. — 1ᵐ50 Gris pommelé, légᵗ rouané, tête plus claire, ladre marbré, entre dans le naseau g. et aux lèvres.

270
BEYROUTH

(Etablissements hippiques de l'Algérie.)

1873. — 1ᵐ 51. Gris rouané et pommelé, tête plus claire, ladre, entre dans les naseaux et aux lèvres, 3 balz. dont une ant. dr. petite.

323 **BIENVENU**

(Etablissements hippiques de l'Algérie.)

1879. — 1ᵐ 53. Gris pommelé, ladre au bas du chanfrein, entre dans les naseaux et aux lèvres.

18 **BIHERLY**

(Etablissements hippiques de l'Algérie.)

1879. — 1ᵐ34. Gris pommelé, plus clair et truité à la tête, ladre marbré à la lèvre inf.

1303 **BIHR**

(M. El Makki ben Kham-Kham, à Douair, commune mixte de Berrouaghia.)

1888. — Par BENDJAR, 16 et MESSAOUDA, 137.

441 **BIJOU**

(M. Henri Teissier, à Mostaganem.)

1884. — 1ᵐ 57. Alezan doré, crins clairs, principe de balz. aux quatre membres, fort. en tête prolongé par une large lisse terminée par du ladre, entre les naseaux et à la lèvre inf.

19 **BILBOQUET**

(Etablissements hippiques de l'Algérie.)

1875. — 1ᵐ 55. Bai cerise, en tête prolongé.

931

BIMBACHI

(Etablissements hippiques de l'Algérie.)

1881. — 1ᵐ52. Rouan foncé, fort*. en tête prolongé par une liste terminée par du ladre entre et dans le naseau gauche, grisonné au paturon post. g. traces de feu aux épaules, fouet de la queue lavé.

251

BIRKADEM

(Etablissements hippiques de l'Algérie.)

1871. — 1ᵐ50. Alezan doré, légèrement rubican, en tête mélangé, prolongé] par une lisse se terminant par du ladre entre les naseaux.

247

BISCUIT

(Etablissements hippiques de l'Algérie.)

1870. — 1ᵐ53. Rouan pommelé, extrémités plus foncées, tête plus claire, ladre entre et dans la narine gauche, petite balz. diagonale droite.

223

BIZAN

(Etablissements hippiques d'Algérie.)

1879. — 1ᵐ50. Gris clair, légèrement rouané, ladre entre les naseaux et aux lèvres, feu arabe au poitrail, aux épaules et au passage des sangles.

1436 ## BLAL

M. Ben Ahmed ben El Hadj Menouar à Ouled Barkat,
commune mixte de Zemmorah.)

1888. — Noir, en tête. Par FAUST, 33 et S'FAI, 518.

266 ## BORDJ

(Etablissements hippiques de l'Algérie.)

1873. — 1ᵐ 51. Gris foncé et neigé surtout en arrière
des coudes. Oreille droite fendue.

1428 ## BOU-ALLACH

M. El Harizi Ben Miliani à Beni Dergoun, commune
mixte d'Ammi-Moussa.)

1088. — Gris foncé, en tête. Par AZEDJI, 7 et EL
HADJELA, 529.

216 ## BOUCIF

(Etablissement hippiques de l'Algérie.)

1873. — 1ᵐ 51. Gris très-clair, ladre au bas du chanfrein, entre les naseaux et aux lèvres.

1326 ## BOUCIF

M. Mohamed ben Cheikh à Ouled Allane.)

1887. — Noir. Par BOUCIF, 216 et ACHOUBA, 156.

20

BOUDOUAOU

(Etablissements hippiques de l'Algérie.)

1873. — 1m 50. Bai clair, doré et miroité, en tête en croissant à g., trois balzanes dont une ant. g. herminé.

1724

BOUGUERRA

(M. Bedouet à El Madher.)

1888. — 1m 59. Bai châtain.

BOUMAT

(Etablissements hippiques de l'Algérie.)

1881. — 1m 52. Gris, légèrement rouané et truité sur le corps et à la tête, lardre marbré entre dans les naseaux et à la lèvre inférieure, aux flancs et aux ais.

1721

BOU-MEZRAG

(M. Messaoud ben Boulila à Aïoun Lassafer, commune mixte d'El Madher.)

1891. — Alezan. Par MOKIANI, 992 et LAKRI, 1722.

256

BRAZÉRO

(Etablissements hippiques de l'Algérie)

1870. — 1m 51. Gris pommelé, ladre entre dans la narine gauche et aux lèvres, oreille droite fendue.

57   BRAZI

(M. Abderrhaman bel Hadj Ahmed, aux Medjadja,
commune mixte du Chélif.)

1882. — 1ᵐ 54. Gris clair légᵗ pommelé, ladre marbré à la lèvre supérieure.

302   BRAZIRA

(Établissements hippiques de l'Algérie.)

1878. — 1ᵐ 52. Gris clair, ladre marbré au bout du
nez et aux lèvres.

462   BREUCK

(Etablissements hippiques de l'Algérie.)

1878. — 1ᵐ 56. Gris très clair rouané, boit incom-
plètement dans son blanc, ladre autour des yeux, à
l'anus, au périnée et aux testicules.

290   CADDOUR

(Etablissements hippiques de l'Algérie.)

1876. — 1ᵐ 52. Gris clair, légᵗ rouané et truité à
la tête, ladre au bas du chanfrein, entre les naseaux et
aux lèvres.

328

CADOB

(Etablissements hippiques de l'Algérie.)

1879. — 1^m 55. Bai marron, en tête irr., balz. post. herminée et bordée.

944

CADOUS

(Etablissements hippiques de l'Algérie.)

1876. — 1^m 59. Gris moucheté plus foncé aux genoux et aux jarrets, ladre marbré aux lèvres, légères cicatrices sur le rein à droite.

321

CAFER

(Etablissements hippiques de l'Algérie.)

1881. — 1^m 53. Gris clair pommelé, lég^t rouané.

1610

CAMORS

(M. Josset, adjoint à l'administrateur, commune mixte d'Attia.)

1890. — Bai, ladre aux naseaux, trace de balz. post. dr. Par MESMAR, 956, et CHEGRA, 1024.

1463 CASS

(Etablissements hippiques d'Algérie.)

1880. — 1ᵐ 49. Rouan vineux pommelé, plus clair à la tête et aux extrémités, ladre entre les naseaux et à la lèvre sup., crins lavés, oreille droite fendue.

1410 CASTOR

(M. El hadj Mohamed ben Amghar, à Beni Zenthis, commune mixte de Cassaigne.)

1888. — Noir, balz. post. droite. Par AZELEF, 263, et BAÏDA, 436.

324 CEMRI

(Etablissements hippiques de l'Algérie.)

1881. — 1ᵐ 48. Bai, légᵗ en tête bordé, balzane diagonale gauche irrégulière et bordée, trace post. dr.

209 CENFOUD

(Etablissements hippiques d'Algérie.)

1884. — 1ᵐ 52. Gris rouané, en tête.

1269

CÉSAR

(M. Fraisse, à Aumale.)

Bai, pelotte en tête. Par Lydia, 45, et Charlotte, 94.

322

CEUCHARN

(Etablissements hippiques d'Algérie.)

1881. — 1ᵐ 43. Alezan, irrég^t en tête prolongé par une liste terminée par du ladre, entre les naseaux dans la narine gauche et aux lèvres; 3 balz. irrég. dont une post. droite, plus petite trace post. gauche, lég^t charbonné à la fesse droite.

325

CEURCHEB

(Etablissements hippiques d'Algérie.)

1881. — 1ᵐ 57. Alezan brûlé, q. q. poil en tête à gauche, grisonné sur la fesse droite, oreille droite fendue.

21

CEURKEL

(Etablissements hippiques d'Algérie.)

1878. — 1ᵐ 58. Gris pommelé, plus clair à la tête, oreille droite fendue, crins de la crinière foncés.

22 ## CEURNFEL

(Etablissements hippiques d'Algérie.)

1881. — 1ᵐ 57. Gris foncé pommelé, légᵗ rouané, plus clair à la tête, 3 balzanes irrégulières dont une postérieure gauche, oreille gauche fendue.

1333 ## CEURNFEL

(M. Boukhalfa ben el Hadj Rahmani, à Ouamri, commune mixte Berrouaghia.)

1887. — Par CEURNFEL, 22, et ZERGA, 161.

1621 ## CHABAN

(M. Abda ben Ahmed, Ouled Rechaich, commune indigène de Khenchela.)

1890. — 1ᵐ. Alezan clair zain. Par AMROUS, 930, barbe, CHEGRA, 1023, barbe.

332 ## CHACHS

(Etablissements hippiques d'Algérie)

1878. — 1ᵐ 51. Gris clair, légᵗ truité à la tête, ladre entre les naseaux dans la narine gauche et à la lèvre sup., cicatrice à la face interne du boulet post. droit.

CHALOUM

955

(Etablissements hippiques de l'Algérie.)

1882. — 1ᵐ 53. Rouan pommelé plus clair à la tête, tache blanche et cicatrice sur le garrot, taches blanches circulaires aux paturons antérieurs, feu arabe à la face interne de l'avant bras droit.

CHARLOT

1352

(M. Abeille, à St-Cyprien les Attafs.)

1888. — Par Bajar, 9, et Zohra, 721.

CHAROR

1646

(M. El Hadj Zian bel Abed, à M'zila, commune mixte de Cassaigne.)

1887. — Gris. Par Ceucharn, 322, barbe, et Chagra, 414, barbe.

CH'BEB

218

(Etablissements publiques d'Algérie.)

1879. — 1ᵐ 51. Rouan clair, plus foncé et pommelé aux fesses, truité à la tête, oreille droite fendue, feu arabe aux genoux.

1338 ## CHEBOUB

(M. Yacoub ben Yaya, à M'fatha, commune mixte de Boghari.)

1888. — Gris. Par ADJAN, 2, et REBIHA, 170.

1439 ## CHEBEB

(M. El Hadj el Airedj bel Abdel Ouahab, à Ouled Messaoud, commune mixte d'Ain Sefra)

1888. — Bai, en tête, liste sur le chanfrein, ladre dans la narine gauche. Par LABIOD, 681, et KHADRA, 685.

1386 ## CHEIR

(M. Mohamed ben Zineb, à Adjama, commune mixte d'Ammi Moussa.)

1888. - Gris, fort. en tête, ladre à la lèvre inf. Par CHEÏR, 331, et ADJEMIA, 839.

331 ## CHEIR

(Etablissements hippiques de l'Algérie.)

1881. — 1m 52. Gris clair lég^t rouané, ladre entre dans les naseaux, aux lèvres et au menton.

2096   CHEITANE

(Etablissements hippiques de l'Algérie.)

1880. — 1^m 52. Gris foncé rouané, taches accidentelles sur et de chaque côté du garrot et tache décolorée sur la croupe à gauche, légère raie de mulet.

1432   CHELEUF

(M. Ben Setti ben Allou, à Oued Barkat, commune mixte de Zemmorah.)

1888. — Gris fort^t rouané, ladre autour des yeux, entre dans les naseaux et aux lèvres. Par BERBERY, 314, et MENASFA, 512,

1324   CHELFI

(M. Missoud ben Obara, à Sidi El Aroussi, commune mixte du Chelif.)

1888. — Par DJENDEL, 27, et CHELFIA, 154.

289   CHELIF

(Etablissements hippiques de l'Algérie.)

1875. — 1^m 53. Gris pommelé, lég^t truité à la tête, ladre marbré au bout du nez et aux lèvres.

1190 ## CHELIF

(M. Bissac, à Ponteba, commune mixte d'Orléansville.)

1889. — Alezan doré, en tête, fine lisse sur le chanfrein, ladre entre les naseaux, 3 balz. irr. dont une ant. droite. Par RIANA, 1247, et MARQUISE, 1187.

508 ## CHELIF

(M. Ben Ahmed Ould El Hadj Menouar, commune
mixte de Zemmorah.)

1884. — 1ᵐ 54. Gris très clair, ladre aux naseaux et aux lèvres.

296 ## CHELLALA

(Etablissements hippiques de l'Algérie.)

1874. — 1ᵐ 50. Gris pommelé, plus clair à la tête.

1388 ## CHEURGUI

(M. Ahmed ben Gaouti, à Hallaouya Cheraga, commune
mixte d'Ammi Moussa.)

1888. — Gris, en tête, ladre entre les naseaux et les lèvres. Par MOHSEN, 297, et BALOUÎSA, 754.

329

CIAF

(Etablissements hippiques de l'Algérie.)

1880. — 1ᵐ 53. Bai, irr. en tête, balz. post. gauche dentelée et herminée.

1399

CIID

(M. Badj Abdelkader ben Bakhti, à Mariouia.)

1888. — Gris, fort. en tête prolongé terminé par du ladre aux naseaux et aux lèvres, balz. haut chaussées. Par DEFINA, 342, et YAKOUTA, 877.

234

CILAM

(Etablissements hippiques de l'Algérie.)

1881. — 1ᵐ 53. Gris clair rouané, légᵗ truité à la tête ladre au bas du chanfrein, entre, dans les naseaux et aux lèvres.

946

CLAIR DE LUNE

(Etablissements hippiques de l'Algérie.)

1867. — 1ᵐ 53. Gris clair, ladre entre dans les naseaux et au fourreau, marbré aux lèvres, feu arabe aux boulets des membres post.

1672 ## COCO
(M. Frichon Léonard, Isserville.)

1890. — Bai brun, étoile en tête 4 balz. Par FILS DE L'AIR, 34, et COCOTTE, 1204.

23 ## COUGEB
(Etablissements hippiques de l'Algérie.)

1884. — Bai marron, fort¹ en tête prolongé par une fine lisse mélangée, s'élargissant au bas du chanfrein, terminée par du ladre, entre dans le naseau droit et à la lèvre inférieure, 3 balz. dont une antérieure droite, les latérales petites, l'antérieure dentelée.

330 ## COUM
(Etablissements hippiques de l'Algérie.)

1880. — 1ᵐ 48. Alezan doré lég¹ rubican, en tête mélangé, prolongé par une liste, terminée par du ladre entre dans les naseaux et à la lèvre sup., balz. post. la gauche chaussée, feu arabe aux épaules et aux genoux, oreille gauche fendue.

326 ## COURAQIF
(Etablissements hippiques d'Algérie.)

1878. — 1ᵐ 62. Gris pommelé foncé à l'arrière-main ladre marbré entre et dans la narine gauche.

COUSSE

(Etablissements hippiques de l'Algérie.)

1880. — 1^m 56. Bai foncé, en tête bordée, balz. post. bordées, oreille droite fendue.

C'QER

(Etablissements hippiques de l'Algérie.)

1881. — 1^m 53. Gris très-clair, lég^t rouané, ladre au bas du chanfrein, entre, dans les naseaux, aux lèvres et aux parties génitales.

CRAPAUD

(M. Morand, à Boufarik.)

1886. — 1^m 47. Bai clair, fort^t en tête, balz. post. droite.

CRICK

(Etablissements hippiques de l'Algérie.)

1884. — Gris foncé, tête plus claire, balz. post.

CRIQUET

(M. Malardeau, Théodore, à Aïn-Sultan.)

1889. — Bai clair. par BAHAR, 10, et JULIE, 1159.

333   DABET

(Etablissements hippiques de l'Algérie.)

1876. — 1ᵐ 55. Gris pommelé, lég^t rouané aux fesses.

2090   DAHABI

(Etablissements hippiques de l'Algérie.)

1882. — 1ᵐ 53. Rouan lég^t pommelé, plus clair à la tête, roué circulaire au paturon antérieur droit, feu arabe aux genoux et aux boulets antérieurs.

26   DAÏF

(Etablissements hippiques de l'Algérie.)

1882. — 1ᵐ 60. Gris pommelé, truité surtout à la tête, petite tache de ladre à la lèvre sup., oreille dr. fendue.

335   DAÏKH

(Etablissements hippiques de l'Algérie.)

1880. — 1ᵐ 54. Gris clair lég^t pommelé et truité, ladre au bas du chanfrein entre les deux naseaux et aux lèvres.

DAKHÉLANI

(Etablissements hippiques de l'Algérie.)

224

1878. — 1^{m}50. Gris clair lég^t pommelé et truité, feu arabe aux épaules, aux genoux et au grasset gauche.

DALI

(Etablissements hippiques de l'Algérie.)

336

1882. — 1^m 55. Bai très lég^t rubican, irr^t en tête bordé, petite balz. post. herminée.

DAMMIER

(M. Escaich, Henri, à Ponteba, commune d'Orléansville.)

1307

1886. — Alezan. Par AKDAN, 217, et MARQUISE, 139.

DAOUD

(Etablissements hippiques de l'Algérie.)

2069

1884. — 1^m 52. Alezan foncé, lég^t rubican, en tête interrompu sur le chanfrein, légère liste terminée par un petit ladre entre les naseaux, balz. post. grande, principe post. dr. taches blanches sur le garrot et dans le pli du jarret dr., feu au sommet des épaules.

259   DAOULAT

(Etablissements hippiques de l'Algérie.)

1872. — 1ᵐ 52. Gris clair légᵗ truité à la tête, ladre entre les naseaux et aux lèvres.

337   DARDAR

(Elablissements hippiques·de l'Algérie.)

1881.— 1ᵐ55. Gris rouané, ladre entre les naseaux.

341   DEBILIZA

(Etablissements hippiques de l'Algérie.)

1882. — 1ᵐ 50. Gris pommelé, truité à la tête, petit ladre entre les naseaux, auberisé au-dessus de l'oreille droite.

1242   DEDJOUR

(Etablissemenis hippiques de l'Algérie.)

1888. — 1ᵐ50. Gris pommelé plus clair et légᵗ moucheté a la tête, cicatrice à la base de l'encolure.

DEFINA

(Etablissements hippiques de l'Algérie.)

1881. — 1^m 57. Gris clair lég^t rouané, ladre entre dans les naseaux, aux lèvres et au fourreau.

DEHRAOUI

(Etablissements hippiques de l'Algérie.)

1882. — 1^m50. Alezan doré, en tête prolongé par une liste terminée par du ladre entre les naseaux, balz. post. dr.

DELLAK

(Etablissements hippiques de l'Algérie.)

1833. — 1^m53. Gris clair, lég^t truité.

DEMANDJI

(Etablissements hippiques de l'Algérie.)

1881. — 1^m 40. Gris pommelé rouané, plus clair à la tête, ladre au bas du chanfrein, entre les naseaux et aux lèvres, quatre balz. chaussées.

DENNAÏ

(Etablissements hippiques de l'Algérie.)

1882. — 1^m 52. Gris pommelé.

338 **DERGA**

(Etablissements hippiques de l'Algérie.)

1881. — 1m 50. Gris clair, lég^t rouané, ladre entre, dans les naseaux et aux lèvres.

272 **DIB**

(Etablissements hippiques de l'Algérie.)

1873. — 1m 50. Blanc porcelaine, B. E. D. S. B., petit ladre au fourreau.

1309 **DICK**

(M. Hadda bel hadj Mohamed, à Sioufs, commune mixte de Téniet El Haâd.)

1887. — Par OULANI, 62, et MESSAOUDA, 140.

897 **DIDY**

(M. Mohamed ben Hadj Moussa, à St-Cyprien les Attafs.)

1887. — Bai. Par BAYAR, 9, et ZORA, 158.

334 **DIIEK**

(Etablissements hippiques de l'Algérie.)

1881. — 1m 51. Gris clair rouané, ladre entre, dans les naseaux et aux lèvres, oreille droite fendue.

28

DILENE

(Etablissements hippiques de l'Algérie.)

1875. — 1ᵐ 57. Gris clair légᵗ pommelé, truité à la tête, à l'encolure, aux épaules et aux fesses, ladre entre, dans le naseau dr. et à la lèvre inf.

27

DJENDEL

(Etablissements hippiques de l'Algérie.)

1870. — 1ᵐ 47. Gris très clair, légᵗ truité, ladre marbré aux lèvres.

1362

DJENDEL

(M. Rosfelder, Louis, à Ponteba, commune d'Orléansville)

1888. — Par DJENDEL, 27, et BLANCHETTE, 1185.

257

DJÉRIDI

(Etablissements publics de l'Algérie.)

1871. — 1ᵐ 56. Gris clair légᵗ truité, ladre marbré entre dans les naseaux et aux lèvres.

221 ## DJIBELLI

(Etablissements hippiques de l'Algérie.)

1878. — 1^m 50. Gris clair, lég^t rouané aux fesses, ladre marbré autour des yeux, boit complètement dans
son blanc.

295 ## DJOUAB

(Etablissements hippiques de l'Algérie.)

1876. — Gris clair. lég^t rouané, truité à la tête.

226 ## DOLEUR

(Etablissements hippiques de l'Algérie.)

1882. — 1^m 53. Alezan doré, en tête à gauche bordé
principes de balzanes postérieures.

29 ## DOUAS

(Etablissements hippiques de l'Algérie.)

1885. — Bai.

339 ## DOUNI

(Etablissements hippiques de l'Algérie.)

1881. — 1^{m}54. Gris clair, lég^t pommelé, ladre au
bas du chanfrein, ladre, entre dans les naseaux et aux
lèvres.

1251

DOURIDJ

(Etablissements hippiques de l'Algérie)

1882. — 1m50. Gris pommelé, ladre au bas du chanfrein, entre dans les naseaux et aux lèvres, feu arabe aux genoux, aux épaules et aux boulets.

945

DRAHAM

(Établissements hippiques de l'Algérie.)

1880. -- 1m48. Gris clair lég^t rouané et fort^t truité à la tête, large liste se terminant par un grand ladre dans les naseaux et aux lèvres ; cicatrice au poitrail et à l'épaule g.

2054

DRAHAM

(Etablissements hippiques de l'Algérie.)

1885. — 1m55. Rouan clair plus foncé à l'arrière main pommelé sur les côtes, la croupe et les membres, ladre dans le naseau dr. et aux lèvres, grande balz. post. dr.

299

DRAOUI

(Etablissements hippiques de l'Algérie.)

1877. — 1m 49. Bai châtain, en tête mélangé, petite tache blanche entre les naseaux, balz. diagonales dr. dentelées.

928 ## DRÉAN

(Etablissements hippiques de l'Algérie.)

1881. - 1ᵐ 48. Bai brun, en tête bordé prolongé par une liste se terminant par du ladre, entre dans les naseaux et à la lèvre inf., 4 balz. bordées 1 ant. g. herminée.

30 ## DRIF

(Etablissements hippiques d'Algérie.)

1875. — Gris clair.

352 ## ECH-CHOUK

(Etablissements hippiques de l'Algérie.)

1884. — 1ᵐ 47. Alezan, châtain clair, pelotte en tête, 2 balz, irr. post., principe ant. dr.

1189 ## ECLAIR

(M. Taboni, Louis, à la Ferme, commune d'Orléansville.)

1888. — Alezan doré fortᵗ en tête, prolongée sur le chanfrein, ladre entre les naseaux, 2 balz. irr. post. chaussées. Par RIANA et BELLE, 1182.

308

EDDIN

(Etablissements hippiques de l'Algérie.)

1879. — 1ᵐ48. Bai, q.q. poils en tête, petite tache blanche entre les naseaux, balz. post. g. bordée.

232

ED-DJERRAI

(Etablissements hippiques de l'Algérie.)

1883. — 1ᵐ54. Alezan, en tête prolongé par une liste, terminé par du ladre entre les naseaux et dans la narine droite, ladre à la lèvre inf., 3 balz. dont une ant. dr. petite, la post. chaussée.

230

ED-DRIF

(Etablissements hippiques de l'Algérie.)

1883. — 1ᵐ55. Alezan foncé, pelotte en tête bordé, balz. post. g. bordée et herminée, oreille dr. fendue.

364

EL-AFKAL

(Etablissements hippiques de l'Algérie.)

1884. — 1ᵐ51. Alezan clair, pelotte en tête, 4 balz. irr.

1383

EL-AHROUI

(M. Sahnoun ben Mohamed, à Mankoura.)

1887. — Alezan, en tête, petite balz. lat. dr. Par
CЕURCHEB, 325 et ABDIA, 890.

361

EL-AÜD

(Etablissements hippiques de l'Algérie.)

1883. — 1ᵐ 49. Alezan en tête prolongé par une large
liste se terminant par du ladre entre dans les naseaux
et aux lèvres, balz, irr. l'ant. g. plus petite, crins
lavés.

1385

EL-AMARI

(M. Ben Kada Bel Hadj, à Ouled Yaïch.)

1887. — Alezan, en tête prolongé par une liste se
terminant par du ladre entre les naseaux, dans la narine g. et à la lèvre inf. Par CЕURCHEB, 325 et KÉBIRA,
851.

365

EL-ANZ

(Etablissements hippiques de l'Algérie.)

1884. — 1ᵐ 54. Bai châtain foncé, pelotte bordée en
tête, 2 balz. post. irr.

1513

El-AOUGUEB

(M. Hadj Mohamed ben Lakhal, commune mixte de Téniet-
el-Hâad.)

1890. — Noir. Par OULANI, et OUÎCHA, 1512.

228

EL-AZEREG

(Etablissements hippiques de l'Algérie.)

1881. — 1m 51. Gris très clair, lég. moucheté,
truité autour des yeux.

35

EL-AZEREGDIDI

(Etablissements hippiques de l'Algérie.)

1883. — 1m 48. Gris rouané pommelé, petit ladre
entre les naseaux.

250

EL-BARAH

(Etablissements hippiques de l'Algérie.)

1871. — 1m 51. gris pommelé, truité à la tête, ladre
entre les naseaux et aux lèvres, 3 balz. dont une ant.
droite.

360   EL-CHAMOUS

(Etablissements hippiques de l'Algérie.)

1880. — 1m 51. Gris clair, lèvres noires, oreille dr. fendue.

358   EL-CHEIT

(Etablissements hippiques de l'Algérie.)

1884. — 1m 51. Gris de fer clair, balz. post. g. rr.

245   EL-CHERGUI

(Etablissements hippiques de l'Algérie.)

1868. — 1m 54. Gris foncé, lég. pommelé, ladre entre les naseaux et aux lèvres, balz. diag. gauches, la post. chaussée.

231   EL-DAÏF

(Etablissements hippiques de l'Algérie.)

1883. — 1m 55. Gris clair, un peu plus foncé aux fesses, ladre au bas du chanfrein, entre dans les naseaux et aux lèvres.

359 ## EL-DARIS

(Etablissements hippiques de l'Algérie, Dépôt de Remonte
de Mostoganem.)

1883. — 1ᵐ52. Alezan, en tête prolongé par une
fine liste interrompue sur le chanfrein, terminée par
du ladre entre dans les naseaux et à la lèvre supérieure.

1544 ## EL-DENNAI

(Etablissements hippiques de l'Algérie.)

1883. — 1ᵐ53. Rouan clair, ladre marbré entre les
naseaux et aux lèvres.

362 ## EL-DINARI

(Etablissements hippiques de l'Algérie.)

1884. — 1ᵐ55. Bai châtain foncé, pelotte en tête,
prolongé par une fine liste, ladre entre les naseaux,
principes de balz. latérales g.

363 ## EL-DJENAH

(Etablissements hippiques de l'Algérie.)

1884. — 1ᵐ55. Gris foncé rouané.

1250

EL-FETTANE

(Etablissements hippiques de l'Algérie.)

1883. — 1ᵐ 52. Gris clair rouané, ladre au bas du chanfrein, entre dans les naseaux et aux lèvres.

1238

EL-FOUKANI

(Etablissements hippiques de l'Algérie.)

1883. — 1ᵐ 51. Alezan foncé, en-tête bordé, petit ladre entre les naseaux, petite balz. post. dr.

1433

EL-HAMOUL

(M. Hadj Mohamed-Ben Ahmed, à Ouled Souîd, commune mixte de Zemmorah.)

1888. — Gris, en tête, ladre entre les naseaux. Par AZEDJI, 7 et M'BARKA, 514.

1684

EL-HEUROUF

(M. Lacande Victor. à Corso.)

1890. — Bai. Par MODJEL, 1878 et GEORGETTE, 1225.

346

EL-KAIM

(Etablissements hippiques de l'Algérie.)

1884. — 1m 54. Alezan, en tête prolongé par une fine liste mélangée terminée au bas du chanfrein, pe tit ladre entre les naseaux balz. post. dr.

343

EL-KÉBIR

(Etablissements hippiques de l'Algérie.)

1882. — 1m 57. Bai, irr. en tête prolongé par une liste sur le chanfrein, terminé par du ladre entre les naseaux et aux lèvres, 3 balz. irr. dont une ant. dr.

347

EL-KILAL

(Etablissements hippiques de l'Algérie, Dépôt de Remonte de Mostaganem.)

1881. — 1m 49. Alezan doré, en tête prolongé par une liste sur le chanfrein, terminée par du ladre entre les naseaux, dans la narine dr. et à la lèvre sup., balz. irrég. et truitées, l'ant. droite plus petite.

344

EL-KOUI

(Etablissements hippiques de l'Algérie.)

1882. — 1m 52. Gris clair lég¹ rouané, ladre marbré entre les naseaux et aux lèvres, oreille droite fendue.

229 **EL-LAIF**

(Etablissements hippiques de l'Algérie.)

1879. — 1ᵐ50. Gris très clair, ladre marbré aux lèvres.

348 **EL-LEDID**

(Etablissements hippiques de l'Algérie.)

1877. — 1ᵐ53. Gris très clair lég^t truité, surtout à la tête, ladre marbré au bout du nez et aux lèvres.

31 **EL-MALLEM**

(Etablissements hippiques de l'Algérie, Dépôt de remonte de Blida.)

1870. — 1ᵐ52. Bai marron fortement en tête bordé prolongé par une petite liste se terminant par du ladre entre les naseaux et dans les narines dr. Ladre à la lèvre inf., balz. post. dr. bordée et herminée.

1361 **EL-MALLEM**

(M. Calusse, à Ard-el-Beïda, commune d'Orléansville).

1889. — Par EL-MALLEM, 31 et HAMRA, 1183.

EL-MANSOUT

1289

(M. Abdelkader Ben Ali Ben Chergui, à Soba,
commune mixte du Chelif.)

1886. — Alezan. Par REKEB, 213 et MOBARKA, 119.

ELMAS

210

(Etablissements hippiques de l'Algérie.)

1886. — Bai clair.

EL-MATMATI

366

(Etablissements hippiques de l'Algérie.)

1884. — 1m 50. Gris pommelé rouané, légt ladre
entre les naseaux.

EL-MELEK

301

(Etablissements hippiques de l'Algérie.)

1878. — 1m 48. Alezan, oreille dr. fendue, charbonné à la fesse g., raie de mulet.

EL-MELFI

291

(Etablissements hippiques de l'Algérie.)

1875. — 1m 51. Rouan foncé pommelé, plus clair à la
tête, 2 petites balz. irr., la droite plus grande, a été
accidentellement fortt couronné à dr.

349 **EL-MESKI**

(Etablissements hippiques de l'Algérie, Dépôt de Remonte de Mostaganem.)

1882. — 1ᵐ 52. Alezan, balz. post. truitée, crinière lavée.

356 **EL-NEÏLAS**

(Etablissements hippiques de l'Algérie, Dépôt de Remonte de Mostaganem.)

1883. — 1ᵐ 55. Noir, en tête prolongé par une liste déviant à droite, terminée par du ladre entre les naseaux, petite balz. post. droite herminée, feu arabe de chaque côté du chanfrein, aux épaules et aux genoux, oreille d. fendue.

1241 **EL-OUESTANI**

(Etablissements hippiques de l'Algérie.)

1881. — 1ᵐ 50. Noir en tête prolongé par une fine liste interrompue sur le chanfrein et s'élargissant sur les naseaux, petite balz. post. droite.

1252 **EL-REMADI**

(Etablissements hippiques de l'Algérie.)

1880. — 1ᵐ 50. Gris clair, feu arabe à la face interne des jarrets.

354

EL-TAFI

(Etablissements hippiques de l'Algérie.)

1884. — 1ᵐ 48. Bai châtain foncé, 1 balz. post. dr. irrég. herminée, bouquet de poils blancs sur le côté dr. du garrot.

355

EL-TAÏR

(Etablissements hippiques de l'Algérie).

1884. — 1ᵐ 51. Gris pommelé rouané, balz. post. dr. chaussée, ladre au naseau et aux lèvres.

357

EL-ZAMIL

(Etablissements hippiques de l'Algérie, dépôt de remonte de Mostaganem.)

1883. — 1ᵐ 52. Gris rouané, ladre entre les naseaux dans la narine dr. et aux lèvres, balz. post. herminée.

1437

EMBAREK

(M. Ben Aouda Ben Zian, à Beni Dergoun.)

1888. — Gris. Par DELLAK, 340 et TOUFOUF, 544.

916 **EMIGRANT**

1876. — 1ᵐ 49. Gris très clair truité marbré au bas du chanfrein, entre dans les naseaux et aux lèvres, feu arabe à la base de l'encolure.

957 **EMIR**

1875. — 1ᵐ 52. Gris très clair, grand ladre à la tête, au poitrail et à la face interne des cuisses.

1688 **EMPORTÉ**

(M. Buffo Charles, à Boufarik.)

1890. — Bai clair en tête. Par CHBEB, 218 et RO-SETTE.

238 **ENCEB**

(Etablissements hippiques de l'Algérie.)

1879. — 1ᵐ 48. Rouan, clair pommelé, ladre au bas du chanfrein, entre les naseaux dans la narine g. et à la lèvre sup.

350 **EN-NEGGAL**

(Etablissements hippiques de l'Algérie.)

1873. — 1ᵐ 52. Gris clair, légt rouané à la croupe ladre au bout du nez.

EN-NESSIM

(Etablissements hippiques d'Algérie.)

1887. — Gris. Par N'Sib, 55, Zueurda, 182.

EOLE

(Etablissements hippiques d'Algérie.)

1877. — 1m 51. Bai châtain, q.q., poils en tête, balz. post. g. petite et herminée.

ERNEB

(Etablissements hippiques de l'Algérie.)

1871. — 1m 53. Gris très clair, ladre au bas du chanfrein déviant à dr., entre les naseaux dans la narine dr., aux lèvres et au périnée, feu arabe à la pointe des épaules et aux genoux.

ESPIÈGLE

(Etablissements hippiques de l'Algérie.)

1866. — 1m 55. Gris lég., pommelé aux fesses, truité à la tête.

1226 **ESPOIR**

(M. Laconde, Victor, à Corso.)

1889. — Bai. Par Espoir et Georgette, 1225.

32 **ESPOIR**

(Etablissements hippiques de l'Algérie.)

1881. — 1ᵐ 53. Bai châtain, rubican, en tête bordé, raie de mulet, balz. post. irrég. bordées et herminées, trace ant. dr.

227 **ESSEYHIR**

(Etablissements hippiques de l'Algérie.)

1883. — 1ᵐ 50. Gris clair, ladre au bas du chanfrein entre dans les naseaux et aux lèvres.

345 **ES-SOULTANE**

1884. 1ᵐ 49. Alezan, en tête prolongé par une liste terminée par du ladre entre les naseaux et aux lèvres, balz. latérales g., l'ant. haut chaussée, trace ant. droite.

901

ET-TAÏG

(Etablissements hippiques de l'Algérie.)

1887. — Gris. Par N'Sɪʙ, 55, et Nᴀʜᴀʟʌ, 116.

233

ET-TELLAK

(Etablissements hippiques de l'Algérie)

1883. — 1ᵐ54. Rouan vineux pommelé, clair à la tête, ladre au bas du chanfrein, entre dans les naseaux et aux lèvres.

492

ÉTUDIANT

(La Société de l'Habra et de la Macta, à Debrousseville.)

1887. — Par Kɪғ-Kɪғ, 475, et Bᴀʟᴀɴᴄᴇʟʟᴇ, 491.

239

EULAM

(Sociétés hippiques de l'Algérie,)

1832. — 1ᵐ53. Alezan brûlé, fortᵗ en tête, petite liste interrompue terminée par du ladre à la lèvre supérieure, balz. post., irrég. bordées.

5

351   **EZ-ZAHER**

(Etablissements hippiques de l'Algérie, Dépôt de Remonte
de Mostaganem.)

1883. — 1^m50. Gris clair, lég^t rouané, ladre entre
dans les naseaux et aux lèvres.

900   **EZ-ZINE**

(Etablissements hippiques de l'Algérie, Dépôt de Remonte
de Mostaganem.)

1887. — Gris. Par N'Sɪʙ, 55 et Gᴜᴇᴢᴢᴇɴᴀ, 103.

271   **FA'AL**

(Etablissements hippiques de l'Algérie)

1874. — 1^m50. Bai chatain, lég^t rubican, en tête prolongé par une petite liste se terminant par du ladre,
entre dans la narine dr. et à la lèvre inf., tache grisonnée en arrière du flanc dr., balz. lat. dr. bordées,
l'ant. herminée, oreille dr. fendue.

307   **FAGUINN**

(Etablissements hippiques de l'Algérie.)

1877. — 1^{mm}49. Gris très clair. Ladre marbré au
bout du nez et aux lèvres.

FAKEM

1228

(Etablissements hippiques de l'Algérie.)

1889. -- 1m 51. Gris foncé, irrgt en tête, lavé aux pâturons ant., oreille droite fendue.

FAKIR

1230

(Etablissements hippiques de l'Algérie.)

1884. — 1m 52. Gris pommelé rouané plus clair et moucheté à la tête, ladre entre les naseaux, dans la narine dr. et à la lèvre sup., extrémités post. lavées.

FANFARON

1378

(Société de l'Habra et de la Macta, commune de Perrégaux.)

1888. — Noir mal teint, ladre entre, dans les naseaux et à la lèvre sup., balz. post. Par KIF-KIF, 475 et SELIKA, 480.

FAQUIR

953

1876. — 1m 51. Gris clair rouané, pommelé, ladre entre les naseaux et aux lèvres.

405   **FATAH**

(M. El Hadj Mohamed ben Kaddar, à M'zila, commune mixte
de Cassaigne.)

1885. — Gris pommelé, rouané, ladre aux naseaux
et aux lèvres.

991   **FAVORI**

(M. Bedouet, administrateur, commune mixie d'Aïn El-K'Sar.)

1882. — 1ᵐ 51. Gris très clair, ladre aux naseaux
et aux lèvres, blessure accidentelle au grasset dr.

33   **FAUST**

(Etablissements hippiques de l'Algérie.)

1869. — 1ᵐ 53. Bai marron, lég. en tête mélangé,
balz. latérales dr., l'ant. petite, la post. bordée.

1139   **FEDJEUR**

(Etablissements hippiques de l'Algérie.)

1884. — 1ᵐ 53. Gris pommelé, rouané, clair et lég.
truité à la tête, légᵗ marbré aux lèvres.

273

FENADJI

(Etablissements hippiques de l'Algérie.)

1873. — 1^m 50. Gris pommelé, tête plus claire, ladre entre dans les naseaux et aux lèvres, balz. latérales l'ant. petite et mélangée.

1234

FEKROUN

(Etablissements hippiques de l'Algérie.)

1884. — 1^m 52. 3 balz. dont 1 post. g. plus grande bordée, tache accidentelle au jarret

692

FETZARA

(Eétablissements hippiques de l'Algérie.)

1882. — 1^m 59. Bai marron lég. rubican, taches blanches sur la corde du jarret g. et au paturon ant. droit.

1377

FEU-FOLLET

(Etablissements hippiques de l'Algérie.)

1888. — Gris, ladre entre les naseaux. Par Cafer, 321 et Balancelle, 491.

1240 FERATNI

(Etablissements hippiques de l'Algérie.)

1881. — 1^{m}51. Gris foncé, lég. pommelé.

1232 FERDJI

(Etablissements hippiques de l'Algérie.)

1884. — Rouan pommelé, clair à la tête, ladre et à lèvre sup.

676 FHED

(M. de Saint-Julien, capitaine à Maghnia.)

1879. — 1^{m}56. Isabelle, pommelé, miroité, quelques poils en tête, raie de mulet, crins et extrémités noirs, balz. post.

34 FILS DE L'AIR

(Etablissements hippiques de l'Algérie, Dépôt de Remonte de Blidah.)

1873. — 1^{m}52. Gris clair, crins plus foncés, ladre marbré aux lèvres, feu arabe aux boulets antérieurs.

274

FLANE

(Etablissements hippiques de l'Algérie.)

1872. — 1m 53. Gris clair, légt truité, crins et extré-mités plus foncés, oreille dr. fendue.

1544

FLITTA

(Etablissements hippiques de l'Algérie.)

1886. — 1m 50. Gris clair, ladre aux naseaux et aux lèvres, ladre marbré aux joues.

59

FLITTI

(M. Si Henni ben Es Sahia, caïd de Medjadja, commune mixte du Chelif.)

1877. — 1m 60. Gris clair, légt pommelé aux fesses, feu arabe à la pointe des épaules et aux genoux, petit ladre à la lèvre sup.

1379

FRANC-TIREUR

(M. Si Henni ben Es-Sahia, caïd de Medjadja, commune mixte du Cheliff)

1888. — Gris en tête. Par KIF-KIF, 475, et FLORA, 476.

367 **FRIKI**

(M. Mohamed ben El Hadj ben El Arbi, à Ain-Ghoraba,
commune mixte de Sebdou.)

1872. — 1^{m}51. Gris clair.

936 **GABAK**

(Etablissements hippiques de l'Algérie.)

1878. — 1^m 54. Gris foncé, rouané, lég^t pommelé,
petite balz post. gauche irrég., traces blanches circul.
aux paturons ant. sur la corde du jarret droit, crins de
la crinière et de la queue mélangés.

673 **GAILLARD**

(M. Taboni, Louis, Orléansville.)

1890. — Alezan en tête, balz. post. Par RIANA, 1247,
et BELLE, 1182.

1091 **GAMIN**

(M. Henri, Jules, administrateur, commune mixte de la
Meskiana.)

1880. — 1^m 50. Gris lég. pommelé, tête plus claire,
plus foncé aux membres, traces de balz. ant, g.

557

GENAIN

(Etablissements hippiques de l'Algérie.)

1870. — 1^m55. Gris très clair truité à la tête et sur différentes parties du corps, charbonné sur la croupe à gauche

507

GH'ZAL

(Djelloui Ould el Hadj Menmar, commune mixte de Zemmorah.)

1884. — 1^m47. Gris très clair, ladre à l'arcade sourcilière, à la fosse lacrymale g., aux naseaux et et aux lèvres, oreille dr. fendue.

1875

GH'ZAL

(M. Brahim ben Mohamed, Oued Rechaïch, commune mixte de Khenchela.)

1891. — Alezan, Par ALGARO et KHEÏRA.

1010

GH'ZEL

(M. Ali Bey ben Mihoub ben Chenouf, caïd de la Marcadou.)

1883. — 1^m58. Gris clair pommelé, ladre aux naseaux et aux lèvres.

1626   GH'ZEL

(M. Abdallah ben Laifa, à Ouled Soukiès, commune mixte
de Souk-Ahras.)

1890. — Bai, quelques poils en tête, balz. dont une
ant. g. Par AMRI, 966 barbe et KADEM, 1139 barbe.

1391   GH'ZELI

(M. Si Tahar ben Medjahed, à Oued-Moudjeur, commune
mixte d'Ammi-Moussa.)

1888. — Gris foncé rouané en tête, ladre entre les
naseaux, dans la narine dr. et à la lèvre sup. Par
DEFINA, 342, et GH'ZALA, 866.

647   GRAIN D'OR

(Etablissements hippiques de l'Algérie.)

1880. — 1^{m}52. Alezan clair, lég^t rubican en tête
prolongé par une fine liste interrompue terminant
par le ladre entre dans les naseaux et aux lèvres, trois
balzanes dont une ant. g., légère raie de mulet, crinière lavée.

1142   GUEBLI

(M. Mathieu, Gustave, à Perrégaux.)

1888. — Bai, fort^t en tête prolongée par une liste terminée par du ladre entre dans les naseaux, balzanes
diagonales à g. Par HALLEF, 275, et BICHETTE, 653.

540

GUERTOUFA

(M. El Hadj Abd-el-Kader bel Habib, à Amamra, commune mixte de Zemmorah.)

1887. -- Gris. Par AZEDJI et GUELT BOUZID, 539.

316

HADDID Ier

(Etablissements hippiques de l'Algérie, Dépôt de remonte de Mostaganem.)

1880. — 1m 51. Gris pommelé, un peu plus foncé à l'arrière-main, légt truité à la tête.

304

HADDID II

(Etablissements hippiques de l'Algérie.)

1878. — 1m 48. Gris clair rouané, ladre entre les nasea·x, dans la narine dr. et aux lèvres.

543

HADJAR

(M. Kaddour ben Djillali, à Beni-Louma, commune mixte de Zemmora.)

1887. - Par BISCUIT, 247, et CHELILET, 542.

275   H'ALLEF

(Etablissements hippiques de l'Algérie.)

1873. — 1^{m}55. Bai châtain, en tête mélangé balz. post. bordées et mouchetées, charbonné au flanc g.

1390   HALLOUYA

(M. Djilali ben El Allah, à Hallouya Gheraba, commune mixte d'Ammi Moussa.)

1888. - Gris clair rouané, ladre autour des yeux, entre, dans les naseaux, aux lèvres et au menton. Par MOHSEN, 297, et EMBARKA, 803.

920   HAMEL

(Etablissements hippiques de l'Algérie)

1882. — 1^{m}51. Rouan foncé plus clair et moucheté à la tête, tache blanche sur le garrot, petite balz. post. g.

HAMDANI

(Etablissements hippiques de l'Algérie.)

1876. — 1^{m}55. Gris foncé pommelé, plus clair à la tête

HAMEUR

35

(Etablissements hippiques de l'Algérie, Dépôt de remonte
de Blida.)

1870. — 1m 56. Gris clair, lég^t rouané, ladre entre
les naseaux, aux lèvres, feu arabe aux genoux, aux
boulets ant., aux jarrets et aux flancs.

HÉZIL

951

(Etablissements hippiques de l'Algérie.)

1882. — 1m 60. Noir mal teint, en tête irr. et bordé,
balz. post. irr. et herminée, la dr. plus petites taches
blanches sur la corde du jarret dr., bouquet de crins
blancs au garrot.

HODNA

1072

(M. Chasseing, lieutenant adjoint au bureau arabe, Tebessa.)

1882. — 1m 54. Bai châtain, pelotte bordée en tête,
ladre entre les naseaux, principe de balz. post. g.

HOKBA

969

(Etablissements hippiques de l'Algérie.)

1882. — 1m 55. Bai châtain, lég^t rubican, en tête à
g. mélangé, raie de mulet.

1267 ## HOZZ

(M. Mahieddin ben Missud, à Duperré.)

1889.— Gris foncé. Par BIHERLY, 18 et CHEGRA, 90.

1312 ## HOUMIS

(Hadj Djilali Bou Seta à Sidi El Aroussi, commune mixte
du Chelif.)

1888. — Gris foncé. Par MAKTOUM, 47 et AROUS-
SIA, 141.

935 ## HOUSSIF

(Etablissements hippiques de l'Algérie.)

1882. — 1ᵐ54. Noir mal teint légᵗ rubican, en tête
en losange, 3 balz. dont une ant. droite plus petite,
grisonné au fourreau, raie de feu aux épaules.

36 ## IFLY

(Etablissements hippiques de l'Algérie, Dépôt de remonte
de Blida.)

1876. — 1ᵐ 54. Alezan foncé, légᵗ rubican, charbonné sur la croupe et à la fesse droite, fortᵗ en tête
bordé, prolongé par une large liste bordée se terminant par du ladre entre les naseaux et aux lèvres.
Balz. post. irr. bordées et haut chaussées.

IKFY

37

(Etablissements hippiques de l'Algérie, Dépôt de remonte de Blida.)

1873. — 1ᵐ 48. Rouané, très clair, légᵗ pommelé aux fesses.

ISAB

286

(Etablissements hippiques de l'Algérie.)

1875. — 1ᵐ 50. Gris pommelé, petit ladre entre les naseaux, balz. post. irr., feu arabe de chaque côté du chanfrein, oreille dr. fendue.

ISSAAD

506

(Etablissements hippiques de l'Algérie.)

1883. — 1ᵐ 53. Bai châtain foncé ; principe de balz. membres post. fortᵗ. en tête prolongé par une large liste, ladre entre les naseaux et aux lèvres, marqué de blanc dans l'auge.

IZAB

236

(Etablissements hippiques de l'Algérie.)

1877. — 1ᵐ 57. Gris très clair, légᵗ truité à la tête, ladre au bas du chanfrein, entre les naseaux et à la lèvre inférieure, feu arabe de chaque côté du chanfrein aux genoux et aux boulets.

38 **JAFFRA**

*(*Etablissemènts hippiques de l'Algérie.)*

1870. -· 1ᵐ 52. Gris très clair, ladre marbré aux lèvres.

250 **JARMINGTON**

(Etablissements hippiques de l'Algérie.)

1869. — 1ᵐ 52. Gris foncé et pommelé, tête plus claire, petit ladre entre les naseaux et à la lèvre inf. 3 balz. dont une post. g.

244 **JUPITER**

(Etablissements hippiques de l'Algérie, Dépôt de remonte d'Oran.)

1868. — 1ᵐ 51. Rouan vineux, fortᵗ. en tête, liste mélangée terminée par du ladre entre dans les naseaux et à la lèvre sup. 4 balz mélangées, l'ant. droite plus petite.
Mort.

39 **KABAYLE**

(Etablissements hippiques de l'Algérie, Dépôt de remonte de Blida.)

1870. — 1ᵐ 56. Rouan très-clair légᵗ pommelé, marbré entre dans les naseaux et aux lèvres.

1465

KABBAB

(Etablissements hippiques de l'Algérie.)

1885. — 1m 56. Bai marron, 3 balz. dont une post. g., oreille dr. fendue, cicatrices aux parotides.

1236

KACHAA

(Etablissements hippiques de l'Algérie.)

1884. — 1m 51. Rouan clair lég{t} truité à la tête, ladre au bas du chanfrein, entre les naseaux dans la narine d. et aux lèvres, feu arabe au dessus du garot, oreille d. fendue.

1546

KADDOUR

(M. Leblond, juge de paix, commune mixte d'Ain-Bessem.)

1881. — 1m 50. Gris.

939

KADDOUR

(Etablissements hippiques de l'Algérie.)

1870. — 1m 49. Gris clair fort{t} truité, ladre marbré entre les naseaux, dans la narine dr. et aux lèvres, feu arabe aux boulets antérieurs.

6

1313   KADDOUR

(M. Hadj Djilali Bou-Seta, à Sidi El-Arroussi, commune mixte du Chélif.)

1889. — Par KHALIFA, 215, et AROUSSIA, 141.

1467   KAHAT

(Etablissements hippiques de l'Algérie.)

1885. — 1^{m}54. Bai marron, en tête à droite, 4 balz. bordées, celles du bipède latéral ar. herminée.

1450   KALLAS

(Etablissements hippiques de l'Algérie.)

1889. — Gris foncé. Par AMMI-MOUSSA, 268, et BENDIRA, 206.

2061   KALAOUM

(Etablissements hippiques de l'Algérie.)

1883. — 1^{m}50. Gris très clair, lég^t rouané aux fesses et aux membres, ladre au bout du chanfrein entre dans les naseaux, au bout du nez et aux lèvres.

KAMISSA

958

(Etablissements hippiques de l'Algérie.)

1879. — 1ᵐ 54. Rouan foncé fortᵗ rubican, quelques poils en tête, taches blanches sur le front, le garrot et les côtes à dr., balz. post. g. irr. et bordée, crins de la crinière et la queue mélangés, fouet de la queue lavé, feu aux genoux et en dedans de l'avant-bras dr.

KAMTARIR

1237

(Etablissements hippiques de l'Algérie.)

1884. — 1ᵐ 52. Gris pommelé, foncé aux fesses et aux membres, ladre au bas du chanfrein à dr., dans le naseau dr. et aux lèvres.

KANNON

1245

(Eiablissements hippiques de l'Algérie.)

1885. — 1ᵐ 52. Gris clair rouané, 4 balz.

KARCHAN

2062

(Etablissements hippiques de l'Algérie.)

1882. — 1ᵐ 55. Gris rouané, pommelé plus clair à la tête, feu au boulets, aux genoux et à la face interne des avant-bras.

1229

KASSIR

(Etablissements hippiques de l'Algérie.)

1884. — 1ᵐ 56. Gris pommelé, rouané foncé aux membres petite tache de ladre entre les naseaux.

1235

KATKAT

(Etablissements hippiques de l'Algérie.)

1884. — 1ᵐ 51. Gris pommelé rouané, plus clair à la tête, ladre entre et dans les naseaux et aux lèvres, 3 balz. chaussées dont 1 ant. g., fortᵗ neigé au membre ant. dr.

1321

KAZIM

(M. Laradj ben El Hadj Bakti, à Abid, commune mixte de Berrouaghia.)

1885. — Par KAZIM, 40, et BARKA, 151.

40

KAZIM

(Etablissements hippiques de l'Algérie.)

1873. — 1ᵐ 54. Alezan foncé légᵗ rubican, en tête mélangé, prolongé par une petite liste jusqu'au bas du chanfrein, raie de mulet, charbonné à l'arrière main à dr.

1393

KEBIR

(M. Kaddour ben Cheikh à Maacen, commune
mixte d'Ammi-Moussa.)

1888. — Gris en tête prolongé par une liste terminée
par du ladre aux naseaux et aux lèvres, balz. lat. *g.*
Par DEFINA, 342, et KADRA, 732.

465

KEBIR

(M. Charef ould Ahmed Ben Mahal, à Rivoli.)

1887. — Alezan en tête. Par MESKINE, 444, et
ZOKRA, 464.

1295

KEFLAKDAR

(M. Ben Aouda Ben Darsaïa à Ouled Allane.)

1888. — Par BENDJAR, 16 et FODDA, 126.

1253

KERAKACH

(Etablissements hippiques de l'Algérie.)

1873. — 1^m 54. Gris lég^t rouané, ladre entre les
naseaux et à la lèvre inf., 3 balz. chaussées dont une
ant. gauche, feu arabe aux épaules et au coude gauche.

791 **KERAÏCHI**

(M. Abbad Ben Abd El-Kader à Keraïchi, commune mixte
d'Ammi-Moussa.)

1885. — 1ᵐ 51. Gris foncé rouané et pommelé,
ladre aux naseaux et aux lèvres.

1268 **KERBA**

(M. Belkassem Ben Klif à Adaoura, commune mixte de Sidi-
Aïssa.)

1888. — Bai. Par TOKKOUK, 68, et CHELÀLA, 93.

1710 **KHIARI**

(M. Hadj Lakdar ben Ali, à M'toussa, commune mixte de
la Meskiana.)

1891. — Gris foncé.

215 **KHALIFA**

(Etablissements hippiques de l'Algérie.)

1874. — 1ᵐ 50. Gris très clair, ladre marbré autour
des yeux, au bout du nez, aux lèvres et au périnée,
feu arabe à la pointe des épaules.

475 ## KIF-KIF

(La Société de l'Habra et de la Macta, à Debrousseville)

1873. — 1ᵐ 48. Gris truité, marqué de feu sur les canons antérieurs.

1466 ## KIÏAS

(Etablissements hippiques de l'Algérie.)

1885. — 1ᵐ 50. Gris rouané, tête plus claire, ladre au bas du chanfrein, entre les naseaux et aux lèvres, 3 balz. dont une ant. g. plus petite.

1662 ## KOUACHE

(M. Dahman ben Saad, à Oued-Sellama, commune mixte d'Aumale)

1890. — Alezan, fort en tête prolongé par une liste terminée par du ladre, balz. post. gauche, trace opposée. Par Lydia, 45, et Khorfa, 105.

41 ## KOMEIT

(Etablissements hippiques de l'Algérie.)

1871. — 1ᵐ 55. Alezan foncé, légᵗ rubican, en tête bordé, prolongé par une liste bordée, terminé par du ladre entre les naseaux, charbonné sur la croupe à droite et à la pointe de la hanche gauche. Raie de mulet. Balz. post. g. irr., trace ant. g. oreille d. fendue, feu arabe aux épaules.

276 KNOUTH

(Etablissements hippiques de l'Algérie.)

1872. — 1ᵐ 50. Gris clair, plus foncé aux articulations, légᵗ rouané, légᵗ truité à la tête, ladre marbré
au bout du nez et aux lèvres, feu arabe aux épaules et
sur le côté des genoux.

42 KORNITH

(Etablissements hippiques de l'Algérie.)

1877. — 1ᵐ 48. Alezan brûlé, rubican, irr. en tête
bordé prolongé par une liste bordée, ladre entre les
naseaux dans la narine dr. et aux lèvres, balz.
post. dentelées, bordées et haut chaussées, principe
ant. dr.

1156 KOUAD

(Etablissements hippiques de l'Algérie.)

1889. — Par Ammi-moussa, 268, et Adjouba, 72.

1243 KOUÏ

(Etablissements hippiques de l'Algérie.)

1884.-- 1ᵐ57. Alezan doré rubican, en tête prolongé par
une liste bordée déviant à g. terminée sur le chanfrein
balz lat. dr. irr. et chaussée, trace post. g.

941 **KRALEB**

(Etablissements hippiques de l'Algérie.)

1877. — 1ᵐ 59. Gris clair, truité sur le chanfrein et à la tête, plus foncé aux membres, léger ladre entre les naseaux, à la lèvre inf. et à l'œil dr.

832 **KROUF**

(M. Si ben Aouda ben Abd El Malek, à Ouled Sabeur, commune mixte d'Ammi-Moussa.)

1887. — Fort en tête, large liste au chanfrein. Par BEYROUTH, 270, et LOUISA, 831.

681 **LABIOD**

(M. El Aid Ould El Miloud, caïd à Meghaoulia, Aïn-Sefra.)

1874. — 1ᵐ 49. Gris clair moucheté, oreille dr. fendue.

285 **LACHEBIH**

(Etablissements hippiques de l'Algérie.)

1874. — 1ᵐ 51. Gris clair, légᵗ. rouané, grands ladres sur le chanfrein, le bout du nez et aux lèvres, 3 gr. balz dont une ant. dr. oreille g. fendue.

1372

LACHEGUER

(M. Priou, interprète judiciaire à Mostaganem.)

1888. - Alezan. Par ARBAL, 267, et ZERGA, 458.

1314

LACHGAR

(M. Mohamed ben Ali ben Touabbia, à Chembell, commune de l'Oued-Fodda.)

1888. — Gris foncé. Par DJENDEL, 27, et EL-ADJERA, 143.

1426

LADHEM

(M. Boukhatem ben Hamouda, à Oued Amer, commune mixte de Zemmorah.)

1888. — Gris foncé, en tête. Par BAS, 318, et AÏN EL HADJ, 535.

2072

LAFATTE

(Etablissements hippiques de l'Algérie.)

1885. — 1^m 53. Bai cerise rubican, irrégul^t en tête prolongé par une lisse mélangée terminant par du ladre entre les naseaux, petites balz. lat. g. irr.

1172

LAKHAL

(M. M'Ahmed ben Henni dit Karroussi, à Tafelout commune
mixte du Chélif.)

1886. — 1ᵐ 50. Gris foncé rouané, 2 balz. lat. g. irr.
principe de balz. au membre post. dr., en tête prolongé sur le chanfrein.

2058

LAOUAM

(Etablissements hippiques de l'Algérie.)

1883. — 1ᵐ 56. Rouan très clair, pommelé aux
fesses, plus foncé aux membres, ladre marbré au bout
du nez et aux lèvres.

2078

LAPPIDE

(Etablissements hippiques d'Algérie.)

1885. — 1ᵐ 50. Bai châtain foncé, en tête mélangé
à dr., grisonné entre les naseaux, balz. post. g. bordée
et terminée, trace opposée, taches blanches au-dessus
et en arrière du genou dr.

2052

LASKAR

1883. — 1ᵐ 56. Rouan clair, plus foncé à l'arrière-
main et aux membres, truité à la tête, ladre entre dans
les naseaux, au bout du nez et aux lèvres, feu autour
du garrot, particulièrement à g.

1637   LAZIZ

(Etablissements hippiques de l'Algérie.)

1887. — Alezan, en tête bordé, prolongé par une liste bordée, s'élarg^t au bas du chanfrein, terminée par du ladre entre dans les naseaux et aux lèvres. Par Bordj, 266, et M'Brouka, 397.

1310   LAZERAG

(M. Hadda bel Hadj Mohamed, à Siouf, commune mixte de Téniet-el-Haâd.)

1889. — Par Oulani, 62, et Messaouda, 140.

1316   LAZEREG

(M. Hadj Mohamed ben Hadja, à l'Oued-Fodda.)

1888. — Bai châtain. Par Bajar, 9, et Horra, 146.

1487   LAZEREG

(M. Mohammed ben Yaya ben Tricha, à Chellala)

1887. — 1^m 48. Gris pommelé, oreille d. fendue très larg^t ladre entre les naseaux.

LAZEREG

1113

(M. Amar ben Mohammed, aux Ouled-bel-Gassem, commune mixte de Sedrata.)

1884. — 1^m 54. Gris foncé pommelé, lég^t ladre à la lèvre sup.

LAZRÈGUE

459

(M. Priou, propriétaire à Mostaganem.)

1887. — Gris pommelé, rouané, Par CAFER, 321, et ZERGA, 458.

LECOQ

43

(Etablissements hippiques de l'Algérie.)

1867. — 1^m 56. Noir mal teint, lég^t en tête, petit ladre entre les naseaux et à la lèvre supérieure. Taches blanches accidentelles de chaque côté du garrot.

LECOQ

1151

(M. Mioque, à Bourkika.)

1885. — Bai brun foncé, pelotte en tête, ladre à la narine g. Par LECOQ, 43, et BERGÈRE, 1150.

1404 LESFAR

(M. Mohammed ben Guerainet, à M'Zila, commune mixte
de Cassaigne.)

1888. — Isabelle, œil g. vairon. Par En Negal, 350,
et Hamra, 417.

2064 LDRIF

(Etablissements hippiques de l'Algérie.)

1883. — 1^m 52. Rouan clair, pommelé à l'avant-
main et à la croupe, cicatrice au poitrail.

1011 LHAMAR

(M. Ali Bey ben Mihoub ben Chenouf, caïd de la Marcadon
commune indigène de Biskra.)

1884. — 1^m 59. Bai châtain, lég^t en tête.

1427 LIOTTA

(M. Kaddour ben Djilali, à Beni Louma, commune mixte
de Zemmorah.)

1888. — Gris rouané, ladre autour des yeux entre
dans les naseaux et aux lèvres. Par Beyrouth, 270 et
Chelilet, 542.

2065

LKAIN

(Etablissements hippiques de l'Algérie.)

1883. — 1ᵐ 56. Gris clair pommelé plus foncé à la croupe et aux membres, feu arabe et raie aux genoux et dans le creux externe des jarrets.

2071

L'MADJAZ

(Etablissements hippiques de l'Algérie.)

1882. — 1ᵐ 56. Gris clair rouané pommelé lég^t truité à la tête, balz. diag. g., feu arabe au sommet des épaules.

2063

LOUAAR

(Etablissement ᵐ hippiques de l'Algérie).

1884. — 1ᵐ 56. Gris très clair, buvant comp. dans son blanc, ladre marbré autour des yeux, 4 balz. haut chaussées.

504

LOUMA

(M. Tahar Bel Hassen, caïd à Beni-Louma, commune mixte de Zemmorah.)

1882. — 1ᵐ 58. Gris clair pommelé.

1706   LOUIS

(M. Amar bou Nas, à Oued-Kebab, commune mixte de Fedj-M'zala.)

1887. — 1^m 48. Gris bl., ladre aux naseaux.

2068   LRAFELD

(Etablissements hippiques de l'Algérie.)

1885. — 1^m 55. Gris clair, lég^t pommelé, ladre entre les naseaux, sur et dans la narine d. et à la lèvre sup. cicatrice à la base de l'encolure.

443   LURON

(M. Cosman Adrien, à Mostaganem.)

1883. — 1^m 57. Bai châtain, fort^t en tête, large lisse couvrant le chanfrein. Ladre aux naseaux, à la lèvre supérieure, 3 balz. irrég^t chaussées et dentées, dont 1 ant. dr.

910   LUTIN

(Etablissements hippiques de l'Algérie.)

1876. — 1^{m}53. Gris rouané, foncé, pommelé, feu arabe aux épaules.

LUTIN

(Etablissements hippiques de l'Algérie.

1868. — 1ᵐ48. Gris très clair, ladre sur le chanfrein, entre les naseaux dans la narine droite et aux lèvres.

LYDIA

(Etablissements hippiques de l'Algérie.

1870. — 1ᵐ54. Gris clair, ladre marbré aux joues, au chanfrein, entre dans les naseaux et aux lèvres, cicatrice au poitrail.

MABHOUL

(Etablissements hippiques de l'Algérie.)

1870. — 1ᵐ52. Gris clair truité, ladre au chanfrein entre les naseaux, dans la narine droite, marbré aux lèvres.

MABROUK

(Etablissements hippiques de l'Algérie.)

1880. — 1ᵐ54. Bai, fortᵗ. en tête bordé prolongé par une liste se terminant par du ladre entre les naseaux, 4 balz. bordé, les ant. plus petites, tache blanche au sommet du garrot.

7

395   **MACRON**

(M. le Commandant d'Aubigney, 2ᵉ chasseurs d'Afrique, Tlemcen.)

1878. — 1ᵐ 56. Alezan, légᵗ rubican, en tête prolongé, ladre entre les naseaux et à la lèvre inf., bouquet de poils blancs en arrière du garrot, balz. haut chaussée et dentée au membre post. g.

2091   **MADJE**

(Etablissements hippiques de l'Algérie).

1885. — 1ᵐ 53. Noir franc, pelotte en tête bordée balz. post. dr. dentelée, petite tache blanche au-dessus du pli du genou dr.

2051   **MADJEL**

(Etablissements hippiques de l'Algérie.)

1874. — 1ᵐ 51. Alezan légᵗ rubican, en tête bordé, liste mélangée sur le chanfrein à gauche, terminé par un ladre, entre dans la narine gauche au bout du nez et aux lèvres, balz. diagonales, g. irr. et bordées, la post. est herminée.

1179

MADJEL

(Etablissements hippiques de l'Algérie.)

1881. — 1m 51. Bai marron, pelotte en tête, petite liste sur le chanfrein, déviant à droite, terminée par du ladre, entre dans le naseau droit et à la lèvre supérieure, petites balz. ant. herminées.

934

MAGRA

(Etablissements hippiques de l'Algérie.)

1880. — 1m 54. Gris lég^t truité, cicatrice au grasset droit, feu au sommet des épaules.

2077

MAHOUDI

(Etablissements hippiques de l'Algérie.)

1881. — 1m 56. Noir mal teint, tache accidentelle sur le garrot, feu arabe au sommet des épaules.

47

MAKTOUM

(Etablissements hippiques de l'Algérie,

1870. — 1m 53. Alezan rubican, en tête bordé, cicatrice au sommet du garrot.

48 - MALEKI

(Etablissements hippiques de l'Algérie,

1872. — 1m 60. Gris très clair, légt pommelé, ladre entre les naseaux, dans la narine droite et aux lèvres.

1702 MANSOUR

(M. Si el Haoussine ben Si Saïd, à Oued-Kebbab, commune mixte de Fedj-M'Zala)

1887. — 1m 50. Gris très clair, ladre au chanfrein, aux naseaux et aux lèvres, raies de feu de chaque côté du garrot.

49 MARASMI

(Etablissements hippiques de l'Algérie,

1875. — 1m 56. Gris très clair, moucheté et truité, ladre entre dans les naseaux et aux lèvres.

50 MARCO

(Etablissements hippiques de l'Algérie.)

1870. — 1m 53. Gris très clair, légt rouané, truité à la tête, charbonné à l'oreille dr.

MASSOUD

(Etablissements hippiques de l'Algérie.)

1878. — 1^{m}53. Rouan clair, lég^t pommelé, ladre au bas du chanfrein, entre dans les naseaux et aux lèvres.

228

MASSOUL

(Etablissements hippiques de l'Algérie.)

1875. — 1^{m}56. Bai, irrég^t en tête prolongé par une large liste bordée sur le chanfrein, se terminant par du ladre, entre dans les naseaux et aux lèvres. 3 balz. bordées et herminées dont une ant. g.

917

MATER

(Etablissement hippiques de l'Algérie.)

1877. — 1^{m}61. Gris, lég^t rouané, lég^t truité à la tête, plus foncé aux membres, cicatrices sur le dos, les côtes et au poitrail, feu aux parotides.

1417

M'BARECK

(M. Mohammed ben Rahal, à Ouled-Addi, commune mixte de l'Hillil.)

1888. — Gris foncé, en tête, ladre entre et dans la narine g. Par DJERIDI, 257, et KADOUDJA, 299.

1425   # MEBROUK

(M. Hadj Menouer ben Cheriba, à Amamra, commune
mixte de Zemmorah.)

1888. — Gris, ladre aux naseaux et aux lèvres. Par
DELLAK, 340, et ARDJOUNA, 528.

1488   # MEBROUK

(M. Hadj Mohamed ben Djaballah, à Ouled-Maaref,
commune mixte de Boghari.)

1886. — 1ᵐ50. Gris très clair, ladre aux naseaux,
crins blancs.

898   # MEBROUK

(M. Si Henni ben Es-Sahia, à Medjadja.)

1887. — Noir. Par FLITTI, 59, et MEBROUKA, 168.

1156   # MEBROUK

(M. El Hadj Brahim, adjoint indigène, à Milianah.)

1889. — Gris foncé, belle face, trois balz, dont une
ant. g. Par DJIBELLI, 221, et MEBROUKA, 1155.

1062

MECHTAL

(M. Ali ben Derbel, à El-Mechtal, commune mixte de la Meskiana.)

1880. — 1m 55. Gris pommelé, moucheté à la face et aux épaules, blessures accidentelles au-dessous du genou ant. g.

219

MÉDIANI

(Etablissements hippiques d'Algérie.)

1875. — 1m 54. Gris clair, pommelé, lég^t rouanné, truité à la tête, ladre au bout du nez, entre dans les naseaux et aux lèvres, trois balz. dont une ant. g.

249

MEDJERI

(Etablissements hippiques de l'Algérie.)

1870. — 1m 55. Bai ch. tain, en tête mélangé, ladre entre dans la narine droite et aux lèvres, trois balz. bordées, dont une ant. gauche plus petite et irrég.

248

MELFI

(Etablissements hippiques de l'Algérie.)

1869. — 1m 50. Gris clair, lég^t truité à la tête, petit ladre entre les naseaux.

1422 ## MELK

(M. Mohamed ould Bouzid, à Tiffrid, commune de Saïda.)

1888. — Gris rouané, irr. en tête prolongé par une
large liste se terminant par du ladre au bas du chanfrein, entre dans les naseaux et aux lèvres, petite balz.
ant. droite, principe post. gauche. Par FLANE, 274, et
NAMA, 657.

1430 ## MELK

(M. El Hadj El Aïreche Ben Kaddour, à Ouled-Souid, commune mixte de Zemmorah.)

1888. — Bai, légèr^t neigé. Par AHMEUR, 254, et
HAMRA, 522.

1334 ## MENGAL

(M. Moul El Abda ben El Hadj Saad, à Zenakra-Maoucha.)

1884. — Par MENGAL, 235, et CHAABA, 164.

235 ## MENGOL

(Etablissements hippiques de l'Algérie.)

1871. — 1^{m}52. Gris clair, lég^t pommelé, plus clair
aux extrêmités, ladre entre dans les naseaux et aux
lèvres.

MESKINE

(M. El Hadj El Achemi ben Sfia, à Ain-el-Ameur, commune
mixte de Teniet-el-Hâad.)

1888. — Par DALEUR, 226, et OUASLA, 171.

MESMAR

(Etablissements hippiques de l'Algérie.)

1874. — 1^m 55. Gris, fort^t truité à la tête et au corps.

MERBOUH

(M. Abd el Kader ould Bou Feldja, à Beni-Mettaref,
commune indigène d'Ain-Sefra)

1885. — 1^m 46. Gris foncé rouané, irrég. en tête,
oreille gauche fendue.

MEREBAH

(M. Zahar ben El Habib, à Beni Zenthis, commune mixte
de Cassaigne.)

1888. — Bai foncé, liste en tête se terminant sur le
chanfrein, balz. post. Par AL BORAK, 310, et RABHA,
419.

626   MERZAG

(M. Maamar ben Ould Mustapha El Mahi, à Guerairia,
commune de l'Hillil.)

1887. — Bai en tête, 3 balz., 1 ant. g. Par FAUST, 33,
et NAKHLA, 625.

1632   MERZOUG

(M. Lakdar ben Mohamed, à Ouled Sellem, commune
mixte d'Aïn M'lila.)

1889. — Bai chatin, en tête, balz. post. g., feu arabe
aux épaules. Par BALIN, 12, et REBHA, 974.

1280   MERZOUG

(M. El Abbed ben Ahmed, à Adaoura, commune
Indigène de Sidi Aïssa.)

1889. — Par EL AZEREG, 228, et LOUISA, 109.

1073   MERZOUG

(M. Mefta ben Mohamed, à Frahna, commune indigène
de Tébessa.)

1882. — 1m 51. Gris clair pommelé, extrémités plus
foncées, crins lisses.

1613 MESSAOUD

(M. Embareck ben Mohamed, à Ouled-Rechaich,
commune indigène de Khenchela.)

1890. — Rouan vineux, balz. post. gauche. Par
RETARDATAIRE, 927, et KHEDIDJA, 1037.

1618 MESSAOUD

(M. Asnaoui ben Embareck, à Ouled-Tamza, commune mixte
de Khenchela.)

1889. — Lauvet, plus foncé aux extrémités, ladre
sur le chanfrein, entre dans les naseaux. Par AMROUS,
930, et ZERGA, 1029.

1604 MESSAOUD

(M. Mohamed ben Si El Hassen ben Cheikh, à Constantine.)

1887. — 1^m 57. Rouan foncé, feu arabe au sommet
des épaules, cicatrice au fourreau.

1657 MESSAOUD

(M. Hadj Mohamed ben Khalifa, à Taflout, commune
de Charon.)

1890. — Souris, pelote en tête, 3 balz., l'ant. g. plus
petite. Par EL-REKAB, 1246, et MELKHOUTA, 1256.

2094 ## MESKOUTINE

(Etablissements hippiques de l'Algérie.)

1876. — 1ᵐ 54. Gris clair, plus foncé à l'arrière main, 3 balz. dont une ant. droite.

444 ## MESKINE

(M. Delrieu, Jean, à Mostaganem.)

1878. — 1ᵐ 55. Gris clair pommelé, plus foncé aux extrémités, très légᵗ ladré aux naseaux, marqué par le feu français aux boulets ant.

255 ## MESRAN

(Etablissements hippiques de l'Algérie.)

1872. — 1ᵐ 52. Alezan, en tête prolongé par une liste.

496 ## MESSAOUD

(M. Abd El Kader bou Médine, caïd à Kalaa, commune mixte de l'Hillil.)

1873. — 1ᵐ 53. Blanc, ladre autour des yeux, boit dans son blanc, feu arabe de chaque côté du chanfrein et aux épaules.

MESSAOUD

505

(M. Nadir ben Belgassem, à Ouled Sidi Ahmed ben Mohamed, commune mixte de Zemmorah.)

1881. — 1m 49. Gris pommelé, légt rouané à l'encolure et aux membres, ladre entre les naseaux et aux lèvres.

MESSAOUD

612

(M. Abd El Kader ould Laradj, à Dehalsa, commune indigène de Tiaret-Aflou)

1882. — 1m 56. Gris très clair, crins blancs, ladre entre les naseaux et aux lèvres.

MESSAOUD

804

(M. Djillali ben El Alla, caïd à Hallouya Gh, commune mixte d'Ammi Moussa.)

1886. — Alezan, en tête, lorge lisse au chaufrein. Par DAOULAT, 259, et EMBARKA, 830.

MESSAOUD

892

(M. Bel Hadj bou Lakdar, caïd, à Oued Bou Arif, commune mixte d'Aumale.)

1887. — Rouan foncé. Par LECOQ, 43 et BEÏA, 81.

979   **MESSAOUD**

(M. Lakhdar ben Mansour, commune mixte d'Aïn M'lila.)

1878. — 1^m 51. Alezan, crins lavés, feu aux épaules et aux pàrotides.

993   **MESSAOUD**

(M. Mohammed ben Sedira, à Chemora, commune mixte d'Aïn El K'sar)

1881. — 1^m 58. Gris foncé.

1122   **MESSAOUD**

(M. Embarek ben Larbi Cheikh, à Zarouria, commune mixte de Soukahras.)

1876. — 1^m 51. Gris très-clair, crins foncés, ladre marbré entre les naseaux et aux lèvres, feu aux boulets ant.

1123   **MESSAOUD**

(M. Noui Bel Gandouzi, cheikh, à Hammama, commune mixte de Souk-Ahras.)

1882. -- 1^m 54. Gris foncé rouané.

MESSAOUD

(M. Bou Tabba ben Bou Azza, à Ouled-Dris, commune
mixte d'Aumale.)

1888. — Rouan foncé, pelote en tête. Par LECOQ, 43,
et AMEDIA, 77.

MESSAOUD

(M. Chellali ben el Hadj, à Ridan, commune mixte d'Aumale.)
1888. — Bai foncé. Par LYDIA, 45, et KEIRA, 104.

MESSAOUD

(M. El Haouas ben Yaya, à Ouled-Allane.)

1888. — Alezan. Par BENDJAR, 16, et HARMELAH,
134.

MESSAOUD

(M. El Khelili ben Ahmed, à M'Fata, commune mixte de
Boghari.)

1889. — Par ADJAN, 2, et AZIZA, 135.

MESSAOUD

(M. Laradj ben El Hadj Bakti, à Abid, commune mixte
de Berrouaghia.)

1889. — Par ADJAN, 2, et M'BARKA, 151.

1327

MESSAOUD

(M. Mohamed ben Cheikh, à Oued-Allane.)

1888. — Bai. Par Boucif, 216, et Achouba, 156.

1339

MESSAOUD

(M. Yacoub ben Yaya, à M'Fata, commune mixte de Boghari.)

Par Souak, 214, et Rebiha, 170.

1345

MESSAOUD

(M. Salem ben Mohammed, à Adaoura, commune
indigène de Sidi-Aïssa.)

1889. — Par El Azerey, 228, et Saada, 175.

1346

MESSAOUD

(M. Amar ben Saad, à Oued-Driss, commune mixte
d'Aumale.)

1888. — Rouan clair, en tête prolongé par une liste
terminée par du ladre entre les naseaux. Par Lydia,
45, et Zerkaka, 178.

1359

MESSAOUD

(M. El Hadj Brahim, à Milianah.)

1889. — Bai. Par Messaoud, 222, et Messaouda, 1157.

MESSAOUD

1360

(M. Abd el Kader ben Mohamed, à Malakoff.)

1889. — Gris. Par REKEL, 213, et PAULINE, 1162.

MESSAOUD

1429

(M. El Hadj Abdelkader ben Abib, à Amamra, commune mixte de Zemmorah.)

1888. — Gris, lég¹ en tête, balz. post. g. Par DELLAK, 340, et GUELT BOU ZID, 539.

MESSAOUD

1491

(M. Heddaïa ben Maàmar, à Chellala M'Gan)

1885. — 1ᵐ 48. Gris clair pommelé, crins blancs entre les naseaux et aux lèvres.

MESSAOUD

1698

(Etablissements hippiques d'Algérie.)

1886. — 1ᵐ 62. Gris foncé pommelé, crins blancs.

MESSAOUD

1705

(M. Saïd ben El Hamlaoui, à Châteaudun du Rhumel.)

1884. — 1ᵐ 57. Gris pommelé, rouané, feu au garrot.

1704

MESSAOUD

(M. Mohammed ben Lakdar, à Saint-Arnaud.)

1877. — 1ᵐ50. Bai brun, foi t en tête prolongé, ladre aux naseaux, balz. diag. g. principe de balz, ant. dr.

1707

MESSAOUD

(M. Kalet ben Bhalen, à Beida Bordj, commune mixte des Eulmas.)

1885. — 1ᵐ56. Gris foncé pommelé.

1711

MESSAOUD

(M. Taïeb ben Saïd, à Guelaat bou Sba.)

1891. — Bai. Par SADOURI, et ZAHARA, 1712.

1717

MESSAOUD

(M. Si Mohammed ben Boudra, à Oued bou Derhem, commune mixte de Khenchela.)

1891. Bai. Par BAUTAM et GH'ZALA, 1718,

305

M'FODOD

(Etablissements hippiques de l'Algérie.)

1878. — 1ᵐ51. Gris clair, lég truité, ladre au bas du chanfrein, entre dans les naseaux et aux lèvres. —

MILOUD
1686

(M. Hamed ben El Hadj, Oued-Ferha, commune mixte
d'Aumale.)

1890. — Bai, en tête prolongé par une liste, ladre
au bout du nez, sous la narine g., balz. post. d. Par
Lydia, 45, et Messaouda, 113.

MISTRAL
2099

(Etablissements hippiques de l'Algérie.)

1883. 1^{m}55. Noir mal teint lég^t, en tête bordé
petite ladre au b. du nez à g., balz. post. d., bordée
principe opposé, raie circulaire au paturon ant. g.,
taches blanches sur le garrot.

MODESTE
2056

(Etablissements hippiques de l'Algérie.)

1883. — 1^{m}55. Gris très clair, plus foncé aux genoux
et aux jarrets, lég^t truité à la tête.

MOHSEN
297

(Etablissements hippiques de l'Algérie.)

1876. — 1^{m}54. Gris clair, lég^t rouané, ladre marbré
autour des yeux, entre dans les naseaux et aux lèvres
et aux parties génitales.

992 ## MOKRANI

(M. Bedouet, administrateur, commune mixte d'Ain-El-K'sar.)

1883. — 1^m 62. Alezan.

51 ## MONDJALIS

(Etablissements hippiques de l'Algérie, Dépôt de Remonte de Blida.)

1875. — 1^m 51. Gris pommelé, lég^t rouané, marbré entre dans les naseaux et aux lèvres.

520 ## MORDJANN

(Etablissements hippiques de l'Algérie.)

1875. — 1^m 54. Gris clair, rouané pommelé, plus foncé aux extrémités, truité à la tête.

1643 ## MOREDJ

(M. M'Ahmoud ben Taïeb, aux Medjers.)

1887. — Bai, en tête, ladre entre les naseaux. Par Mohsen, 297, et Bichette, 449.

741 ## MOSSOUL

(Etablissements hippiques de l'Algérie.)

1884. — 1^m 54. Gris clair, rouané, pommelé, plus clair à la tête, ladre entre les naseaux et à la lèvre sup., tisonné sur les côtes.

2075

MOUKAL

(Etablissements hippiques de l'Algérie.)

1885. — 1^m51. Gris très clair, lég^t pommelé aux fesses, aux avant-bras, ladre marbré entre dans les naseaux, aux lèvres, autour des yeux, au fourreau et à la face interne des cuisses, feu arabe au sommet des épaules.

2076

MOUSTIQUE

(Etablissements hippiques de l'Algérie.)

1887. — 1^m 53. Rouan clair, lég^t pommelé sur le corps, petit ladre marbré entre les naseaux et à la lèvre sup.

52

MOUKHAL

(Etablissements hippiques de l'Algérie.)

1873. — 1^m 54. Gris clair, très pommelé aux fesses et aux membres, ladre marbré aux lèvres, cicatrice à la pointe des épaules, oreille droite fendue.

1368

MOUSSE

(M. Abdallah ben Amar, à Aïn-Boudinar, commune d'Aïn-Boudinar.)

1888. – Alezan, ladre entre et dans les naseaux. Par En Neggal, 350, et Embarka, 409.

1112 **MOUSSE**

(M. Fenech, administrateur de la commune mixte de Sedrata.)

1884. — 1ᵐ 48. Bai brun, ladre entre les naseaux, balz. post. g.

53 **MOUSSE**

(Etablissements hippiques de l'Algérie, Dépôt de Remonte de Blida.)

1877. — 1ᵐ 50. Gris très clair, légᵗ truité à la tête, marbré autour des yeux, aux joues, entre dans les naseaux, aux lèvres, à l'anus, au périnée et aux parties génitales, feu arabe au sommet des épaules, aux genoux, à la face interne des jarrets et aux boulets.

1700 **MOUSSE**

(M. Kassa ben Ahmed, à Ras Seguin, commune mixte de Châteaudun.)

1879. — 1ᵐ 57. Gris clair, pommelé, feu aux genoux et aux boulets.

683 **MUSTAPHA**

(Etablissements hippiques de l'Algérie.)

1880. — 1ᵐ 52. Noir mal teint, légᵗ rubican, légᵗ en tête, balz. post. irr., la g. plus grande, feu au sommet des épaules.

54

M'ZAB

(Etablissements hippiques de l'Algérie.)

1875. — 1ᵐ55. Gris très clair, ladre au bas du chan-frein, entre dans les naseaux et aux lèvres.

1332

M'ZAB

(M. Mohamed ben M'Ahmed, aux Aziz, commune mixte de Boghari.)

1886. — Par M'ZAB, 54, et BIDA, 160.

1675

N...

(M. Cheick ben Saad, à Oued-Si-Moussa.)

1898. — Bai clair, en tête 3 balz. dont une ant. à g. Par SOURGHOUM, 67, et FATHMA, 1538.

1701

N...

(Etablissements hippiques de l'Algérie.)

1887. — 1ᵐ 53. Gris foncé rouané, feu de chaque côté du garrot.

1709

N...

(M. Hadj Lakhdar ben Ali, à M'Toussa, commune mixte de la Meskiana.)

1890. — Gris foncé.

1713   N...

(M. Si L'hassen ben Ferral, à Khenchela.)

1891. — Rai. Par ALGARO et HAMRA, 1714.

1719   N...

(M. Asnaoui ben Ali, à Khenchela.)

1891. — Alezan. Par SEGANE et HAMAMA, 1720.

1723   N...

(M. Bedouel, à El-Madher.)

1889. — Bai, balz. post. irr. herminée. Par MOKRA-
MI et EMBARKA.

1644   N...

(M. Kaddour ben Ziam. à M'Zila.)

1887. — Gris. Par JARMINGTON, 250, et DRIFFA, 415.

2086   N...

(Etablissements hippiques de l'Algérie.)

1886. — 1m 48. Noir, en tête bordé, ladre grisonné
entre les naseaux, balz. post. herminées.

2085
N...

(Etablissements hippiques de l'Algérie.)

1887. — 1^m 54. Bai marron, foncé lég^t en tête, petit entre les naseaux avant lèvres, balz. post. bordées, la d. plus petite, crins mélangés et taches accidentelles sur le garrot.

2083
N...

(Etablissements hippiques de l'Algérie.)

1886. — 1^m 54. Gris clair, lég^t rouané, ladre marbré entre les naseaux et aux lèvres, balz. latérales g..

2084
N...

(Etablissements hippiques de l'Algérie).

1881. — 1^m 55. Rouan très clair, truité et moucheté, ladre marbré au bout des lèvres, cicatrices au garrot et sur le dos.

1653
N...

(M. Ben Cherif ben Mansour, à Beni-Ouindjel.)

1888. — Gris foncé, en tête, balz. diagonales d. Par N'aar, 280, et Messaouda, 579.

60   N . . .

(Etablissements hippiques de l'Algérie.)

1879. — 1ᵐ 50. Gris clair truité, marbré au bas du chanfrein, au bout du nez et aux lèvres.

61   N . . .

(Etablissements hippiques de l'Algérie.)

1881. — 1ᵐ 50. Gris très clair, légᵗ rouané aux fesses, ladre entre les naseaux et aux lèvres, cicatrices à l'hypocondre g..

878   N . . .

(M. Hadj Abd El Kader ben Bakhti, à Marionia, commune mixte d'Ammi-Moussa.)

1887. Par Redjad, 246, et Yacouta, 877.

954   N . . .

(Etablissements hippiques de l'Algérie.)

1882. — 1ᵐ 50. Alezan, foncé en tête, prolongé par une petite liste bordée, terminé par du ladre entre les naseaux et au bout du nez, 3 balz. irr. dont une ant. g. plus petite, feu arabe au sommet des épaules, crins lavés.

2082

N...

(Etablissements hippiques de l'Algérie.)

1886. - 1ᵐ 62. Rouan foncé, plus clair à la tête, feu arabe aux genoux et aux poignets.

2081

N...

(Etablissements hippiques de l'Algérie.)

1885. — 1ᵐ 52. Gris très foncé, taches accidentelles sur et de chaque côté du garrot, fouet de la queue lavé.

2080

N...

(Etablissements hippiques de l'Algérie.)

1881. — 1ᵐ 55. Gris clair, rouané, pommelé, cicatrice sur les côtes à droite.

1635

N...

(Etablissements hippiques de l'Algérie.)

1887. — Gris clair, légᵗ. pommelé, b. d. s. b., ladre marbré autour des yeux et au fourreau. Par MOHSEN, 297, et MESSAOUDA, 463.

1248   N . . .

(Etablissements hippiques de l'Algérie.)

1886. — 1^{m}48. Gris moucheté, très lég^t truité à la face

1441   N . . .

(M. Hadj Kaddour ben Taïeb, à Guertoufa.)

Alezan très clair, en tête prolongé par une liste, balz. post. Par RESKI, 453, et CHAABA, 592.

1461   N . . .

(Etablissements hippiques de l'Algérie.)

1885. — 1^{m}50. Gris clair, lég^t rouané, marbré aux lèvres.

1468   N . . .

(Etablissements hippiques de l'Algérie.)

1884. — 1^{m}50. Bai doré, 3 balz. dont 1 ant. g.

1490   N . . .

(M. Bou Alla ben Hadj Miloud, à Ouled-Sidi-Aoud, commune mixte de Boghari.)

1886. — 1^{m}55. Alezan, crins lavés, 2 balz. lat. g. chaussées, pelote en tête prolongée, ladre entre les naseaux, tache blanche sur le thorax.

1492   N . . .

(M. Taïeb ben Embarek, à Oued-Seghouan, commune mixte
de Berrouaghia.)

1886. — 1ᵐ 50. Gris pommelé, crins lisses, 3 raies
de feu aux épaules.

1677   N . . .

(M. Larbi El Hadj Mohamed, à Beni-Ghomerian, commune
mixte des Braz.)

1890. — Noir en tête, balz. post. Par MASSUAD, 222,
et MABROUK, 133.

1666   N . . .

(M. Chellali ben El Hadj, à Ridan, commune mixte d'Aumale.)

1890. — Bai clair, 4 balz. Par SOURGHOUM, 67, et
KEÏRA, 104.

1665   N . . .

(M. Dumont, à Kouanin.)

1890. — Rouan vineux, pommelé. Par KATTA, 233,
et MIGNONNE, 1214.

1656   N . . .

(M. Ali ben Salem, à Ouled Driss, commune mixte d'Aumale.)

1890. — Bai clair, balz. post. dr., trace ant. dr. Par
LYDIA, 45, et KROUFA, 106.

280   NAAR

(Établissements hippiques de l'Algérie.)

1873. — $1^m 51$. Gris pommelé, plus foncé aux articulations, tête plus claire et lég^t truitée, oreille dr.
fendue.

252   NADJI

(Établissements hippiques de l'Algérie.)

1870. — $1^m 51$. Bai lég^t rubican, quelques poils en
tête, oreille dr. fendue.

682   NEGAZ

(M. Miloud Ould Sliman, à Ain-Kerma, commune indigène
d'Ain-Sefra.)

1884. — $1^m 54$. Bai châtain, q.-q. poils en tête.

262   NEMOURS

(Établissements hippiques de l'Algérie.)

1873. — $1^m 53$. Alezan doré, rubican à la croupe,
en tête prolongé par une très petite liste, se terminant
sur le chanfrein, balz. post. d., principe opposé.

303

NEUMEUR

(Etablissements hippiques de l'Algérie.)

1878. — 1^m 49. Bai, petit ladre entre les naseaux, Raie de mulet.

922

NICHAB

(Etablissements hippiques de l'Algérie.)

1882. — 1^m 50. Rouan clair, ladre entre les naseaux et aux lèvres, feu au sommet des épaules.

260

NIMIR

(Etablissements hippiques de l'Algérie.)

1869. — 1^m 53. Gris pommelé.

652

NINI

(M. Ben Yaya oul Sliman, conseiller municipal, à Mascara.)

1874. 1^m 48. Gris très clair, crins blancs, ladre au chanfrein, aux naseaux et aux lèvres.

279

NOUSSER

(Etablissements hippiques de l'Algérie)

1874. — 1^m 52. Gris clair lég^t pommelé, plus foncé à l'arrière-main et aux extrémités, petit ladre marbré entre les naseaux et aux lèvres, oreille dr. fendue.

1343   N'SIL

(M. Bou-Zid ben El Abid, à Oued-Driss, commune mixte
d'Aumale.)

1887. — Par Lecoq, 43, et Saada, 174.

55   N'SIB

(Etablissements hippiques de l'Algérie.)

1^{m}53. Gris clair, lég^t pommelé, truité surtout à la
tête, ladre sur le chanfrein, entre dans les naseaux et
aux lèvres.

56   NUMIDE

(Etablissements hippiques de l'Algérie.)

1876. — 1^{m}52. Gris rouané pommelé, plus clair et
fort^t truité à la tête, balz. post. g. herminée.

1431   OUKEL-G'HEZEL

(M. El Hadj Mohammed Bou Dafir, à Oued-Barkat, commune
mixte de Zemmora.)

1888. — Gris foncé, en tête, 3 balz. dont 1 ant. dr.
Par Tabor, 278 et Kaf el Hadri.

2048

OUKIL

(Etablissements hippiques de l'Algérie.)

1878. — 1^m 50. Alezan, rubican, fort^t en tête, prolongé par une liste sur le chanfrein, terminé par du
ladre entre et dans le naseau, grand ladre à la lèvre
inf., balz., post. irr., la droite petite.

62

OULANI

(Etablissements hippiques de l'Algérie.)

1873. — 1^m 55. Bai marron, lég^t rubican, en tête,
3 balz. dont une ant. g. herminée.

968

OURFI

(Etablissements hippiques de l'Algérie.)

1876. — 1^m 50. Gris clair, lég^t truité aux fesses,
ladre marbré, entre dans les naseaux et aux lèvres.

2088

OUZEDIN

(Etablissements hippiques de l'Algérie.)

1874. — 1^m 55. Gris clair, truité à la tête et sur différentes parties du corps, ladre marbré aux lèvres.

9

929   PHILOSOPHE

(Etablissements hippiques de l'Algérie.)

1882. — 1ᵐ56. Gris rouané, plus foncé aux crins, plus clair à la tête, balz. post. dr., raies blanches aux pâturons ant. et au-dessus du pli du jarret, légères taches accidentelles sur le côté droit du garrot.

1407   PICARD

(M. ben Salah ben Kaddour, à Beni Zenthis, commune mixte de Cassaigne.)

1888. — Alezan, en tête prolongé par une liste se terminant par du ladre entre les naseaux. Par AZELEF, 263, et ZERGA, 423.

1519   PINGOIN

(M. Ducuing, commandant au 1ᵉʳ spahis, à Aumale.)

1885.— 1ᵐ52. Alezan châtain foncé, crins plus clairs, feu arabe aux genoux et à la face interne des avant-bras.

1363

PONTÉBA

(M. Bissac, à Pontéba, Orléansville.)

1889. — Alezan. Par RIANA, et MARQUISE, 1187.

63

PRÉTENDANT

(Etablissements hippiques de l'Algérie.)

1875.—1^{m}54. Bai cerise, en tête, petites balz. irr. et herminées.

281

R'AAD

(Etablissements hippiques de l'Algérie.)

1874. — 1^{m}50. Bai cerise, irr^t en tête, bordé, prolongé par une liste interrompue sur le chanfrein, déviant à g., terminée par du ladre, dans la narine g. et à la lèvre sup., 3 balz. dont une ant. d. plus petite, oreille d. fendue.

861

RAAD

(M. Ben Rabah ben Adda, à Ouled-Sabeur, commune mixte d'Ammi Moussa.)

1887. — Par BEYROUTH, 270, et SAHLA, 825.

1435 ## RABAH

(M. Ben Ahmed ben El Hadj Menouar, à Ouled Barkat,
commune mixte de Zemmorah.)

1888. — Gris foncé, rouané en tête, ladre entre les
naseaux, 3 balz. dont 1 ant. g. Par TABOR, 278, et
SÉLÉMINA, 559.

1606 ## RABAH

(M. Bouguerra ben Merouani, à Aïn-Abessa.)

1885. — 1ᵐ 56. Rouan, très clair, plus foncé aux
jarrets, boit incompᵗ dans son blanc, ladre au fourreau.

1415 ## RABAH

(M. El Arbi ben Djelada, à Mina, commune mixte de l'Hillil.)

1888. — Bai en tête, ladre entre les naseaux. Par
SCYLLA, 243, et FREHA, 501.

246 ## REDJAD

(Etablissements hippiques de l'Algérie.)

1870. -- 1ᵐ 54. Gris clair légᵗ pommelé à la croupe,
ladre marbré entre les naseaux, dans la narine gauche
et aux lèvres.

2053

RALF

(Etablissements hippiques de l'Algérie.)

1884. — 1m 52. Noir mal teint, en tête prolongé par une légère liste terminée par du ladre entre les naseaux, taches blanches sur le garrot, balz. post. g. bordée et herminée, feu arabe au sommet des épaules.

1649

REBAH

(M. Si Ali ben Belkassem, à Ouled bou Derhem, commune mixte de Khenchela.)

1890. — Bai, pelote en tête, petite balz. post. g. herminée. Par Segane, 933, et Chegra, 1043.

1683

RECK

(M. Borély la Sapie, à Boufarik.)

1890. — Alezan brûlé, pelote en tête, raie de mulet. Par Bendjar, 16, et Drifa, 1470.

1400

REDJAD

(M. Mohammed ben Abbed, à Ouled-Sabeur, commune mixte d'Ammi-Moussa.)

1888. Gris rouané, ladre au bas du chanfrein, entre dans les naseaux et aux lèvres. Par Redjad, 246, et Zarbala, 821.

1246   REKAB

(Etablissements hippiques de l'Algérie.)

1873. — 1^m 47. Gris foncé, lég^t pommelé et rouané, plus clair à la tête, ladre entre dans les naseaux, balz. post.

213   REKEB

(Etablissements hippiques de l'Algérie.)

1872. — 1^m 52. Gris pommelé, ladre au bas du chanfrein, entre dans les naseaux et aux lèvres, 4 balz. irr., haut chaussées.

1288   REKEB

(M. Pons, à Tiaret.)

1886. — Gris. Par REKEB, 213, et SEBAÏA, 118.

497   RELIZANE

(M. Demay, Auguste, à Relizane.)

1884. — 1^m 52. Alezan chatin, en tête, balz. post., la dr. chaussée.

REMOULEUR

959

(Etablissements hippiques de l'Algérie.)

1868. — 1m 54. Bai fort¹ rubican, en tête prolongé par une liste terminée par du ladre, entre dans les naseaux et à la lèvre sup. petites balz. ant. irr. et herminées, traces post. irr., feu au sommet des épaules et aux parotides, trace de feu aux boulets antérieurs.

RESKI

253

(Etablissements hippiques de l'Algérie.)

1871. — 1m 60. Gris clair lég¹ rouané à l'encolure et à la croupe, ladre marbré à la partie inf. du chanfrein, sur, entre, dans les naseaux et autour des yeux.

RETARDATAIRE

927

(Etablissements hippiques de l'Algérie.)

1875. — 1m 54. Gris clair, truité plus fort¹ à la tête, plus foncé aux crins et aux membres, ladre au bas du chanfrein, entré dans les naseaux et aux lèvres, fouet de la queue lavé.

REZAL

1276

(M. Ali ben Salem, à Ouled-Driss, commune mixte d'Aumale.)

1888. — Bai, 4 balz. Par LYDIA, 45, et KROUFA, 106.

1247   **RIANA**

(Etablissements hippiques de l'Algérie.)

1878. — Alezan très lég^t rubican, en tête bordé prolongé par une large liste bordée, terminé par du ladre, entre dans les naseaux et aux lèvres, balz. post. irr., oreille d. fendue.

894   **RIH**

(M. El Maki ben Khamkham, à Retal, commune mixte de Berrouaghia.)

1887. – Noir. Par Boucif, 216, et Messaouda, 137.

1258   **RIH**

(M. Bou Tabba Ben Bou Azza, à Oued-Driss, commune mixte d'Aumale.)

1885. — Par Ahmeur, 244 et Amedia, 77.

1311   **RHI**

(M. Hadj Djilali Bou Seta, à Sidi El Aroussi, commune mixte du Cheliff.)

1887. — Par Khalifa, 215, et Aroussia, 141.

1319

RHI

(M. Hadj Mohamed ben Ouada, à Charon.)

1888. — Par Maktoum, 47, et Taous, 147.

2059

ROBINSON

(Etablissements hippiques de l'Algérie.)

1881. — 1m50. Gris clair rouané, plus clair et truité à la tête, petit ladre entre les naseaux et à la lèvre inf. raie de feu aux épaules, tisonné à la croupe à dr.

950

ROBUSTE

(Etablissements hippiques de l'Algérie.)

1881. — 1m54. Gris fort^t en tête prolongé par une forte liste terminée par du ladre entre dans les naseaux et aux lèvres, 4 balz., les ant. chaussées, raies de feu aux épaules.

918

ROMULUS

(Etablissements hippiques de l'Algérie.)

1879. — 1m54. Gris rouané pommelé, plus clair à la tête, en tête à gauche, taches blanches dans le pli et sur la corde des jarrets, cicatrices au poitrail, grisonné au paturon post. g., crins lavés.

64

ROVIGO

(Etablissements hippiques de l'Algérie.)

1870. — 1^m 51. Isabelle, en tête bordé, prolongé par une liste interrompue, terminée par du ladre entre les naseaux, dans la narine droite, au bout du nez et à la lèvre supérieure, raie de mulet.

965

RUSÉ

(Etablissements hippiques de l'Algérie.)

1868. — 1^m 50. Gris fort^t truité sur le corps et à la tête, ladre entre les naseaux, au bout du nez et aux lèvres, crins plus foncés.

1108

SAAB

(M. Toucas à Guelma.)

1881. — 1^m 54. Gris foncé pommelé, crins foncés, ladre aux naseaux et à la lèvre sup.

1273

SAAD

(M. El Abed ben Ahmed, à Adaoura, commune indigène de Sidi-Aissa)

1889. - Bai. Par EL AZEREG, 228, et GH'ZALA, 101.

SAAD

1272

(M. Bou Akkar Bel Hadj Belkassem, à Oued-Driss, commune
indigène de Sidi-Aïssa.)

1889. — Alezan. Par LYDIA, 45, et FREHA, 100.

SABRI

813

(M. Hadj Kaddour ben Brahim, à Ouled-Sabeur, commune
mixte d'Ammi-Moussa.)

1885. — Bai rubican, traces de balz. membres post.,
pelote en tête, liste au chanfrein.

SABEUR

2095

(Etablissements hippiques de l'Algérie.)

1883. — 1m54. Rouan pommelé, traces de balz. post.

SADOURI

2067

(Etablissements hippiques de l'Algérie.)

1871. — 1m 50. Gris clair rouané, truité à la tête,
ladre entre les naseaux et à la lèvre inf., petite balz.
post. dr., principe opposé, cicatrice sur les côtes à g,
oreille dr. fendue.

824   **SAFI**

(M. Si Abd El Kader ben Zellal, à Ouled-Sabeur, commune mixte d'Ammi-Moussa.)

1887. — En tête. Par R'ᴀᴀᴅ, 281, et Kʜᴏᴍᴀɪᴀ, 823.

65   **SAHEL**

(Etablissements hippiques de l'Algérie.)

1882. — 1ᵐ54. Gris foncé, plus clair à la tête.

2070   **SAÏD**

(Etablissements hippiques de l'Algérie.)

1883. — 1ᵐ 53. Gris rouané, taches blanches dans le creux et sur la pointe du garrot gauche, grisonné aux paturons, crins lavés.

1347   **SAÏD**

(M. Amar ben Saad, à Ouled Driss, commune mixte d'Aumale.)

1889. — Baj, balz. post. Par Lʏᴅɪᴀ, 45, et Zᴇʀᴋᴀᴋᴀ, 178.

SAÏD

1703

(Etablissements hippiques de l'Algérie.)

1885. — 1ᵐ 53. Gris clair, légᵗ rouané, ladre aux naseaux.

SAKLAWI

967

(Etablissements hippiques de l'Algérie.)

1881. — 1ᵐ 59. Gris rouané, pommelé, plus clair à la tête, ladre entre les naseaux, au bout du nez et aux lèvres, taches blanches sur la corde du jarret dr., feu au sommet des épaules.

SAKOUTI

292

(Etablissements hippiques de l'Algérie.)

1876. — 1ᵐ 52. Gris pommelé, plus clair à la tête, petite tache de ladre entre les naseaux et à la lèvre sup..

SALEM

1493

(Bergerie Nationale de Moudjebeur, commune mixte de Boghari.)

1883. — 1ᵐ 57. Gris pommelé, légᵗ ladre à la narine dr., blessure accidentelle sur le dos (côté dr.).

923 **SAMEÏDA**

(Etablissements hippiques de l'Algérie.)

1881. — 1ᵐ 52. Bai châtain foncé, en tête bordé, 3 balz. irr. dont une ant. g., grisonné sur la croupe à g., légère raie de mulet.

1636 **SANS-FAÇON**

(Etablissements hippiques de l'Algérie.)

1887. — Gris, fortᵗ rouané, légᵗ pommelé, plus clair à la tête et au boulet ant. g..

242 **SATRAPE**

(Etablissements hippiques de l'Algérie)

1869. — 1ᵐ 51. Bai cerise, petite balz., latérales g. herminées, oreille droite fendue.

306 **S'BAH**

(Etablissements hippiques de l'Algérie.)

1877. — 1ᵐ 49. Gris rouané, pommelé, feu arabe aux épaules.

SBAH

(M. Djilali ben Nasser, à Ouled-El-Abbès, commune mixte
d'Ammi-Moussa.)

1888. — Gris foncé, en tête, oreille dr. fendue. Par
Sbahi, 284, et Abbassia, 873.

SBAHI

(Etablissements hippiques de l'Algérie.)

1875. — 1^m 49. Gris rouané, fort^t truité surtout à la
tête, ladre marbré au bout du nez et aux lèvres.

SCYLLA

(Eiablissements hippiques de l'Algérie.)

1869. — 1^m 57. Gris clair rouané pommelé, ladre
sur le chanfrein entre dans la narine g. et à la lèvre
sup., balz. post., paturons ant. grisonnés, feu arabe de
chaque côté du chanfrein, aux épaules et aux genoux.

SCYLLA

(M. El Akermi ben Salah, à Flittas, commune mixte
de l'Hillil.)

1888. — Alezan brûlé, fort rubican, q.-q. poils en
tête, trace de balz. post. dr. Par El Chergui, 245, et
Zohra, 619.

1607   ## SEGHNI

(M. Bédouet, commune mixte d'Aïn-el-Ksar.)

1885. — 1ᵐ 62. Bai foncé régᵗ en tête, ligne blanche transversale au dessus du jarret droit.

933   ## SÉGANE

(Etablissements hippiques de l'Algérie.)

1882. — 1ᵐ 57. Bai marron, légᵗ en tête, traces de balz. post. dr.

SELIM

(Etablissements hippiques de l'Algérie.)

1880. — 1ᵐ 57. Gris clair, rouané, plus foncé à la croupe et aux membres, ladre marbré entre les naseaux et aux lèvres.

1224   ## SELIM

(M. Fruchs, Emile, à Saint-Pierre Saint-Paul.)

1889. — Bai. Par BIZAN, et JUNON, 1223.

SELLAOUA

(Etablissements hippiques de l'Algérie.)

1877. — 1ᵐ 50. Bai, légᵗ rubican, q.-q. poils en tête, raie de mulet, trace de balz. ant. dr., principes post. du même côté.

SELLOUM

(Etablissements hippiques de l'Algérie.)

1884. — 1ᵐ 58. Gris clair, rouané, pommelé, ladre entre dans le naseau g.

961

SERRADJ

(Etablissements hippiques de l'Algérie.)

1871. — 1ᵐ54. Gris très-clair, ladre marbré entre dans les naseaux et aux lèvres, feu arabe au-dessus des épaules.

1608

SILÈNE

(M. Lavedan, Jean-Louis,)

1881. — 1ᵐ 51. Gris, plus foncé aux crins et aux membres, feu au sommet des épaules et aux poignets, cicatrice au passage des sangles.

1703

SI OUAHNI

(M. Hadj Lakdar ben Ali, à M'toussa, commune mixte de Meskiana.)

1889. - Gris foncé. Mère NOUARA, 1825.

10

1227

SIROCO

(M. Amadieu, à St-Pierre St-Paul.)

1889. — Noir mal teint, en tête, ladre aux lèvres, 4 balzanes. Par BIZAN, et GAZELLE, 1220.

1286

SLOUGUI

(M. Mohamed ben Abdallah, à Oued-Driss, commune mixte d'Aumale.)

1889. — Bai. Par SOURGHOUM, 67, et MESSAOUDA, 115.

1213

SLOUGUI

(M. Constantin Giovannoni, à Haussonvillers.)

1887. — Rouan, pommelé foncé, ladre aux lèvres, 3 balz. chaussées dont 1 ant. dr. Par ALGUAZIL 4, et GRISETTE, 1213.

1464

S'NAM

(Etablissements hippiques de l'Algérie.)

1874. — 1m 50. — Gris clair, lég^t pommelé, petit ladre à la lèvre sup.

926

SOLIMAN

(Etablissements hippiques de l'Algérie.)

1883. — 1^m52. Noir mal teint, bouquet de crins blancs sur le garrot.

214

SOUAK

(Etablissements hippiques de l'Algérie.)

1872. — 1^m 49. Gris pommelé, moucheté, plus fort^t à la tête, ladre marbré au bas du chanfrein, entre dans les naseaux et aux lèvres.

1366

SOUAK

(M. Sahraoui ben Ahmet, à Zenakra Maoucha, commune mixte de de Boghari.)

1889. — Par SOUAK, 214, et ACHOURA, 166.

SOUDANI

(Etablissements hippiques de l'Algérie.)

1884. — 1^m 51. Bai, en tête prolongé par une liste, bordée terminée par ladre, entre les naseaux et aux lèvres, 3 balz. irr. et bordées dont 1 ant. dr., les post. herminés.

67 ### SOURGHOUM

(Etablissements hippiques de l'Algérie.)

1874. — 1ᵐ 54. Gris très clair, légᵗ truité à la tête, b. i. d. b.

58 ### SULTAN

(M. Ben Taieb ben Amar, caïd des Haraouat, commune mixte de Téniet-el-Haâd.)

1882. — 1ᵐ 53. Blanc mat, ladre marbré à la lèvre sup.

944 ### TALEB

(Établissements hippiques de l'Algérie.)

1880. - 1ᵐ 53. Bai marron, légᵗ rubican.

2092 ### TAOUCHAN

(Etablissements hippiques de l'Algérie.)

1883. — 1ᵐ 54. Gris rouané, pommelé, cicatrice sur le dos et sur les reins, feu arabe aux flancs.

282 # TERBY

(Etablissements hippiques de l'Algérie.)

1872. — 1ᵐ 55. Baí marron, légᵗ rubican, irrégᵗ en tête, petit ladre entre les naseaux, marbré aux lèvres.

278 # THABOR

(Etablissements hippiques de l'Algérie.)

1873. — 1ᵐ 54. Gris pommelé, plus foncé aux extré- mités, fortᵗ truité à la tête, balz. post. dr.

261 # TIARET

(Etablissements hippiques de l'Algérie.)

1871. — 1ᵐ 52. Alezan doré, légᵗ rubican aux flancs, en tête, petit ladre entre les naseaux, balz. diagonales dr., oreille dr. fendue.

1260 # TIR

(M. Bou Tabba ben Bou Azza, à Oued-Driss, commune mixte d'Aumale.)

1889. — Rouan foncé. Par LYDIA, 45, AMEDIA, 77.

68   TOKKOUK

(Etablissements hippiques de l'Algérie)

1875. --- 1ᵐ 53. Gris très clair, largᵗ rouané, un peu plus foncé aux jarrets, ladre entre les naseaux, dans la narine dr. et aux lèvres.

2087   TONY

(Etablissements hippiques de l'Algérie.)

1875. — 1ᵐ 52. Gris clair légᵗ pommelé, truité à la tête et sur différentes parties du corps, ladre marbré entre les naseaux et à la lèvre inf., 4 bal. irr., les post. chaussées.

683   TOUMI

(M. Mohamed Ould El Bahloul, à Ouled-Toumi. commune indigéne d'Aïn-Sefra.)

1884. — 1ᵐ 49. Bai, châtain foncé.

912   TSIGAOUT

(Etablissements hippiques de l'Algérie.)

1881. — 1ᵐ 55. Alezan clair, crins lavés, légᵗ rubican, en tête prolongé par une liste bordée, s'élargissant sur le chanfrein et terminée par du ladre marbré, entre dans les naseaux et à la lèvre inf., tache blanche au garrot à droite, feu aux membres ant.

283

TSIGAOUT

(Etablissements hippiques de l'Algérie.)

1871. — 1^m 54. Gris clair, lég^t rouané et truité, feu arabe de chaque côté du chanfrein.

1271

TULIP

(M. Ben Youssef ben Saïd, à Ouled-Si-Ahmeur, commune mixte d'Aumale.)

1886. — Bai marron. Par AHMEUR, 254, et DHIRA, 97.

924

VERDURON

(Etablissements hippiques de l'Algérie.)

1880. — 1^m 50. Noir mal teint, q.'q. poils en tête, 4 balz., la post. g. plus grande et irr., les autres herminées.

940

ZADHAM

(Etablissements hippiques de l'Algérie.)

1875. — 1^m 50. — Gris clair, rouané, plus foncé aux extrémités et truité à la tête, ladre marbré entre les naseaux, au bout du nez et aux lèvres.

298   ZELLAP

(Etablissements hippiques de l'Algérie.)

1876. — 1ᵐ 50. Bai lég^t rubican aux flancs, en tête prolongé par une liste sur le chanfrein, terminé par du ladre, entre dans les naseaux et à la lèvre sup., petites balz., latérales g. irr.

556   ZEMMORA

(M. Lerebourg, adjoint à l'administrateur, à Zemmora.)

1884. — 1ᵐ 52. Gris foncé rouané, fort^t en tête, prolongé sur le chanfrein. Ladre entre les naseaux et à la lèvre inf., 2 balz. diagonales g., principe de balz. post. g.

1270   ZÉPHIR

(Madame Fraisse, à Aumale.

1889. — Alezan. Par LYDIA, 45, et CHARLOTTE, 94.

277   ZEUGGAÏ

(Etablissements hippiques de l'Algérie.)

1874. – 1ᵐ 51. Alezan foncé en tête.

1344

ZIB

(M. Bouzid ben El Abid, à Ouled-Driss, commune mixte
d'Aumale.)

1888. — Noir, fort[t] en tête, petite balz. post. Par
Lecoq, 43, et Saada, 174.

1648

ZITOUN

(M. Maamar ben Ould Mustapha El Mahi, à Guerraïna,
commune mixte de l'Hillil.)

1888. — Bai, en tête, balz. post. g. Par Faust, 33,
Nakhla, 625.

269

ZOULAL

(Etablissements hippiques de l'Algérie.)

1871. — 1[m] 54. Gris pommelé et rouané, plus foncé
aux articulations, tête plus claire et lég[t] truitée, ladre
sur le côté g. du chanfrein, entre dans la narine g. et
à la lèvre sup., bal. post..

300

ZOURK

(Etablissements hippiques de l'Algérie.)

1876. 1[m] 50. Bai châtain, irrég[t] en tête, bordé, prolongé par une petite liste s'élargissant au bas du chanfrein, terminé par du ladre, entre dans les naseaux et
à la lèvre sup., petites balz. irr. et bordées.

1689   # LUTIN

(M. Hadj Mohamed ben Hadja, à Douar-Fodda)

1890. — Bai. Par EDJERRAÏ, 232, et HORRA, 146.

2101   # EL-KHEIR

(M. Girin, à Rivoli.)

1888. — 1^m 48. Gris foncé, rouané.

2103   # FRANCO

(M. Jean Delrieu, à Mostaganem.)

1888. — 1^m 55. Gris clair, rouané.

2102   # LOUMANI

(M. Tahar ben Hassen, à Beni-Louma, commune mixte
de Zemmorah.)

1884. - 1^m 52, Gris très clair, moucheté, truité, feu
en étoile à la pointe des épaules.

RACE BARBE

—

—

ABBASSIA

873

(M. Djillali Bel Nasser, à Ouled-Abbès, commune mixte
d'Ammi-Moussa.)

1880. — 1^m 49. Gris rouané, crins noirs.

ABBEDIA

820

(M. Abd El Kader ben Abbed, à Ouled-Sabeur, commune
mixte d'Ammi-Moussa.)

1879. — 1^m 46. Gris clair, lég^t truité, feu aux
épaules.

ABDIA

890

(M. Sahnoun ben Mohamed, à Menkoura, commune
mixte d'Ammi Moussa.)

1880. — 1^m 51. Alezan, pelote en tête, ladre à la
narine g., balz. ant. g.

1693   ABYLA

(M. Yacoub ben Yaya, à M'Fata, commune mixte de Boghari.)

1890. — Bai, petit en tête, 3 balz. dont 1 post. g.
Par Boucif, 216, et Rebiha, 170.

69   ACACIA

(Etablissements hippiques de l'Algérie,

1883. — 1ᵐ 55. Gris rouané, ladre marbré entre les
naseaux et à la lèvre inf.

1265   ACEMA

(M. Ahmed ben Saïd, à Beni-Meharez, commune
mixte de Teniet-el-Háad.)

1888. — Par Moudjalis, 51, et Chaba, 86.

70   ACHAÏA

(Etablissements hippiques de l'Algérie.)

1885. — 1ᵐ 53. Gris foncé rouané, un peu plus clair
à la tête, ladre entre dans le naseau g. et à la lèvre
sup., balz. post.

ADAÏA

1301

(M. El Khelili ben Ahmed, à M'Fata, commune mixte de Boghari.)

1888. — Par Attrabi, 6, et Aziza, 135.

ADADA

1257

(M. Taïeb ben El Hadj Barry, à Oued-Messelem, commune mixte d'Aumale.)

1888. — Rouan vineux. Par Lydia, 45, et Allia, 76.

ADDA

1560

(M. Ahmed ben M'ra, à Ouled-Sellem commune mixte d'Aïn-M'lila.)

1890. — Bai. Par Fakir, 953, et Aichouch, 1559.

ADIMA

1305

(M. El Oussif ben Mabkhout, à Ouled-Allane, commune commune mixte de Boghar.)

1888. — Par Boucif, 216, et Aïn-Boucif, 138.

ADJEMIA

839

(M. Mohamed ben Zineb, à Adjama, commune mixte d'Ammi-Moussa.)

1880. -- 1m 47. Gris rouané, ladre à la lèvre inf.

1586 ### ADJÏA

(M. Taïeb ben Brahim, à Zarouria commune mixte de Soukahras.)

1884. — 1ᵐ 45. — Rouan foncé, petit ladre entre les naseaux, plus clair aux extrémités.

854 ### ADJIBA

(M. Hadj Kaddour Bel Hadj, à Ouled-Yaïch, commune mixte d'Ammi-Moussa.)

1882. — 1ᵐ 53. Bai châtain, pelote en tête, ladre entre les naseaux, 3 balz. ant. g.

71 ### ADJIBA

(Etablissements hippiques de l'Algérie.

1882. — 1ᵐ 48. Gris clair rouané, tête plus clair.

72 ### ADJOUBA

(Etablissement hippiques de l'Algérie.)

1880. — 1ᵐ 53. Gris clair pommelé, plus foncé aux extrémites.

660 ### ADJOUZA

(M. Moktar Ould Amar, à Oum-El-Debah, commune mixte de Saïda.)

1874. — 1ᵐ 44. Gris truité, ladre marbré aux lèvres.

AFIA

642

(M. Kaddour ben Chaoui, à M'Hamid, commune mixte
de Cacherou.)

1876. — 1^m 45. Gris truité, plus fort^t accusé à l'encolure.

AFSIA

1124

(M. Zidan ben Belkassem, commune mixte de Sefia)

1876. — 1^m 48. Alezan, lég^t en tête, balz., post.
chaussées, irr. bordées.

AFSIA

1766

(M. Embarek ben Bahari, à Larbâa, commune mixte
des Rirḥa.)

1882. — 1^m 47. Gris moucheté, crins foncés.

AGATE

1406

(M. El Hadj ben Chaa Bel Larbi, à Beni-Zenthis, commune
mixte de Cassaigne.)

1888. — Bai, en tête prolongé par une liste, se terminant par du ladre, entre dans les naseaux et aux
lèvres, 3 balz. dont 1 ant. dr. Par AZELEF, 263, et
MAGHNIA, 421.

857   **AGRA**

(M. Kaddour ben Ahmed, à Touarès, commune mixte
d'Ammi-Moussa.)

1877. — 1ᵐ 55. Gris très clair, lèvres noires, oreille
dr. fendue.

392   **AÏCHA**

(M. Mohamed Ould El Hadj Kaddour, à Ahl-El-Oued,
commune mixte d'Aïn-Fezza.)

1869. — 1ᵐ 45. Gris très clair, truité, oreille dr.
fendue, ladre aux naseaux et à la lèvre inf.

74   **AÏCHA**

(M. Mohamed ben Saïdan, commune mixte d'Aumale.)

1872. — 1ᵐ 51. Gris très clair, ladre marbré aux
lèvres.

148   **AÏCHA·**

(M. Hedaïa ben El Hamel, à Meggan, annexe de Chellala.)

1873. — 1ᵐ 51. Gris très clair, ladre entre les naseaux, 4 raies de feu sur le chanfrein, cicatrice au
garrot.

704 ## AÏCHA

(M. Kaddour ben Amara, à Abd-El-Goui, commune mixte
de Renault.)

1873. — 1^m 50. Alezan, pelote en tête.

399 ## AÏCHA

(M. Mohamed ben Hamdoum, à Aïn-El-Arba, commune
d'Aïn-El-Arba)

1875. — 1^m 46. Gris clair moucheté, ladre entre les
naseaux et à la lèvre sup., charbonnée à l'épaule dr.,
marquée de feu aux parotides.

611 ## AÏCHA

(M. Saad ben Sadah, à Tiaret.)

1876. — 1^m 49. Gris très clair, crins blancs, ladre
marbré aux lèvres.

152 ## AÏCHA

(M. Latrach ben Lakhdar, à Rebaïa, commune mixte
de Berrouaghia..

1878. — 1^m 53. Gris, truité à la tête et à l'avant main.

408   **AÏCHA**

(M. Si El Habib bel Arbi, président du douar Achacha,
commune mixte de Cassaigne.)

1878. — 1m 52. Bai châtain, pelote en tête, ladre
entre les naseaux, 2 balz. lat. g.

460   **AÏCHA**

(M. Hamou Ould Safi, à Pont du Chelif)

1879. — 1m 48. Alezan châtain foncé, balz. diag. g.,
en tête prolongé sur le chanfrein terminé par du
ladre aux naseaux, lèg^t ladré à la lèvre inf.

73   **AÏCHA**

(Etablissements hippiques de l'Algerie.)

1880. — 1m 54. Bai clair, lég^t rubican, en tête bordé
prolongé par une liste terminée par du ladre entre
dans les naseaux, ladre à la lèvre inf., 3 balz. irr. herminées dont une ant. g., la post. g. chaussée, auberisé
au bas de la poitrine à droite, crins mélangés.

722   **AÏCHA**

(M. Rupied, à Blidah.)

1880. — 1m 55. Alezan, charbonnée sur la fesse gauche, en tête irr., principe de balz. au membre post. dr.

636

AÏCHA

(M. Si Ahmed ben Ali, à **Terrifine**, cammune mixte
de Cacherou.)

1880. — 1ᵐ 53. Gris très clair, ladre entre les naseaux.

977

AÏCHA

(M. Taïeb ben Mahmed, des Ouled Sellem, commune
mixte de Aïn M'Lila.)

1880. — 1ᵐ 51. Bai marron très foncé, en tête prolongé par une liste s'élargissant sur le chanfrein et
terminée par du ladre entre et dans les naseaux, balz.
post. g. irr. et bordée, raie circulaire aux pat. ant. g.
raie de feu au sommet des épaules.

1008

AÏCHA

(M. Bouzidi ben Maamar, aux Beni-Ifren, commune
mixte de Aïn-M'Lila.)

1881. — 1ᵐ 45. Gris très clair pommelé, feu à la
gorge.

1562

AÏCHA

(M. Bou Aziz ben Sala, commune mixte de Aïn-M'Lila.)

1881. — 1ᵐ 56. Bai chàtain.

523 **AÏCHA**

(M. Si Abd El Kader ben Sahraoui, à Beni-Louma, commune
mixte de Zemmorah.)

1882. — 1ᵐ 52. Bai châtain foncé, 4 balz., irr. her-
minécs, pelote en tète, bouquet de poils blancs sur le
côté g. du garrot.

571 **AÏCHA**

(M. Miloud ben Aïssa, à Ouled-Bou-Ziri, comm'ine mixte
de Frendah)

1882. — 1ᵐ 54. Alezan châtain, pelote en tête, prolongée par une mince liste, légᵗ ladre entre les naseaux, balz. post. g. chaussée.

1883 **AÏCHA**

(M. Yaya ou Boudjema, à Chelata, comm'ine mixte d'Akbou.)

1882. — Gris clair, crins blancs.

1797 **AÏCHA**

(M. Saïd ben Amar, à Bazer, commune mixte des Eulmas.)

1882. — 1ᵐ 17. Gris blanc.

1786

AÏCHA

(M. Lakhdar ben Belkassem Rébiahi Rediri, à Ain Babouche,
commune mixte d'Oum El Bouaghi.)

1882. — 1ᵐ53. Gris clair, moucheté tisonné sur les
reins et aux hanches, truité à la face, crins foncés.

1009

AÏCHA

(M. Aouès ben Ahmed, à Oued Er Rhab.)

1883. — 1ᵐ49. Gris clair pommelé rouané.

2038

AÏCHA

M. Larbi ben Bachir, Oued Sellem, commune mixte
d'Ain M'Lila.)

1883. — 1ᵐ60. Gris très-clair légᵗ moucheté.

1747

AÏCHA

(M. Hadj Taïeb ben Hamou, à Ras-Seguin, commune
mixte de Chateaudun du Rumel.)

1883. — 1ᵐ53. Gris pommelé, foncé aux extrémités,
feu aux épaules.

563   AÏCHA

(M. Kouider ben Mezian, à Khellafa Gheraba, commune
mixte de Frendah.)

1884. — 1ᵐ 42. Gris très clair, très rouané.

880   AÏCHA

(M. Ahmed Bel Hadj, caïd à Mariouia, commune mixte
d'Ammi-Moussa.)

1884. — 1ᵐ 45. Gris rouané, ladre entre les naseaux.

1960   AÏCHA

(M. Messaoud ben Noui, à Briket, commune mixte
de Aïn-Touta.)

1884. — 1ᵐ 58. Gris clair truité, ladre au chanfrein
aux naseaux et aux lèvres.

1868   AÏCHA

(M. Mohamed ben Khalifa, à Oued-Bou-Derhem, commune
mixte de Khenchela.)

1884. — 1ᵐ 52. Alezan, légⁱ en tête prolongé sur le
chanfrein, balz. irr. post., neigé au côté dr. de la poitrine.

990 **AÏCHA**

(M. Ahmed ben M'Ahmed, à Cheddi, commune mixte
d'Ain-El-K'Sar.)

1885. — 1ᵐ 56. Gris pommelé, ladre aux naseaux et
aux lèvres.

996 **AÏCHA**

(M. Messaoud ben Amar, à Ouled-Ahmed, commune mixte
de l'Oued-Soltane.)

1885. — 1ᵐ 49. Alezan, en tête prolongé, ladre entre
les naseaux, marquée de feu à la pointe des épaules.

1018 **AÏCHA**

(M. Caron, capitaine de spahis, à Biskra.)

1885. — 1ᵐ 53. Bai, en tête fortᵗ prolongé, ladre à la
lèvre sup., 4 balz. irr. chaussées.

1573 **AÏCHA**

(M. Bouzian ben Abdallah, à Guidjell, commune de Sétif.)

1885. — 1ᵐ 54. Bai foncé, quelques poils, en tête feu
arabe aux genoux aux poignets et au sommet des
épaules, principe de balzanes post. dr,

2006
AÏCHA
(M. Brahim ben Si Ahmed, à Ksar Bellezma.)

1885. — 1^m 60. Gris pommelé fort^t rouané, feu au garrot.

1833
AÏCHA
(M. Ahmed ben El Guerfi, à Oued bou Derhem commune mixte de Khenchela)

1885. — 1^m 50. Alezan, irrégt. en tête.

1496
AÏCHA
M. Sliman ben Tahar, à Aziz, commune mixte de Boghari.)

1885. — 1^m 50. Gris rouané, ladre sur le côté droit du chanfrein.

1500
AÏCHA
(M. Ben Zian ben Amar, à Zenakra Maoucha, commune mixte de Boghari.)

1885. — 1^m 55. Gris foncé, fort^t rouané.

2104
AÏCHA
(M. Boudali ould Hadj Ab lelkader ben Amara, à Tounin.)

1883. — 1^m 52. Gris truité plus accusé à la face.

1167

AÏCHA

(M. Abed ben Kadour, à Tafelout, commune de Charon.)

1882. — 1^m 58. Gris fort^t rouané.

1503

AÏCHA

(M. des Roys, général de division.)

1883. — 1^m 57. Bai en tête, tache accidentelle sur les parties latérales du garrot, feu circulaire aux épaules.

1536

AÏCHA

(M. Amar Ben Sàaï, à Oued-Driss, commune mixte d'Aumale.)

1884. — 1^m 52. Gris pommelé, fort^t rouané, ladre aux naseaux et aux lèvres.

1680

AÏCHA

(M. Salem ben Djilali, à Zeboudj el Ouost, commune mixte du Cheliff.)

1890. — Noir jai, petit ladre au bout du nez, balz. post. petites. Par EL-REKAB, 124 ¹, et MOU-EL-KHEIR, 1173.

1998   AÏCHA

(M. Belkacem ben Baazi, à Oued-Ouza, commune mixte
de l'Aurès.)

1886. — 1ᵐ 63. Gris foncé pommelé rouané, feu au
garrot.

1956   AÏCHA

(M. Amar ben Embarek, à Markounda, commune mixte
de l'Oued-Soltane.)

1886. — 1ᵐ 58. Bai, pelote en tête, balz. chaussées
post., feu au garrot.

1850   AÏCHA BEÏA

(M. Aioub ben el Hadj Mohamed, à Tebessa.)

1882. — 1ᵐ 56. Bai chatain foncé, bouquet de poils
blancs au garrot.

1381   AÏCHETTA

(M. Hamou ould Safi, commune du Pont du Cheliff.)

1888. — Bai en tête, ladre dans la narine dr., 3 balz.
dont 1 ant. g. Par EL-KEBIR, 343, et AÏCHA, 460.

AÏCHOUCH

1559

(M. Ahmed ben M'ra, à Ouled-Sellem, commune mixte
de Aïn-M'Lila.)

1884. — 1ᵐ54. Rouan clair pommelé plus foncé aux
membres.

AÏN-BEL-ABBÈS

526

(M. Ben Adda Ould Amar, à Beni-Louma, commune mixte
de Zemmorah.)

1880. — 1ᵐ51. Gris pommelé, rouané, ladre à la
mamelle dr.

AÏN BOU CIF

(M. El Oussif ben Mabkhout, aux Ouled-Allane,
commune indigène de Boghar.)

1874. — 1ᵐ53. Gris fortᵗ moucheté, feu arabe aux
genoux et aux boulets ant.

AÏN-DHEB

132

(M. El Hadj Abdallah ben Chemchana, aux Ouled-Allane,
commune indigène de Boghar.)

1877. — 1ᵐ51. Gris pommelé, ladre aux naseaux et
aux lèvres, 4 balz. chaussées, truitée à la face.

535 ## AÏN EL-HADJ

(M. Bou Khatem ben Hamouda, à Ouled-Ameur, commune
mixte de Zemmorah.)

1881. — 1ᵐ.52. Gris pommelé, ladre au naseau g.

552 ## AÏN-EL-HADJ

(M. Djelloul Ould El Hadj Djelloul, caïd à Ouled-Omar,
commune mixte de Zemmorah.)

1880. — 1ᵐ 48. Gris fortᵗ truité, lèvres noires.

1088 ## AÏN-ZOUAGHA

(M Ali ben Mohamed, à Oued Mouala, commun mixte
de Tébessa.)

1883. — 1ᵐ 49. Gris foncé.

1030 ## AISSOUGA

(M. Si Amar ben Abderrhaman, à Oued Rechaïch, commune
mixte de Khenchela.)

1876. — 1ᵐ 52. Bai châtain, en tête prolongé, ladre
à la lèvre sup., 3 balz. irr. 1 ant. g. petite et herminée
blessure accidentelle à l'avant-bras g.

978

AÏZIA

(M. Ali Cherif bel Hadj Brahim, à El Azebri, conmune mixte d'Ain-M'lila.)

1876. — 1ᵐ 53. Bai marron rubican, en tête prolongé par une lisse mélangée et bordée s'élargissant sur le chanfrein et se terminant par du ladre entre et dans les naseaux, cicatrice à la pointe de la hanche droite, raie de mulet.

1115

AÏZIA

(M. Abdallah ben Ahmed, à Oued Rezeg Alla, commune mixte de Sedrata.)

1880. — 1ᵐ 48. Gris charbonné au chanfrein et à l'arcade sourcillière g.

2018

AÏZIA

(M. Saïd ben Lasli, à Ain-el-Assafeur, commune mixte d'Ain el-Ksar.)

1891. Bai, balz. post.

4575

ALATRA

(M. S'rir ben Ferhat, à Ouled-Sabeur, commune mixte des Eulmas.)

1884. — 1ᵐ 53. Rouan vineux pommelé, cicatrice à g. du chanfrein, truitée aux épaules.

1126 ALDJÏA

(M. Si Salah ben Ahmed Dzin, cheikh à Khedara, commune mixte de Soukharas.)

1881. — 1^m 51. Bai chatain, fort^t en tête, fine liste au chanfrein, ladre entre les naseaux, 3 balz. herminées, 1 post. dr.

1740 ALDJÏA

(M. Rabah ben Kaddour, à Oued-el-Arbi, commune mixte de Chateaudun.)

1881. - 1^m 47. Gris blanc très lég^t truité.

1025 ALDJÏA

(M. Amar Ben Sahraoui, à Oulad-Rechaïch, commune mixte de Khénchela.)

1883. — 1^m 45. Gris pommelé.

1984 ALDJÏA

(M. Belkacem ben Bala, à Bahli, commune mixte de l'Aurès.)

1883. — 1^m 52. Gris fort^t moucheté et charbonné, foncé aux extrémités.

ALDJÏA

1117

(M. Amouana ben Ahmed, à Khemissa, commune mixte
de Sedrata.)

1884. — 1ᵐ 45. Gris, ladre aux naseaux et aux lèvres.

ALDJÏA

1982

(M. Abbès ben Belkacem, à Oued-Abd-el-Rezeg, commune
mixte de l'Aurès.)

1887. — 1ᵐ 48. Gris pommelé.

ALDJÏA

1843

(M. Tahar ben Belkacem, à Ouled-Rechaïch, commune
mixte de Khenchela.)

1891. — Bai. Par SEGANE, et MIRA, 1842.

ALÉPHA

75

(Etablissements hippiques de l'Algérie.)

1882. — 1ᵐ 52. Gris foncé rouané, tête plus claire,
ladre à la lèvre inférieure.

1926 ALIA

(M. Saïd ben Lala, à Oued-Mansour ou Madi, commune mixte de M'lila.)

1885. - 1m 52. Alezan clair, quelques poils en tête, légt ladre entre les naseaux, 2 balz. irr. post.

1506 ALICE

(M. Vatel, à Drahria.)

1886. — 1m 54. Rouan foncé, plus clair à la tête, ladre au bout du nez, 3 balz. irr. dont 1 ant. g. petite, grisonnée au poitrail.

76 ALLIA

(M. Madjoub ben Mohammed, aux Ouled-Si-Ameur, commune mixte d'Aumale.)

1873. — 1m 50. Gris très clair, légt truité, plus fort à la face de l'avant-bras droit, ladre marbré aux lèvres.

1913 ALLIA

(M. Ahmed ben Hazi, à Gherazla, commune mixte de Maadid.)

1884. — 1m 55. Gris clair, légt moucheté.

ALLIA

1691

(M. Bou Akkas Bel Hadj Mohamed, à Aumale.)

1890. — Alezan clair, en tête, trace de ladre entre les naseaux, balz. post. g. Par SOURGHOUM, 67, et FREHA, 100.

AMBER

774

(M. El Badri ben Ahmed, à Ouled-Bakhta, commune mixte d'Ammi-Moussa.)

1877. — 1m 44. Gris très clair, crins blancs, oreille dr. fendue.

AMDIA

712

(M. Si Ali bou Khatem, à Djerara, commune mixte de Renault.)

1876. — 1m 52. Gris truité, lèvres noires.

AMÉDIA

77

(M. Bou Tabba ben Bou Azaa, à Ouled-Driss, commune mixte d'Aumale.)

1874. — 1m 45. Gris clair, truité fort à la tête.

695 AMOUÏA

(M. Djilladi ould El Larbi, à Akerma, commune indigène
d'Aïn-Sefra.)

1883. — 1ᵐ 48. Alezan clair en tête, balz. post.

1509 AMULETTE

(M. Vatel, à Draria.)

1888. — 1ᵐ 51. Gris pommelé rouané, plus clair à la
tête.

145 AOUDA

(M. Hadj Mohammed Bel Hadj Djilali, aux Oulad-Farès,
commune mixte du Chelif.)

1877. — 1ᵐ 50. Gris moucheté, ladre au chanfrein
et à la lèvre inf.

1512 AOUÏCHA

(M. Hadj Mohamed ben Lakal, à Siouf, commune mixte
de Téniet-el-Haâd.)

1884. — 1ᵐ 53. Gris clair, très légᵗ pommelé, ladre
au bas du chanfrein, entre les naseaux, au bout du
nez, oreille dr. fendue.

AOUÏCHA

(M. Mouley Ould Ahmed, à Gouadi, commune mixte
de Frendah.)

581

1885. — 1^m 54. Bai châtain, très fort^t en tête, large liste au chanfrein, ladre aux naseaux, balz. post. dr. dentée.

AOURA

865

(M. Ben Ali Bel Hadj, à Ouled-Moudjeur, commune mixte d'Ammi Moussa.)

1880. — 1^m 49. Alezan, deux bouquets de poils blancs en tête.

AOURA

872

(M. Safi bel Hadj, à Ouled Bou Riah, commune mixte d'Ammi Moussa.)

1880.— 1^m 52. Gris très clair, crins blancs, lég^t ladré aux naseaux.

AOUSSIA

1937

(M. Kaddour ben Moussa, à Metarfa, commune mixte de M'sila.)

1883. — 1^m 48. Gris très clair pommelé, crins blancs ladre aux naseaux et aux lèvres, raies de feu au garrot.

527 **ARDJET-EL-BEGAR**

(M. El Aïd Ben Yacoub, caïd, à Beni-Dergoun, commune
mixte de Zemmorah.)

1881. — 1ᵐ 44. Bai châtain, 4 balz. irr. chaussées et
dentées, pelote en tête.

528 **ARDJOUNA**

(M. Hadj Menouer ben Cheriba, à Amamra, commune mixte
de Zemmorah.)

1879. — 1ᵐ 57. Gris très clair truité, ladre aux arca-
des sourcilières, au chanfrein et aux lèvres, marquée
de feu à la pointe des épaules.

1508 **ARLEQUINE**

(M. Vatel, commune de Drahria.)

1886. — 1ᵐ 46. Rouan pommelé, un peu plus clair à
la tête, extrémités post. lavées.

78 **AROUSSA**

(Etablissements hippiques de l'Algérie.)

1872. — 1ᵐ 52. Bai clair légᵗ rubican, quelques poils
en tête, grisonnée au boulet post. dr.

853

AROUSSA

(M. Hadj Kaddour bel Hadj, à Ouled-Yaïch, commune mixte d'Ammi-Moussa.)

1877. — 1^{m}51. Bai châtain, en tête.

655

AROUSSA

(M. Saïd ben Cherif, caïd, à Oum-El-Debah, commune mixte de Saïda.)

1882. — 1^{m}46. Gris clair pommelé, lég^t rouané.

141

AROUSSIA

(M. Hadj Djilali Bou Seta, à Sidi-el-Aroussi, commune mixte du Chelif.)

1882. — 1^{m}54. Gris foncé ardoisé, marqué à la base du poitrail par une raie blanche transversale.

1176

AROUSSA

(M. Abd-El-Kader ben Chergui, à Soba, commune mixte du Chelif.)

1886. — 1^{m}51. Rouan, plus clair à la tête et au paturon post. g.

1939 ## ATIA

(M. Ahmed ben Mohamed, à M'Tarfa, M'Sila mixte.)

1884. — 1ᵐ 54. Gris clair moucheté, rouané, feu aux épaules et aux parotides.

1318 ## ATIKA

(M. Hadj Mohamed ben Ouada, à Charon.)

1886. — Rouan très clair. Par REKEB, 213, et TAOUS, 147.

1293 ## ATROUCHA

(M. Ben Aouda ben Darsaïa, à Ouled-Allane, commune indigène de Boghar.)

1885. — Rouan foncé. Par SOURGHOUM, 67, et FODDA, 126.

1641 ## AURORE

(M. Billot, à Oran.)

1888. — Bai, marron, foncé en tête, balz., post. dr. herminée et incomplète. Par DRAOUI, 299, et NEDJEMA, 389.

1325 ## AZZA

(M. Mohammed ben Cheik, à Ouled-Allane, commune
indigène de Boghar.)

1886. — Gris de fer. Par Boucif, 216, et Achouba,
156.

737 ## AZIZA

(M. Rabah Bel Hadj, à Maacen, commune mixte d'Ammi-
Moussa)

1875. — 1ᵐ 45. Gris très clair, lég¹ moucheté, ladre
aux naseaux et aux lèvres.

882 ## AZIZA

(M. Mohamed ben Djillali, à Ouled-Ismeur, commune
mixte d'Ammi-Moussa.)

1877. — 1ᵐ51. Gris très clair, ladre aux naseaux,
feu en croix aux flancs.

462 ## AZIZA

(M. Cherif bel Hachemi, à Aïn-Boudinar.)

1879. — 1ᵐ51. Alezan, rubican sur le thorax, en tête
prolongé sur le chanfrein, ladre entre les naseaux.

135   AZIZA

(M. El Khelili ben Ahmed, aux M'Fatah, commune mixte de Boghari.)

1881. — 1^m 52. Bai châtain foncé, liste frontale côté dr., quelques poils blancs entre les naseaux.

716   AZIZA

(M. Bel Ahmed ben Khalifa, à Abd-el-Goui, commune mixte de Renault.)

1881. — 1^m 48. Gris clair, pommelé, rouané, lég^t ladré aux lèvres.

635   AZIZA

(M. Cheikh ben Abdallah, à Temaznia, commune mixte de Cacherou.)

1881. — 1^m 45. Gris rouané, crins blancs, très lég^t. ladré aux lèvres.

425   AZIZA

(M. El Aïd ben Kaddour, à Achacha, commune mixte de Cassaigne.)

1883. — 1^m 44. Bai châtain clair, lég^t ladre entre les naseaux, balz. post. g. principe de balz. membre ant. dr.

620

AZIZA

(M. Kaddour ben Rami, au douar Flitta, commune mixte de l'Hillil.)

1884. — 1ᵐ 57. Gris foncé, pommelé.

675

AZIZA

(M. Saïd ould Mohammed, à Hassasna Cheraga, commune indigène de Yacoubia.)

1887. — Gris très fortᵗ rouané.

1306

AZIZA

(M. El Oussif ben Mabkhout, à Ouled-A'lane, commune indigène de Boghar.)

1889. – Par Boucif, 216, et Aïn-Boucif, 138.

2045

AZIZIA

(M. Douadi ben Amar, à Ouled-Aziz, commune mixte d'Aïn-M'lila.)

1888. — 1ᵐ 60. Bai châtain, en tête prolongé sur le chanfrein entre les naseaux, feu au garrot.

2046 <h1 style="text-align:center">AZIZIA</h1>

(M. Lelmi ben Messaoud, à Oued-Aziz, commune mixte
d'Aïn-M'lila.)

1885. — 1^m 57. Bai, pelote bordée, en tête, fort rubican aux flancs.

1300 <h1 style="text-align:center">AZZOUZA</h1>

(M. El Khelili ben Ahmed, à M'Fata, commune mixte
de Boghari.)

1887. — Bai. Par ATTRABI, 6, et AZIZA, 135.

749 <h1 style="text-align:center">BAÏA</h1>

(M. Haloui ben Safi, à Hallouya-Cheragas, commune mixte
d'Ammi-Moussa.)

1880. — 1^m 50. Bai châtain foncé, pelote bordée en
tête, balz. post.

1972 <h1 style="text-align:center">BAÏA</h1>

(M. Seguy Villevaleix, administrateur.)

1881. — 1^m 55. Gris clair truité.

1885 <h1 style="text-align:center">BAÏA</h1>

(M. Abdallah ben Ali, à Guergour.)

1885. — 1^m 47. Alezan foncé, pelote en tête.

BAÏA

(M. Mohamed bel Hadj, à Brarcha, commune mixte
de Morsotte.)

1856

1886. – 1^m 47. Gris pommelé, crins foncés, ladre aux naseaux et aux lèvres.

BAÏDA

(M. Abd el Kader ben Ahmed, à El-Khemais, commune
mixte de Téniet-el-Hâad.)

79

1872. — 1^m 49. Gris truité, fortement accusé sur les maxilaires, ladre à la narine dr. et aux lèvres.

BAÏDA

(El Hadj Mohamed ben Amghar, à Beni-Zenthis, commune
mixte de Cassaigne.)

436

1879. — 1^m 53. Gris très clair, 4 raies de feu à la pointe des épaules, plaie accidentelle à l'hypocondre g.

BAÏDA

(M. M'Hamed ben Henni dit Karoussi, caïd, à Tafelout,
commune mixte du Cheliff.)

1171

1882. — 1^m 52. Gris très clair, ladre marbré aux lèvres, crins blancs, feu aux épaules.

1308   # BAÏRA

(M. Escaich. Henri, à Pontéba, Orléansville.)

1889. — Bai. Par KALIFA, 215, et MARQUISE, 139.

1119   # BAHARIA

(M. Smain ben Ali, à Oued Sba, commune mixte
de Sedrata.)

1876. — 1^m 58. Gris très clair, très lég^t moucheté
ladre aux naseaux, feu de chaque côté du chanfrein.

973   # BAHARIA

(M Azouz ben Messaoud, à Oued Aziz, commune mixte
d'Ain M'lila.)

1883. — 1^u 56. Gris rouané pommelé, plus clair à
la tête, crins de la queue lavés.

860   # BAHBIA

(M. Mimoun ben Moussa, à Ouled Ali, commune mixte
d'Ammi-Moussa.)

1880. — 1^m 46. Alezan, fort^t en tête, liste sur le
chanfrein, ladre entre les naseaux, marquée de blanc
sur le dos, balz post.

BAHIA

(M. Jourdan, Max, à Affreville.)

1889 — Rouan clair. Par BAHAR, 10, et BICHETTE, 718.

BAHOUALA

(M. El Adjeb ben Youssef, à Ouled-Ferha, commune mixte d'Aumale.)

1889. — Alezan. Par LYDIA, 45, et ZÉNIMIA, 179.

BAKHTA

(M. Ahmed Ould El Hadj Kaddour, à Ouled-Si-Yaya-ben-Ahmed, commune mixte de Zemmorah.)

1872. — 1m 44. Gris très clair, légt truité.

BAKTA

(M. Laredj Bel Hadj Ahmed, à Tafelout, commune de Charon.)

1875. — 1m 46. Gris très clair, crins blancs, ladre marbré aux lèvres, blessure accidentelle à l'avant-bras dr., face externe.

1291

BALA

(M. Abdelkader ben Ali ben Chergui, à Soba, commune mixte du Chelif.)

1889. — Bai. Par CILAM, 234, et MOBARKA, 119.

491

BALANCELLE

(La Société de l'Habra et de la Macta, à Perrégaux.)

1877. — 1ᵐ 44. Gris truité, crins foncés, cicatrice accidentelle sur la fesse g. et à l'oreille g.

754

BALOUISA

(M. Ahmed ben Ghaoutsi, caïd, à Hallouya-Cheraga, commune mixte d'Ammi-Moussa.)

1878. — 1ᵐ 48 Gris très clair, truité, feu aux épaules.

1284

BANOUHA

(M. Ahmed ben El Hadj, à Ouled-Ferha, commune mixte d'Aumale.)

1889. — Bai. Par LYDIA, 45, et MESSAOUDA, 113.

BARA

(M. Sliman ben Maklouf, à Ouled-Meriem, commune mixte
d'Aumale.)

1889. Gris foncé. Par EULAM, 239, et HOUDA, 107.

BARBARIA

(M. Srir ben El Hadj Saad, à Ouillen, commune mixte
de Souk-Ahras.)

1880. — 1^m 41. Gris clair moucheté, lég^t truité, crins
foncés.

BARIKA

(M. Bel Hadj ben Lakdar, à Ouled-Bou-Arif, commune mixte
d'Aumale.)

1889. — Rouan vineux. Par SOURGHOUM, 67, et
BEIA. 81.

BARKA

(M. Abdelkader Ould Adda, à Beni-Dergoun, commune mixte
de Zemmora.)

1888. — 1^m 50. Bai châtain, lég^t en tête, 4 balz. herminées.

2106 ## BARKAOUÏA

(M. Ben Aouda Ould Kaddour, à Oued-Barka, commune
mixte de Zemmora.)

1888. — 1ᵐ 56. — Gris fortᵗ rouané, balz. post.
chaussées.

719 ## BARONNE

(M. Varlet, à Mouzaïaville.)

1879 1ᵐ 60. Gris, fortᵗ truité et pommelé, lèvres
noires, charbonné aux jarrets.

80 ## BASKIRA

(Etablissements hippiques de l'Algérie.)

1884. — Gris foncé, tête plus claire.

1342 ## BATTA

(M. de Bonnand, à Oued-el-Alleug.)

1889. — Bai châtain. Par ABDOULA-AGHA, 1, et PIER-
RETTE, 172.

1098

BAYA

(M. Yaya ben Mohammed, à Abadna, commune mixte de
Tébessa.)

1885. — 1ᵐ 51. Bai châtain.

1676

BEDDA

(M. El Hadj Mohamed ben Lakal, à Sioufs,
commune mixte de Téniet.)

1890. — Bai clair, trace de balz. post. dr. Par OULANI,
62, et ZERGA, 180.

1663

BEDRA

(M. Mohamed ben Saïdan, à Oued-M'sellem,
commune mixte d'Aumale.)

1890. — Bai, quelques poils en tête. Par LYDIA, 45,
et AÏCHA, 74.

379

BEGHDADIA

(M. Mohamed ben Baghdad, à Ténazet, commune mixte de
Saint-Lucien.)

1879. — 1ᵐ 47. Gris pommelé, charbounée sur les
côtés du garrot.

13

81   **BEÏA**

(M. Bel Hadj Ben Lakdar, caïd aux Ouled-Bou-Arif, commune
mixte d'Aumale.)

1880. — 1ᵐ 54. Gris pommelé, rouané, légᵗ truité à
la tête, extrémité ant. dr. plus foncée, blessure accidentelle au genou dr.

1852   **BEÏA**

(M. Belkassem ben Djalala, à Brarcha, commune mixte
de Morsott.)

1882. — 1ᵐ 57. Noir mal teint.

1692   **BEÏA**

(M. Sarahoui ben Ahmed, à Boughzoul,
commune mixte de Boghari.)

1890. — Noir, en tête, oreille droite fendue. Par
AKDAM, 217, et ACHOURA, 166.

1555   **BEÏDA**

(M. Mohammed ben El Aïssa, commune mixte de Tebessa.)

1888. — 1ᵐ 54. Gris très clair, feu au sommet des
épaules.

1114

BEÏDA

(M. Mohammed ben Djouha, aux Ouled-Belgassem, commune mixte de Setrata.)

1880. — 1ᵐ 46. Gris très clair, ladre aux naseaux et aux lèvres.

82

BEÏDA

(M. El Hadj Maamar ben Sahraoui, aux Ouled-Ayed, commune mixte de Téniet)

1879. — 1ᵐ 52. Blanc rosé sur le corps, blanc porce-laine à l'encolure, ladre aux naseaux, aux lèvres et au pourtour des yeux, à l'anus et au périnée.

1829

BEÏDA

(M. Hallel ben bou Ali, à Oulmen, commune d'Aïn-Beïda.)

1880. — 1ᵐ 50. Gris foncé pommelé, fortᵗ mouchetée à la face.

1089

BEÏDA

(M. Lakhdar ben Bouguerra à Abadna, commune mixte de Morsott.)

1881. — 1ᵐ 55. Gris très foncé, pommelé, plus clair au côté droit de la face, feu aux genoux.

1054   # BEÏDA

(M. Nessim Guedj, à Aîn-Beïda.)

1883. — 1^m 52. Gris pommelé, ladre aux naseaux, aux lèvres et aux paupières (œil droit), moucheté à la face.

1830   # BEÏDA

(M. Ahmed bel Amara, à F'Kerina, commune mixte de Oum-El-Bouaghi.)

1883. — 1^m 56. Gris clair, très lég^t rouané, ladre aux naseaux, feu au poitrail.

1918   # BEÏDA

(M. Ali ben Messaoud, à M'Sila, commune mixte de M'Sila.)

1884. — 1^m 58. Gris très clair, ladre marbré aux naseaux et aux lèvres, feu au poitrail.

1364   # BEÏDA

(M. Kouïder ben Ayeb, à Yghout, commune mixte de Téniet-el-Haâd.)

1886. — Par BACAZIC, 1233, et CHABAA, 87.

534

BEKAYA

(M. Touati ben Yacoub, à Beni-Dergoun, commune mixte de Zemmorah.)

1878. — 1ᵐ 50. Gris très clair, ladre aux naseaux et aux lèvres.

536

BEKAYA

(M. Si El Akeb ben Yacoub, à Beni-Dergoun, commune mixte de Zemmorah.)

1880. — 1ᵐ 48. Gris très clair, ladre aux naseaux et aux lèvres, blessure accidentelle au genou g. et sur le côté g. de la poitrine.

742

BEKKAÏA

(M. Fghoul ben Mennad, à Hallouya-Cheraga, commune mixte d'Ammi-Moussa.)

1879. — 1ᵐ 53. Gris pommelé rouané, crins et lèvres noirs.

765 **BEKKAÏA**

(M. Kaddour ben Ahmed, à Matmata, commune mixte
d'Ammi-Moussa.)

1879. — 1ᵐ 51. Gris très clair, lég' moucheté, oreille
dr. fendue.

688 **BEKARIA**

(M. El Hadj Caddour ould bou Faldja, à Bekakra, commune
indigène d'Aïn-Sefra.)

1879. — 1ᵐ 54. Gris fort' truité, oreille dr. fendue.

1133 **BELDIA**

(M. Zouaoui ben Mansour, à Oued-Driss, commune mixte
de Souk-Ahras.)

1872. — 1ᵐ 48. Gris clair truité.

1504 **BELLA**

(M. Villenave, à Mustapha.)

1888. — 1ᵐ 52. Jai, en tête prolongé par une liste,
terminée par du ladre, entre dans les naseaux et à la
lèvre sup., petite balz. post. dr.

377

BELLAÏA

(M. Si ben Athman ben Ahmed, à El-K'Sar, commune mixte
de St-Lucien.)

1871. — 1ᵐ 48. Gris fortᵗ truité, ladre entre les naseaux et à la lèvre inf., 2 raies de feu sur le côté de la
narine g.

1182

BELLE

(M. Taboni, Louis, à la Ferme, commune d'Orléansville.)

1875. — 1ᵐ 44. Alezan, en tête.

1177

BELLE

(M. Rey, Joseph, à Malakoff.)

1875. — 1ᵐ 52. Gris très clair, ladre au pourtour
des yeux et aux paupières, aux naseaux et aux lèvres.

206

BENDIRA

(Etablissements hippiques de l'Algérie.)

1877. — 1ᵐ 51. Rouan, plus foncé aux extrémités,
petit ladre au bout du nez.

1296

BENDJAR

(M. Ben Aouda ben Darsaia, à Ouled-Allane,
commune indigène de Boghar.)

1889. — Par Bendjar, 16, et Fodda, 126.

510

BENT-EL-FLITTIA

(M. Ben Aouda ben Tahar, caïd, à Chouala, commune mixte
de Zemmorah.)

1887. — Alezan, en tête prolongé par une large liste
entre les naseaux, un peu de ladre aux naseaux. Par
Faust, 33, et Flittia, 509.

1976

BENT-EL-FOUDIL

(M. Mohamed ben Abdallah, à Oued-Abdi, commune mixte
de l'Aurès.)

1885. — 1m 50. Gris foncé rouané.

810

BERANIA

(M. Djillali bel Hadj, à Hallouya Ghoraba, commune mixte
d'Ammi-Moussa.)

1877. — 1m 46. Gris rouané moucheté.

BERANIA

827

(M. Bekouch ben Aouda, à Ouled-Sabeur, commune mixte
d'Ammi-Moussa.)

1886. — Gris. Par AMMI-MOUSSA, 268, et SULTANA,
826.

BERGÈRE

1150

(M. Mioque, à Bourkika.)

1888. — 1ᵐ 50. Noir mal teint, zain.

BERGA

2016

(M. Boudjemâa ben Ahmed, à Oued-Zaïd, commune mixte
d'Aïn-Touta.)

1884. — 1ᵐ 62. Gris clair, fortᵗ charbonné aux hanches et aux épaules, crins foncés.

BETTINA

2007

(M. Bédouet, administrateur à El-Madher.)

1885. — 1ᵐ 58. Alezan, légᵗ en tête, ladre entre les
naseaux, balz. post. dr. Par MOKRANI, 992 et FOLIE, 981.

1570   ## BEYTERRASSE

(M. Derradji ben Abdel Kerrim, à Bazer, commune mixte des
Eulmas)

1875. — 1m 54. Gris très clair truité, ladre marbré
au bout du nez, entre dans les naseaux et aux lèvres.

455   ## BIBICHE

(M. Gustave Jobert, à Mostaganem.)

1886. — Gris rouané, pelote en tête, liste sur le
chanfrein irr. Par EL BARAH, 258, et BICHETTE, 454.

83   ## BICHE

(M. Borély La Sapie, à Bouffarik)

1881. — 1m 49. Gris très clair, lég^t truité.

416   ## BICHETTE

(M. El Hadj Mohamed ben Messaoud, à Ouled-Khelouf-
Souahlia, commune mixte de Cassaigne.)

1871. — 1m 52. Gris fort^t truité, oreille dr. fendue,
lég^t ladré aux lèvres.

718

BICHETTE

(M. Jourdan Max, propriétaire à Affreville.)

1876. — 1ᵐ 46. Gris très clair, truité, ladre aux naseaux et aux lèvres, cicatrice au poitrail.

400

BICHETTE

(M. de Page, à Aïn-Témouchent.)

1877. — 1ᵐ 51. Alezan, châtain clair, en tête prolongé entre les naseaux.

653

BICHETTE

(M. Bonrepeaux, Alexandre, à Mascara.)

1878. — 1ᵐ 50. Bai brun foncé, irrᵗ en tête, ladre entre les naseaux, balz. chaussée post. g., principe de balz. post. dr., oreille dr. fendue.

375

BICHETTE

(M. Diégo Mas, à Oued-Imbert.)

1879. — 1ᵐ 40. Gris truité, fortᵗ accusé sur le maxillaire, les épaules et les flancs, marqué de feu par une raie perpendiculaire aux flancs et au passage des sangles, blessure accidentelle à la gorge, sur les parotides.

449 **BICHETTE**

(M. M'Ahmoud ben Taïeb, à Aïn-Boudinar.)

1879. — 1ᵐ 44. Bai châtain, liste en tête prolongée, ladre aux naseaux, balz. post. g., bouquet de poils blancs de chaque côté du garrot.

454 **BICHETTE**

(M. Gustave Jobert, à Mostaganem.)

1881. — 1ᵐ 46. Gris clair truité, blessure accidentelle à la face ant. du genoux dr.

439 **BICHETTE**

(M. Ahmed ben Moktar, à Chellafa, commune de Sourk-el-Mitou.)

1881. — 1ᵐ 51. Bai châtain, en tête prolongé sur le chanfrein et par du ladre entre les naseaux, balz. post. chaussées.

474 **BICHETTE**

(M. Villemin, Jules, à Perrégaux.)

1882. — 1ᵐ 54. Gris clair pommelé, ladre aux naseaux et aux lèvres.

1060

BICHETTE

(M. Boudon, interprète à Aïn-Beïda.)

1884. — 1^m 54. Bai foncé, balz. irr. post. g.

1403

BICHETTE

(M. El Hadj Mohammed ben Messaoud, à Ouled-Krelouf-
Souahlia, commune mixte de Cassaigne.)

1888. - Gris foncé, balz. post. dr. Par Azelef, 263,
et Bichette, 416.

1203

BICHETTE

(M. Llaty, Jean, à Isserville.)

1880. — 1^m 50. Rouan, pommelé clair, ladre aux
lèvres.

1201

BICHETTE

(M. Hygonnet, Joseph, à Bou-Khalfa, commune de Tizi-Ouzou.)

1880. — 1^m 47. Gris pommelé, petit ladre à la lèvre
sup.

1194   BICHETTE

(M Moutier, Simon, à Ouled-Aissi, commune de Tizi-Ouzou.

1888. — 1m 55. Gris pommelé, légt truité, crins de la crinière foncés.

1184   BICHETTE

(M. Rosfelder, Louis, à Pontéba, Orléansville.)

1888. — 1m 52. Gris très clair, crins foncés, lèvres noires, blessure accidentelle à l'épaule dr.

1681   BICHETTE

(M. Rosfelder, Louis, à Pontéba.)

1890. — Noir mal teint. Par ARCH, 184, et BICHETTE, 1184.

2107   BICHETTE

(M. Floux, Charles, à Aïn-Tédelès.)

1886. — 1m 54. Alezan, en tête prolongé sur le chanfrein, 3 balz. chaussées dont 1 post. dr..

2108

BICHETTE

(M. Ahmed ben Moktar, à Bellevue.)

1890. — Bai. Par CARACO, 793, et BICHETTE, 439.

160

BIDA

(M. Mohammed ben M'Ahmed, aux Aziz, commune mixte de Boghari.)

1880. — 1ᵐ 48. Gris très clair, ladre entre les naseaux et aux lèvres, marques de feu aux genoux et aux boulets ant.

1382

BIENVENUE

(M. Duffau, Pierre, commune de Tlemcen.)

1888. — Souris zain. Par DRAOUÏ, 299, et SAF-SAF, 396.

165

BLANCHETTE

(Mme veuve Arnaud, à Aïn-Smara.)

1873. — 1ᵐ 52. Gris très clair, légᵗ truité, ladre marbré aux lèvres.

1206 ## BLANCHETTE

(M. Pérès, Pierre, à Bordj-Menaïel)

1883. — 1ᵐ 48. Rouan vineux clair truité, plus fortᵗ à la tête.

1185 ## BLANCHETTE

(M. Rosfelder, Louis, à Pontéba, Orléansville.)

1880. — 1ᵐ 47. Gris moucheté, truité, crins blancs, lèvres noires.

1067 ## BORGIA

(M. Si Bou Diaf bel hadj Abdallah, à Rahia, commune mixte de la Meskiana.)

1874. — 1ᵐ 47. Gris, marquée d'une croix à l'épaule gauche.

1942 ## BOUABANIA

(M. Saad ben Chelali, à Saïda, commune mixte de M'Sila.)

1887. — 1ᵐ 52. Gris pommelé, très légᵗ rouané.

BOU-GUERBA

(M. Bel Abbès Ben Bouzid, à Takdempt, commune
mixte de Tiaret.)

1880. — 1ᵐ 59. Gris très clair, fortᵗ ladré au chanfrein, aux naseaux et à la lèvre sup..

BOUKHARIA

(M. Mohamed bel Boukhari, à Sidi-Ghalem, commune mixte
de St-Lucien.)

1880. — 1ᵐ 45. Gris très clair, ladre entre les naseaux et aux lèvres, blessure en avant de l'épaule g.,
sur l'épaule g. et le flanc, même côté.

BOULOTTE

(La Société de l'Habra et de la Macta.)

1873. — 1ᵐ 46. Gris fortᵗ truité.

BRIKA

(M. Si Ahmed ben Brahim, à M'Zila, commune mixte
de Cassaigne.)

1877. — 1ᵐ 45. Gris clair truité.

14

1085

BRIKA

(M. Kalaïa ben Belkassem, à Oued-Brik, commune mixte
de Tébessa.)

1884. — 1ᵐ 53. Gris foncé, ladre aux naseaux, oreille
g. fendue.

490

BRISE-MICHE

(La Société de l'Habra et de la Macta.)

1881. — 1ᵐ 53. Gris très clair, ladre aux naseaux et
aux lèvres.

1146

BRUNETTE

(M. Borély La Sapie, à Boufarik.)

1881. — 1ᵐ 49. Noir, en tête prolongé par une large
liste terminée par du ladre, entre dans les naseaux et
aux lèvres, 4 balz., les ant. petites.

382

CAROLINE

(M. Carrière, Antonin, à Tafaraoui, commune de Sainte-
Barbe du Tlélat.)

1882. — 1ᵐ 51. Bai cerise, étoile en tête, principe de
balz. lat. g.

CATHERINE

1221

(M. Dupuy, Jean, à Maison-Blanche.)

1880. — 1ᵐ50. Gris clair truité, crins mélangés.

CEMA

84

(Etablissements hippiques de l'Algérie.)

1884. — Noir mal teint, fort⁺ en tête prolongé par une petite liste s'élargissant au bas du chanfrein, terminé par du ladre, entre dans les naseaux et à la lèvre sup., balz. diagˡᵉ g., l'ant. plus petite et dentelée.

CEMRIA

879

(M. Abd El Kader ben Meddah, à Marióuia, commune mixte d'Ammi-Moussa.)

1881. — 1ᵐ45. Gris très clair, crins blancs, ladre au chanfrein, aux naseaux et aux lèvres.

CENDRILLON

447

(M'Ahmoud Ben Taieb, à Aïn-Boudinar.)

1888. — 1ᵐ49. Bai châtain foncé, pelote triangulaire sur le frontal.

85   ## CEUDMIA
(Etablissements hippiques de l'Algérie.)

1884. — Gris, tête plus claire.

592   ## CHAABA
(M. Hadj Kaddour ben Taieb, à Guertoufa, commune mixte
de Tiaret)

1874. — 1ᵐ 55. Gris clair, légᵗ moucheté sur le côté
g. de la poitrine, ladre aux lèvres

122   ## CHAABA
(M. Ali ben Snoussi, aux Ouled-Maref, commune mixte
de Berrouaghia.)

1874. — 1ᵐ 50. Gris très clair, charbonné à la pointe
des épaules et feu en angle au flanc dr. et une raie de
feu au flanc g.

1876   ## CHAABA
(M. Si Mohammed ben Cherif, à Oued-Rechaïch, commune
mixte de Khenchela.)

1876. — 1ᵐ 55. Gris clair moucheté.

2000   ## CHAABA
(M. Ali ben Messaoud, à Ksar-Belezma, commune mixte
de l'Aurès.)

1883. — 1ᵐ 62. Gris moucheté, feu au garrot.

1919

CHAABA

(M. M'Ahmed ben Lakhdar, à Oued-Ghenaim, commune mixte de M'sila.)

1883. — 1ᵐ55. Gris très clair, feu aux épaules, aux flancs et aux boulets, charbonnée au flanc dr.

1477

CHAABA

(M. Kouider ben Mamar, à Oued-Seghouan, commune mixte de Berrouaghia.)

1882. — 1ᵐ56. Gris très clair, ladre au chanfrein, aux naseaux et aux lèvres.

1485

CHAABA

(M. Djaffar ben Lakdar, à Beni-Bou-Yacoub, commune mixte de Berrouaghia.)

1877. — 1ᵐ50. Gris moucheté, ladre au nez.

1494

CHAABA

(M. Ben Djabar ben Yagoub, à Oued-Hamza, commune mixte de Boghari.)

1886. — 1ᵐ50. Gris pommelé, ladre aux naseaux et aux lèvres.

678 **CHABA**

(M. Lakdar ould El Aïd, à Oued-Serour Chéraga,
commune indigène de Géryville.)

1873. — 1ᵐ 48. Gris clair truité, 3 raies de feu sur
le chanfrein, lèvres noires, crins blancs.

164 **CHABA**

(M. Moul El Habda ben El Hadj Saad, à Zenakha Maoucha,
commune mixte de Boghari.)

1873. — 1ᵐ 59. Gris très clair, oreille dr. fendue.

1032 **CHABA**

(M. Chouchen ben Salah, à Remila, commune mixte de
Khenchela.)

1874. — 1ᵐ 54. Gris blanc, un peu de ladre à la lèvre
sup.

1027 **CHABA**

(M. Ahmed Ben Mohammed, à Ouled Bou Derhem, commune
mixte de Khenchela)

1876. — 1ᵐ 45. Gris très clair,

CHABA

1950.

(M. Moussa ben Embarek, à Oued-Hama, commune mixte
des Ouled-Soltane.)

1879. - 1^m 52. Gris moucheté, truité, ladre au chanfrein, aux naseaux et aux lèvres.

CHABA

760

(M. Kaddour ben Zerouki, à Hallouya-Cheraga, commune
mixte d'Ammi-Moussa.)

1879. — 1^m 46. Gris clair truité, oreille dr. fendue.

CHABA

86

(M. Ahmed ben Said, aux Beni-Meharez, commune
de Téniet-El-Haâd.)

1880. — 1^m 48. Gris clair.

CHABA

1951

(M. Rabah ben Amar, à Oued-Saïdi, commune mixte
des Ouled-Soltane.)

1880. — 1^m 52. Gris truité, fort^t accusé à la face.

748   **CHABA**

(M. Ahmed ben Abed, à Hallouya-Cheraga, commune mixte
d'Ammi-Moussa.)

1881. — 1ᵐ 46. Gris truité, ladre marbré aux lèvres,
oreille dr. fendue.

1814   **CHABA**

(M. Lakhdar ben Ahmed, à Sakra, commune mixte des Eulmas.)

1883. — 1ᵐ 49. Gris blanc, ladre marbré aux naseaux et aux lèvres, feu au garrot et aux boulets.

1952   **CHABA**

(M. Amar ben Lounès, à N'gaous, commune mixte des Ouled
Soltane.)

1884. — 1ᵐ 54. Gris très clair, légᵗ pommelé truité,
crins blancs, raie de feu au garrot.

1990   **CHABA**

(M. Derradji ben Abdelkrim, à Bazer, commune mixte des
Eulma⸱.)

1884. — 1ᵐ 58. Gris pommelé moucheté.

1163

CHABA

(M. Abdelkader ben Hadj Mohammed, commune de Charon.)

1881. — 1ᵐ 46. Gris moucheté, ladre aux naseaux et aux lèvres.

1879

CHABAA

(M. Kouider ben Ayed, à Ighoud, commune mixte de Téniet.)

1879. — 1ᵐ 45. Blanc rosé, ladre aux naseaux, au pourtour des yeux, aux mamelles et à l'anus.

568

CHABBA

(M. Bel Abbed Ould Hadj Mohamed, à Khallafa-Ghoraba, commune mixte de Frendah.)

1879. — 1ᵐ 46. Gris légᵗ truité, charbonné au sommet des épaules, légᵗ ladré aux lèvres, oreille dr. fendue.

859

CHABBA

(M. Hadj Kaddour ben Miliani, à Touarès, commune mixte d'Ammi-Moussa.)

1885. — 1ᵐ 43. Alezan, fortᵗ en tête, large liste au chanfrein, ladre aux naseaux.

435   **CHAGRA**

(M. Mohamed Bel hadj Sliman, à Beni-Zenthis, commune
mixte de Cassaigne.)

1877. — 1ᵐ 50. Bai châtain, pelote, en tête denté,
large liste sur le chanfrein terminée par du ladre entre
les naseaux et aux lèvres, 4 balz. irr. bordées.

414   **CHAGRA**

(M. El hadj Ben Zian Ben Abed, à M'Zila, commune mixte
de Cassaigne.)-

1879. — 1ᵐ 45. Alezan châtain clair, fortᵗ en tête
prólongé par du ladre entre les naseaux, q. q. poils
blancs à la pointe des épaules, 3 balz. irr.; 1 post. g..

989   **CHAGRA**

(M. Lakhdar Ben M'Ahmed, à Batna.)

1881. — 1ᵐ 47. Alezan, pelote en tête, balz. post. g..

1031   **CHAGRA**

(M. Mohammed Ben Belgassem, à Ouled-ben-Derhem,
commune mixte de Khenchela.)

1883. — 1ᵐ 46. Alezan, fortᵗ en tête prolongé, ladre
aux naseaux.

CHAÏBA

88

(M. Maamar ben Yaya, aux Béni-Meharez, commune
de Téniet-el-Haâd.)

1871. — 1^m49. Gris très clair truité, ladre entre les
naseaux et la narine dr., feu arabe aux genoux et aux
boulets ant., oreille dr. fendue, cicatrice au garrot.

CHAÏBA

1549

(M. Saïd ben Amar, commune mixte des Eulmas.)

1887.   1^m46. Blanc, ladre au bout du nez.

CHABET-HANIA

549

(M. El hadj Ben Aouda Ben Fellouh, à Béni-Dergoun,
commune mixte de Zemmorah.)

1879. — 1^m51. Gris très clair, crins blancs, lég^t ladré
aux naseaux et aux lèvres.

CHABET-EL-KOUSSOU

551

(M. El Hadj Bel Arbi, à El Habêcha, commune mixte
de Zemmorah.)

1878. — 1^m48. Gris clair truité, ladre aux naseaux
et aux lèvres, oreille dr. fendue.

1756 ## CHAMA

(M. Embarek ben Mohamed, à Oued-el-Arbi, commune mixte de Châteaudun du Rhumel.)

1885. — 1ᵐ 60. Gris foncé, pommelé rouané.

393 ## CHARLOTTE

(M. Petitjean, à Tlemcen.)

1877. — 1ᵐ 50. Gris pommelé, rouané, lèvres noires.

94 ## CHARLOTTE

(Madame Frech, propriétaire, à Aumale.)

1881. — 1ᵐ 54. Gris pommelé rouané.

2037 ## CHEBA

(M. Merrah ben Amar, à Oued-Sellem, commune mixte d'Ammi-Moussa.)

1884. — 1ᵐ 58. Gris clair moucheté, crins foncés.

1178 ## CHEBA

(M. Abd el Kader bed Hadj Mohamed, à Charron.)

1889. — Gris, belle face. Par REKEB, 213, et CHABA, 1163.

89

CHEBBA

(Etablissements hippiques de l'Algérie.)

1871. — 1ᵐ 48. Gris truité, ladre marbré au bout du nez et aux lèvres, cicatrices à la hanche dr.

90

CHEGRA

(M. Mahieddin ben Missoud, à Duperré.)

1874. — 1ᵐ 44. Alezan doré, balz. latérale g.

1049

CHEGRA

(M. Hadj Mohamed ben Amar, à Oued-Bou-Derhem, commune mixte de Khenchela.)

1880. — 1ᵐ 54. Gris très clair, crins foncés.

1013

CHEGRA

(M. Si Ali ben Belgassem, à Ouled-Bou-Derhem, commune mixte de Khenchela.)

1881. — 1ᵐ 46. Alezan, en tête, balz. post. g. chaussée, poils blancs au garrot.

1023

CHEGRA

(M Abda ben Ahmed, à Ouled-Rechaïch, commune indigène de Khenchela.)

1883. — 1ᵐ 48. Alezan clair.

1048   CHEGRA

(M. Amar ben Abdallah, à Ouled-Rechaïch, commune indigène
de Khenchela.)

1883. — 1^m 52. Alezan, fort^t en tête, ladre aux lèvres
et aux naseaux, balz. irr. diagonales (dr.) tache blanche à la hanche dr.

1044   CHEGRA

(M. Mohamed Salah ben Athman, à Ouled-Ensigah,
commune mixte de Khenchela.)

1885. — 1^m 45. Alezan, fort^t en tête prolongé entre
les naseaux, balz. ant. g. haut chaussée, principe de
balz. post.

1024   CHEGRA

(M. Messar ben Aroua, à Oued-bou-Derhem, commune mixte
de Khenchela.)

1885. — 1^m 45. Alezan, pelote en tête prolongée,
ladre aux naseaux.

1763   CHEHBA

(M. Derradji ben Ferhat, à Ras-Seguin, commune mixte
de Châteaudun-du-Rhumel.)

1875. — 1^m 50. Gris blanc, fort^t moucheté.

153   CHEHBA

(Yahia ben M'hel, à Baghdoura, commune mixte de Ténès.)

1877. — 1^m 46. Gris très clair, moucheté, un peu de ladre à la lèvre sup., q.q. poils noirs sous le larmier g.

1751   CHEHBA

(M. Miloud ben Djebaili, à Tim-Telacin, commune mixte de Châteaudun-du-Rhumel.)

1881. — 1^m 54. Gris truité, ladre marbré aux naseaux et aux lèvres.

420   CHEHEBA

(M. Mohamed bel Arbi, à Beni-Zenthis, commune mixte de Cassaigne.)

1870. — 1^m 45. Gris très clair, ladre aux naseaux et à la lèvre sup., 3 raies de feu de chaque côté du chanfrein.

427   CHEHEBA

(M. Amar ben Abbed, à Beni Zenthis, commune mixte de Cassaigne.)

1874. — 1^m 45. Gris très clair, lég^t truité, un peu de ladre à la lèvre sup., lèvres noires.

1726 **CHEHLA**

(M. Si Ramdane ben Choufi, à Brana, commune mixte de Châteaudun-du-Rhumel.)

1883. — 1ᵐ 57. Gris blanc, ladre marbré à la face.

631 **CHEHOUAHA**

(M. Si Kaddour ben Aïssa, à Ouled-Chaffa, commune mixte de l'Hillil)

1877. -- 1ᵐ 51. Alezan, en tête, liste au chanfrein, ladre aux naseaux et aux lèvres.

91 **CHEIKKA**

(Etablissements hippiques de l'Algérie.)

1874. — 1ᵐ 52. Gris pommelé sur la croupe, un peu plus foncé aux extrémités.

833 **CHEKKALI**

(M. Bou Taleb ben Sanoun, à Chekkala, commune mixte d'Ammi-Moussa.)

1878. — 1ᵐ 48. Gris pommelé rouané, crins noirs.

92

CHELBIA

(M. Mohammed ben Rabah, aux Ouled-Driss, commune mixte d'Aumale.)

1871. — 1^m 51. Gris clair, fort^t truité, ladre marbré aux lèvres, cicatrices à la pointe des hanches.

154

CHELFIA

(M. Missud ben Obara, à Sidi-El-Aroussi, commune mixte du Chelif.)

1879. — 1^m 49. Gris truité, marqué de 3 raies de feu sur le chanfrein.

93

CHELLALA

(M. Belgassem ben Klif, aux Adaoura, annexe de Sidi-Aïssa.)

1874. — 1^m 58. Gris très clair, lég^t mouchetée à la tête et à l'encolure, ladre marbré aux lèvres, feu arabe aux genoux, aux jarrets et aux quatre boulets.

1526

CHELLALA

(M. Mahdir ben Ahmed, aux Adaoura, annexe de Sidi-Aïssa.)

1884. — 1^m 49. Bai châtain foncé, pelote en tête prolongée, ladre entre les naseaux, balz. post. irr.

15

542 **CHELIBET**

(M. Kaddour ben Djillali, à Beni-Louma, commune mixte de Zemmorah.)

1881, — 1ᵐ 45. Gris clair pommelé, ladre aux naseaux et aux lèvres.

1066 **CHEMAMIA**

(M. Mohamed Salah ben Taïeb, à Dala, commune mixte de la Meskiana.)

1880. — 1ᵐ 45. Gris, blessure accidentelle à l'épaule gauche.

802 **CHERGUIA**

(M. Mohamed bel Gheribi, à Keraich-Ghoraba, commune mixte d'Ammi-Moussa.)

1877. — 1ᵐ 40. Bai châtain, 3 balz. irrég., 1 ant. g., q. q. poils en tête.

630 **CHERGUIA**

(M. Bouzid ben Kaddar, à Ghoualize, commune mixte de l'Hillil.)

1881. — 1ᵐ 45. Gris rouané et truité.

CHERIFA

2109

(M. Abdallah ould Ahmed ben Derdour, à Bellevue.)

1885. — 1ᵐ 57. Gris très clair très lég^t moucheté.

CHETA

975

(M. Belgassem ben Ahmed, à Ouled-Aziz, commune
mixte d'Ain M'Lila.)

1880. — 1ᵐ 54. Gris foncé, rouané.

CHOUÏA-CHOUÏA

394

(M. Ayme, Augustin, jeune, à Tlemcen.)

1884. — 1ᵐ 51. Gris rouané, q. q. poils blancs aux
paturons.

CIASSA

95

(Etablissements hippiques de l'Algérie.)

1882. — Gris foncé, petite balz. post. g. herminée.

CIGARETTE

486

(La Société de l'Habra et de la Macta.)

1877. — 1ᵐ 46. Gris pommelé, rouané sur la poitrine et aux membres post.

385   CLOVISSA
                (M. Navarro Vicente, à Bel-Abbès.)

1881. — 1ᵐ 55. Gris très foncé, pommelé.

404   COCOTTE
                (M. Bacquès, à Ain-Témouchent.)

1873. — 1ᵐ 57. Gris truité, pommelé sur les fesses
et les membres post., blessure accidentelle sur le côté
droit du dos, 3 raies de feu sur la joue g., feu français
aux boulets.

1769   COCOTTE
                (M. Dader Hilaire, à Sétif.)

1885. — 1ᵐ 49. Bai, légᵗ rubican, très légᵗ en tête.

1145   COCOTTE
                (M. Morand, à Boufarik.)

1880. — 1ᵐ 55. Gris, fortᵗ truité.

1204   COCOTTE
                (M. Frichon, Léonard, à Isserville.)

1877. — 1ᵐ 47. — Gris clair, fortᵗ truité, petites
taches de ladre aux lèvres.

COQUETTE

1469

(M. Proton, Auguste, à Koléah.)

1881. — 1ᵐ 43. Gris moucheté, truité.

CORA

1191

(M. Rivière, René-Charles, à Tizi-Ouzou.)

1880. — 1ᵐ 52. Alezan, trace de balz. post. g.

DAAMA

1022

(M. Hadj Ali Ben Abdallah, à Ouled-Rechaïch, commune indigène de Khenchela.)

1882. — 1ᵐ 54. Bai brun, pelote en tête, q.q. poils blancs aux naseaux, 3 balz., 1 ant. g.

DAHOUA

570

(M. Mohammed ben Kaddour, à Haraouet, commune mixte de Frendah.)

1882. — 1ᵐ 46. Bai châtain, fortᵗ en tête prolongé sur le chanfrein, légᵗ ladré entre les naseaux, balz. post. très irr. chaussées.

DAHDOUA

1931

(M. Taïeb ben Abdallah, à Saïda, commune mixte de M'Sila).

1885. — 1ᵐ 57. Gris pommelé, rouané.

576   DAÏFA

(M. M'Zili ben Halima, à Khallafa-Cheraga, commune mixte
de Frendah)

1874. - 1^m 45. Gris truité, rouané, blessure accidentelle au sommet des épaules, feu arabe au boulet
ant. dr.

1585   DAÏKHA

(M. Brahim ben Saadi, à Ouled-Khiar, commune mixte de
Souk-Ahras.)

1881. — 1^m 55. Alezan foncé, en tête prolongé par
une liste terminée par du ladre entre dans le naseau
droit et à la lèvre inf., balz. ant. dr., tache blanche à
la fesse g.

744   DALIA

(M. Reguig ben Tercha, à Hallouya-Cheraga, commune
mixte d'Ammi-Moussa.)

1877. — 1^m 52. Gris clair, lég^t rouané.

886   DALIA

(M. El Habib bel Hadj, à Ouled-Bou-Ikni, commune mixte
d'Ammi-Moussa.)

1880. — 1^m 46. Gris pommelé rouané, lég^t ladré
entre les naseaux.

627

DALIA

(M. Maamar ben ould Mustapha el Mahi, à Guerairia,
commune mixte de l'Hillil.)

1885. — 1ᵐ 51. Bai châtain, balz. post. g.

1080

DALOULA

(M. Lassoud ben Atman, commune mixte de Tébessa)

1879. — 1ᵐ 51. Bai brun, feu aux genoux, principe
de balz. post.

787

DAYA

(M. Snoussi bel Hadj, à Keraich-Cheragas, commune mixte
d'Ammi-Moussa.)

1877. — 1ᵐ 49. Gris moucheté, truité, ladre aux naseaux et aux lèvres.

723

DÉCEPTION

(M. Bigle, à Drahria.)

1881. — 1ᵐ 56. Bai, châtain foncé, q. q. poils en tête
formant un arc.

835 ## DEFELTENIA

(M. Mohammed ben Youssef, à Oued-Defelten, commune mixte d'Ammi-Moussa.)

1877. — 1m 44. Gris très clair, légt truité, lèvres noires.

585 ## DEHIBA

(M. M'Hamed ben Mahdi, à |Haraouet, commune mixte de Frendah.)

1879. — 1m 48. Gris très clair, très légt truité, ladre marbré aux lèvres.

1948 ## DEHIMIA

(M. Bou Rahla ben Mohamed ben Salem, à M'tarfa, commune mixte de M'Sila.)

1883. — 1m 55. Bai brun, pelote en tête, 3 balz. irr. dentées, 1 ant. dr.

2021 ## DEIKHA

(M. Amar ben Saïd, aux Ouled-Aziz, commune mixte d'Aïn-M'lila.)

1880. — 1m 54. Gris clair tuité, feu au garrot.

1910

DEÏKHA

(M. El Haoussine ben Mekki, à Z'gueur, commune mixte
de Maadid.)

1884. — 1ᵐ 47. Gris pommelé rouané.

1821

DELOULA

(M. Mohamed ben Ali, à Mekencha, commune mixte
des Eulmas)

1882. — 1ᵐ 55. Gris pommelé, moucheté à la face,
crins foncés.

1911

DELOULA

(M. Maamar ben Amar, à Rapta, commune mixte de Maadid.)

1884. — 1ᵐ 52. Gris clair, pommelé, ladre marbré
aux lèvres.

169

DHAOUÏA

(M. Taïeb ben El Hadj Embarek, aux Ouled-Seghouan,
commune mixte de Berrouaghia.)

1874. — 1ᵐ 53. Gris clair, truité, charbonné sur la
croupe.

756 ## DHAOUÏIA

(M. Benchora ben Fortas, à Hallouya-Cheragas, commune mixte d'Ammi-Moussa.)

1878. — 1ᵐ 49. Alezan, pelote en tête.

97 ## DHIRA

(M. Ben Youssef ben Saïd, aux Ouled-Si-Ameur, commune mixte d'Aumale.)

1881. — 1ᵐ 55. Gris clair rouané, ladre à la partie inf. du chanfrein, entre les naseaux et aux lèvres, cicatrices sur les côtés de la gorge.

1946 ## DJAFIA

(M. Mahmoud ben Mohamed, commune mixte de M'Sila.)

1885. — 1ᵐ 52. Gris étourneau, crins lisses.

1590 ## DJBARRA

(M. Amar ben Salah, à Ouled-Kiar, commune mixte de Souk-Ahras.)

1890. — Bai. Par AMRI, 966, et MANSOURA, 1131.

DJEDIA

(Ferhat ben Bey, à Mgalsa, commune mixte de Châteaudun-du-Rhumel.)

1883. – 1m 54. Gris foncé rouané, feu au garrot.

DJELLOULIA

(M. Ghalem ben Djelloul, à Sidi-Ghalem, commune mixte de Saint-Lucien.)

1879. — 1m 53. Gris très clair, lég^t moucheté à la face, raies de feu aux genoux, blessures accidentelles sur le côté dr. du dos.

DJEMILA

(Etablissements hippiques de l'Algérie.)

1878. — 1m 48. Alezan doré, lég^t charbonné à la fesse dr., irr^t en tête, mélangé par une liste s'élargissant un peu sur le chanfrein, petit ladre entre les naseaux, balz. post. irr.

DJENAA

(M. El hadj Sahraoui Ould Ali, à Hassasna-Cheraga, commune indigène de Yacoubia.)

1881. — 1m 53. Gris pommelé rouané, lèvres noires, marquées de feu à la pointe des épaules.

502 **DJERIDIA**

(M. El Arbi ben Djelada, à Mina, commune mixte de l'Hillil.)

1887. — Gris, en tête prolongé. Par DJERIDI, 257, et FREHA, 501.

811 **DJEZIRIA**

(M. Ben Aïssa ben Kaddour, à Hallouya-Gherabas, commune mixte d'Ammi-Moussa.)

1878. — 1^{m}46. Gris très clair, très lég^t truité, ladre aux naseaux.

762 **DJIDA**

(M. Otsman ben Bouzian, à Matmata, commune mixte d'Ammi-Moussa.)

1881. — 1^{m}48. Gris très clair, crins blancs, oreille droite fendue.

1315 **DJIDA**

(M. Mohamed ben Ali ben Toualbia, à Chembell, commune de l'Oued-Fodda.)

1889. —'Alezan. Par DAKHELANI, 224, et EL-ADJERA, 143.

DJOUZA

(M. Kaddour ben Mohamed, à Maacen, commune mixte
d'Ammi-Moussa.)

1875. — 1ᵐ 49. Gris moucheté et truité, oreille dr.
fendue.

DJOUZETTE

(M. Kaddour ben Mohammed, à Maacen, commune mixte
d'Ammi-Moussa.)

1888. — Bai. Par Sвaнi, 284, et Djouza, 739.

DOUCHENIA

(M. El hadj Lazereg ben Ouada, à Ouled-Sidi El-Azerag,
commune mixte de Zemmorah.)

1878. — 1ᵐ 46. Bai chatain foncé, en tête prolongé
par une fine liste. ladre aux naseaux, balz. post. g.

DOUCHENIA

(M. El Hadj Mohamed ben Djalti, à Ouled Sidi Yaya ben
Ahmed, commune mixte de Zemmorah.)

1882. — 1ᵐ 58. Gris pommelé, lég' ladré aux lèvres,
plaie accidentelle à la face interne du canon dr.

1860 DOUDJA

(M. Ahmed ben Khaled, à Oued Rechaïch, commune mixte de Khenchela.)

1885. — 1^m 58. Gris clair lég^t pommelé, crins foncés.

603 DOULA

(M. Dermani ben Doula, à Torrich, commune mixte de Tiaret.)

1881. — 1^m 49. Gris clair pommelé et truité, ladre aux naseaux et aux lèvres, oreille droite fendue.

98 DRIFA

(Etablissements hippiques de l'Algérie, Jumenterie de Tiaret.)

1876. — 1^m 52. Gris clair lég^t pommelé et truité, ladre marbré entre dans les naseaux, aux lèvres, entre les fesses et aux mamelles, feu arabe aux membres ant.

855 DRIFA

(Hadj Maamar ben Merzoug, à Ouled-Yaïch, commune mixte d'Ammi-Moussa.)

1879. — 1^m 52. Gris pommelé, très lég^t truité, ladre aux naseaux et aux lèvres.

2029
DRIFA

(M. Rabah ben Abdallah, aux Ouled-Sellem, commune mixte d'Aïn-M'Lila.)

1880. — 1m 59. Gris très clair, ladre au chanfrein, aux naseaux et aux lèvres, feu au garrot.

1069
DRIFFA

(M. Couture, à Meskiana, commune mixte de la Meskiana.)

1872. — 1m 44. Gris fort truité.

415
DRIFFA

(M. Kaddour ben Zian, à M'Zila, commune mixte de Cassaigne.)

1874. — 1m 52. Gris très clair, moucheté, crins plus foncés, blessure accidentelle sur le dos, ladre entre les naseaux.

429
DRIFFA

(M. Belkassem ben Harrats, à Zérifa, commune mixte de Cassaigne.)

1875. — 1m 47. Gris très clair truité, ladre aux lèvres, à la vulve et au plat des cuisses.

398   DRIFFA

(M. Fabre La Morelle, administrateur-adjoint.)

1878. — 1^{m}55. Bai châtain foncé, miroité, plaie accidentelle sur le côté dr. du dos, q. q. poils blancs, principe de balz. au membre post. dr.

1470   DRIFFA

(M. Borély La Sapie, Boufarik.)

1881. — 1^{m}47. Gris très clair, ladre entre les naseaux, lèvres noires.

1974   DRIFFA

(M. Ali ben Youssef, à Bouzina, commune mixte de l'Aurès.)

1885. — 1^{m}53. Gris pommelé, très lég^t moucheté à la face.

1970   DRIRAH

(M. Thiebaux, administrateur-adjoint.)

1884. — 1^{m}60. Gris foncé pommelé, truité à la face, feu aux parotides.

632

EGLE

(M. Graillat, Pierre, aîné, à Perrégaux.)

1873. — 1^m 49. Gris clair, lég^t truité, ladre marbré aux lèvres.

1395

EL-ABESSA

(M. El Hadj Mohammed ben Issaad, à Keraïch-Cheraga, commune mixte d'Ammi-Moussa.)

1888. — Gris, quelques poils en tête, ladre entre les naseaux et à la lèvre inf., trace de balz. post. dr. Par DEFINA, 33⅞, et MABROUKA, 779.

143

EL-ADJERA

(M. Ali ben Toualbia, à Chemlal, commune de l'Oued-Fodda.)

1877. — 1^m 50. Gris moucheté et truité, ladre entre les naseaux et aux lèvres, taches noires accidentelles aux épaules.

607

EL-ADJOUZA

(M. Missoum ben Chaïb, à Torrich, commune mixte de Tiaret.)

1872. — 1^m 49. Gris fortèment moucheté et charbonné, crins blancs, ladre lég^t marbré aux lèvres.

887   **EL-ADJOUZA**

(M. Bou Amama ben Lekhal, à Ouled-bou-Ikni, commune
mixte d'Ammi-Moussa.)

1875. — 1ᵐ50. Gris truité, charbonné au côté gauche
du garrot, ladre aux lèvres.

117   **EL ALALIA**

(M. Abdelkader ben Ali ben Chergui, caïd à Sobah,
commune mixte du Chelif.)

1871. — 1ᵐ47. Gris très clair, moucheté, cicatrices
à la pointe des épaules.

590   **EL-AOUISSIA**

(M. Hadj Tahar ben Messaouda, à Aouisset, commune mixte
de Tiaret.)

1876. — 1ᵐ53. Gris foncé truité, oreille dr. fendue.

1552   **EL-ATRA**

(M. Yaya ben Larbi, à Ouled-Sidi-Yaya, commune mixte
de Morsott.)

1886. — 1ᵐ52. Bai, balz. post. bordées.

EL-ALLAOUIA

1553

(M. Bou Maza ben el Hadj Ali, à Ouled Sidi-Yaya ben Taleb,
commune mixte de Morsott.)

1886. — 1^m 52. Bai châtain, en tête mélangé.

EL-ALLIA

547

(M. Boukhatem ben Hamza, à Beni-Dergoun, commune mixte
de Zemmorah.)

1872. — 1^{m}50. Gris très clair, lég^t truité, lég^t ladre
aux naseaux et aux lèvres.

EL-ALLIA

781

(Djelloul ben Mohamed, à Keraïch-Cheraga, commune mixte
d'Ammi-Moussa.)

1883. — 1^{m}51. Gris pommelé rouané, ladre aux
naseaux.

EL-AMRA

1561

(M. Abdallah ben Belkassem, à Meghalsa, commune mixte
de Châteaudun-du-Rhumel.)

1884. — 1^m 58. Bai clair, ligne blanche transversale
interrompue au paturon ant. g., feu arabe au sommet
des épaules.

1678

EL-BAR

(M. Bou Alem ben Mohamed, à Lavarande.)

1890. — Bai brun, quelques poils en tête. Par BIL-
BOQUET, 19, et MESSAOUDA, 1161.

130

EL BEÏDA

(M. Daoudi ben Miloud, à Souagui, annexe de Chellala.)

1877. — 1ᵐ 52. Gris très clair, blessure accidentelle
à la région dorsale et sur les reins, ladre aux lèvres.

982

EL BEÏDA

(M. Ahmed ben Belgassem, à Tlets, commune mixte
d'Aïn-el-K'Sar.)

1878. — 1ᵐ 53. Gris très clair, lég¹ ladré à la lèvre
sup., marquée de feu de chaque côté du garrot.

1730

EL BEÏDA

(M. Mohammed ben Ramdane, à Brana, commune mixte
de Châteaudun-du-Rhumel.)

1879. — 1ᵐ 58. Gris blanc, crins foncés.

EL FREHIA

1416

(M. El hadj Abdelkader ben Abbou, à Mina, commune mixte
de l'Hillil.)

1888. — Bai, en tête, ladre dans la narine g., balz.
diag. g. Par Scylla, 543, et Sadaouïa, 500.

EL-HADJELA

529

(M. El Harizi bel Miliani, à Beni Dergoun, commune mixte
de Zemmorah.)

1883. — 1m 50. Gris pommelé rouané, ladre aux
naseaux et aux lèvres.

EL-HADJELA

1899

(M. El Amachi ben Sedira, à Sidi-Embarek, commune mixte
de Maadid.)

1884. — 1m 46. Gris clair légt rouané.

EL-HAMRA

846

(M. El Hadj Djillali ben Souati, à Ouled-Yaïch, commune
mixte d'Ammi-Moussa.)

1875. — 1m 52. Gris très clair, légt moucheté, ladre
sur le chanfrein et aux naseaux.

373 ## EL-AMRA

(M. Bel Oufa Ould el Habib, à Sidi-Ghalem, commune mixte
de Saint-Lucien.)

1880. — 1^m 46. Bai châtain, en tête irrég., marqué
de feu sur les deux côtés de la gorge et sur les flancs
par une croix. Trois raies de feu de chaque côté du
chanfrein, blessure accidentelle à la pointe des épaules.

1961 ## EL-HAMRA

M. Bou Rezg ben Ali, à Briket, commune mixte d'Aïn-Touta.)

1884. — 1^m 54. Bai châtain, q. q. poils en tête.

1907 ## EL-HAREM

(M. El Hadj ben Rachdi, à Z'Guer, commune mixte
de Maadid.)

1879. — 1^m 46. Gris clair truité, feu au poitrail.

671 ## EL-HARRA

(M. Si Ahmed ben Maraoui, à Saida.)

1876. — 1^m 48. Gris truité.

123 EL-HOUACHE

(M. Belkassem ben Ali, à Ighoud, commune mixte de Téniet.)

1882. — 1m 48. Rouan clair pommelé, ladre au bas du chanfrein, entre les naseaux, dans la narine g. et aux lèvres, oreille dr. fendue.

550 EL KHADEM

(M. Abd El Kader ould ben Aouda, à Beni-Louma, commune mixte de Zemmorah.)

1882. — 1m 46. Gris très clair, crins blancs, très légt ladre marbré aux naseaux et aux lèvres.

431 EL KHEFIFA

(M. Ali ben Abbou, à Nekmaria, commune mixte de Cassaigne.)

1872. — 1m 51. Gris très clair truité, ladre à la narine g. et à la lèvre sup.

903 EL KHEIRA

(Etablissements hippiques de l'Algérie).

1887. — Gris. Par N'SIB, 55, et ADJOUBA, 72.

1806 ## EL KHETAÏA

(M. Mohamed ben Goutali, à Saint-Arnaud.)

1880. — 1m 59. Gris, fortt truité, crins noirs.

1420 ## EL-OUACHIA

(M. Ahmed ben Maghraoui, à Saïda, commune mixte de Saïda.)

1888. — Gris rouané, en tête prolongé, balz. post.
Par FLANE, 274, et EL-HARRA, 671.

598 ## EL-OUERDA

(M. Djillali ben Zegrer, à Guertoufa, commune mixte
de Tiaret.)

1879. — 1m 51. Gris très clair, moucheté, légt ladre
aux lèvres, oreille dr. fendue.

566 ## EMBARKA

(M. M'Hamed bel Habib, à Khallafa-Gheraba, commune
mixte de Frendah.)

1873. — 1m 45. Bai châtain foncé, pelote en tête,
Balz. post. g.

409

EMBARKA

(M. Abdallah ben Amar, à Aïn-Boudinar.)

1876. — 1^m 49. Bai châtain, pelote en tête, liste sur le chanfrein, ladre entre les naseaux et la lèvre supérieure, principe de balz. aux membres antérieurs.

1138

EMBARKA

(M. Brahim ben Sadi, à Ouled-Soukiès, commune mixte de Souk-Ahras.)

1876. — 1^m 58. Bai châtain, en tête, ladre aux naseaux, trois balz. chaussées, une ant. g., feu au garrot.

686

EMBARKA

(M. Ben Abdallah Ould Abd El Kader, à Méghaoulia, commune indigène d'Aïn-Sefra.)

1877. — 1^m 45. Bai brun, quelques poils en tête, tache blanche sur le dos et sur les reins.

1544

EMBARKA

(M. Brahim ben M'Ahmed, à Adaoura, commune indigène de Sidi-Aïssa.)

1880. — 1^m 53. Bai, en tête prolongé entre les naseaux, trois balz. irrég. dont une ant. dr., principe ant. g.

983   **EMBARKA**

(M. Si Taïeb ben Mohammed, à Haracta-Djerina, commune
mixte d'Aïn-el-Ksar).

1880. — 1m 52. Bai brun foncé, bouquet de poils
blancs au garrot, principe de balz. post. dr.

1125   **EMBARKA**

(M. Djébar ben Bel Ani, à Maïa, commune mixte de Sefia.)

1881. — 1m 49. Bai châtain.

1005   **EMBARKA**

(M. Sliman ben Dridi, à El-Ksour, commune mixte
d'Aïn-Touta.)

1881. — 1m 48. Gris foncé pommelé, feu au garrot,
blessure accidentelle au rein g.

850   **EMBARKA**

(M. Hadj Tahar ben Kaddour, à Ouled Yaïch, commune
mixte d'Ammi-Moussa.)

1881.— 1m 57. Gris pommelé, rouané, lèvres noires.

1905   **EMBARKA**

(M. Ali ben Saad Saoud, à Z'mala, commune mixte de
Maadid.)

1881. — 1m 55. Gris moucheté, feu aux membres.

1592

EMBARKA

(M. Ammar ben Salah, à Ouled-Khiar, commune mixte
de Souk-Ahras.)

1881. — 1ᵐ 51. Rouan foncé pommelé, tache blanche
au-dessus du pli du jarret gauche.

803

EMBARKA

(M. Djillali ben el Ala, caïd, à Halouya-Gherabas, commune
mixte d'Ammi-Moussa.)

1882. — 1ᵐ 51. Gris foncé rouané, ladre aux naseaux
et aux lèvres.

1014

EMBARKA

(M. Si Mohammed Karichi, à Biskra.)

1882. — 1ᵐ 47. Gris très clair, légᵗ truité, feu à la
naissance des épaules.

1768

EMBARKA

(M. M'Ahmed ben Ali ben Maklouf, à Larbaa, commune
mixte de Rirha.)

1883. — 1ᵐ 50. Gris fortᵗ moucheté, charbonné à la
face.

520   **EMBARKA**

(M. El Aïd ben Yacoub, caïd à Beni-Dergoun, commune
mixte de Zemmorah.)

1883. — 1ᵐ 48. Bai châtain, légᵗ en tête, balz. post.
herminées.

1135   **EMBARKA**

(M. Youssef ben Abbès, à M'rana, commune mixte
de Souk-Ahras.)

1884. — 1ᵐ 50. Gris foncé rouané, ladre aux naseaux.

864   **EMBARKA**

(M. Ahmed ben Cherif, à Meknessa, commune mixte d'Ammi-
Moussa.)

1885. — 1ᵐ 47. Alezan, q. q. poils en tête.

1817   **EMBARKA**

(M. Saïd ben Hassein, à Ouled-Bel-Khir, commune mixte
des Eulmas.)

1885. — 1ᵐ 52. Gris moucheté, truité, crins foncés.

4914

EMBARKA

(M. Zeïd ben Ahmed ben Achour, à Gherazla, commune mixte de Maadid.)

1885. — 1ᵐ57. Gris foncé pommelé, rouané, crins plus foncés.

1628

EMBARKA

(M. Messaoud ben Abdallah, à Ouled-Fedalat, commune mixte d'Ain-Tóuta.)

1889. — Noir franc, petite balz. post. g. Par BEDER, 927, et MAZOUZIA, 1000.

1529

EMBARKA

(M. Aissa ben Sliman, à Oued-Ferha, commune mixte d'Aumale.)

1890. Alezan. Par EDJERAÏ, 232, et ZOHRA, 1528.

489

ESCAPADE

(La Société de l'Habra et de la Macta.)

1887. — Gris, liste interrompue, balz. post. g. Par BRAZIRA, 302, et ZOHRA, 488.

99   **ÉTOILE DU SUD**

(M. Preton, à Coléah.)

1873. — 1^m50. Gris truité, hernie ventrale.

1517   **ÉTOILE DU SUD**

(M. Charpin, César, pharmacien militaire, à Téniet-el-Hâad.)

1885. — 1^m 48. Gris clair, lég^t pommelé, ladre entre les naseaux, à la narine dr. et au bout des lèvres, oreille **dr.** fendue.

904   **ET TELLAKA**

(Etablissements hippiques de l'Algérie.)

1887. — Bai. Par N'Sib, 55, et Chebba, 89.

487   **EVA**

(La Société de l'Habra et de la Macta.)

1887. — Gris, balz. post. g. Par Brazira, 302, et Cigarette, 486.

2112   **FABIOLA**

(Etablissements hippiques de l'Algérie.)

1885. — 1^m 54. Alezan, balz. post. g. irr., trace opposée.

1445

FACHELA

(Etablissements hippiques de l'Algérie.)

1888. — Par N'Sib, 55, et Alepha, 75.

1737

FADDA

(M. Amar ben Bou Nahas, à Ouled-Kebbeb, commune mixte de Fedj-M'zala.)

1877. — 1^{m}54. Gris clair, pommelé, moucheté, feu à la pointe de l'épaule g.

1991

FADDAH

(M. Hanachi ben Slimane, à Sakra, commune mixte des Eulmas.)

1887. — 1^{m}51. Gris blanc, ladre marbré aux naseaux et aux lèvres.

1828

FADHA

(M. Amar ben Mohamed Tounsi, à Aïn-Beïda)

1884. — 1^{m}52. Gris clair pommelé, crins lisses, ladre marbré aux lèvres.

1674

FADHA

(M. Ben Youssef ben Saïd, aux Ouled-Si-Ameur,
commune mixte d'Aumale.)

1890. — Alezan, 3 balz. dont 1 ant. dr., oreille g.
fendue. Par LYDIA, 45, et DHIRA. 97.

548

FAFFA

(M. Ahmed ben Snoussi, à Beni-Louma, commune mixte
de Zemmorah.)

1884. — 1^m 52. Bai châtain foncé, fort^t en tête, prolongé sur le chanfrein, ladre aux naseaux, 3 balz.
chaussées irr., 1 ant. à g.

519

FAÏDET-EL-DJELED

(M. El Aïd ben Yacoub, caïd, à Beni-Dergoun, commune
mixte de Zemmorah.)

1877. — 1^m 50. Gris très clair, crins blancs, ladre
aux naseaux et aux lèvres, lég^t truité sur le corps.

1443

FAIZA

(Etablissements hippiques de l'Algérie.)

1888. — Par N'SIB, 55, et GUEZZENA, 103.

1074

FANCHETTE

(Madame veuve Couret, à Tébessa.)

1878. — 1^m56. Gris moucheté et truité.

617

FANNY

(M. Domergue, adjoint, aux Silos, commune mixte de l'Hillil.)

1883. — 1^m48. Alezan, châtain clair, quelques poils en tête.

1414

FANNY

(M. Domergue, adjoint, aux Silos, commune mixte de l'Hillil.)

1888. — Bai clair lég^t en tête. Par Cadob, 328, et Miss, 618.

1063

FARFARIA

(M. Larbi ben Salah, à Aïn-Touïla, commune mixte de Meskiana.)

1885. — 1^m58. Bai, en tête, ladre à la narine dr., balz. latérales dr. irr.

17

1530 FAROUHA

(M. Dahman ben Mezhoud, à Oued-Driss, commune mixte d'Aumale.)

1884. — 1ᵐ58. Gris foncé rouané, légᵗ truité à la face.

1211 FATA

(M. Abderrhaman ben Chaouch, à Bordj-Ménaïel.)

1874. — Bai, légᵗ en tête, 3 balz. dont 1 ant g.

403 FATHMA

(M. El Habib ould Grain, à Oued-Sebbah, commune mixte d'Aïn-Témouchent.)

1875. — 1ᵐ46. Bai châtain, pelote en tête, liste sur le chanfrein prolongée par du ladre entre les naseaux, 4 balz. chaussées.

1566 FATHMA

(M. Laiden Merouani, à Ouled-Zaïb el-Hassi.)

1884. — 1ᵐ58. Gris très clair.

FATIMA

569

(M. Ahmed Bel Kassem, à Khallafa-Gherabas, commune
mixte de Frendah.)

1875. — 1ᵐ 50. Gris foncé moucheté et truité, ladre
aux naseaux et à la lèvre sup.

FATIMA

473

(M. Abderrhaman ben Abid, à Perrégaux.)

1878. — 1ᵐ 51. Gris clair moucheté, truité, cicatrice
ancienne aux boulet post. g.

FATIMA

434

(M. Kaddour ben Attou, à Beni-Zenthis, commune mixte
de Cassaigne.)

1883. — 1ᵐ 52. Gris fortᵗ foncé, fortᵗ rouané, bouquet de poils blancs sur le côté g. du garrot et à la
naissance de la queue.

FATIMA

1987

M. Bachir ben Mohamed, à Oued-Sabeur, commune mixte
des Eulmas.)

1888. — 1ᵐ 50. Gris foncé, fortᵗ rouané.

448   **FATMA**

(M. El Aroui Bel Aouda, à Tounin.)

1874. — 1ᵐ 48. Gris clair moucheté, crins blancs, 4 raies de feu à l'extrémité inf. du chanfrein.

1169   **FATMA**

(M. Abdelkader ben Aissa, à Ouled-Ziad, commune mixte du Chelif.)

1875. — 1ᵐ 52. Alezan brûlé, pelote en tête, balz. post. g.

2010   **FATMA**

(M. Mohamed Cherif, à Hermane, commune mixte de l'Aurès.)

1875. — 1ᵐ 57. Gris, fortᵗ truité, feu à l'épaule dr.

1495   **FATMA**

(M. Abdelkader ben Achraouï, à M'fata, commune mixte de Boghari.)

1877. — 1ᵐ 47. Gris truité, oreille dr. fendue.

FATMA

(M. El Mahi ben ould Ouïs, à Ouled-Mebtoub, commune
mixte de Mekerra.)

1877. — 1^{m}50. Gris très clair, lég^t moucheté.

FATMA

(M. Bou Khatem ben Tahar, à Ouarizan, commune mixte
de Renault.)

1877. — 1^{m}47. Gris pommelé rouané, ladre aux lèvres, oreille dr. fendue, blessure accidentelle aux flancs.

FATMA

(M. El Guechtouli ben el Hadj Kouïder, à Rebaïa, commune
mixte de Berrouaghia.)

1878. — 1^{m}51. Blanc, ladre aux naseaux et aux
lèvres et sous le larmier dr., au plat des cuisses. Marquée de feu à la pointe des épaules, aux genoux et aux
boulets ant., crins lisses.

FATMA

(M. Ben Yamina ould Adda ben Moktar, à M'hamid, commune
mixte de Cacherou.)

1878. — 1^{m}48. Bai châtain, irr^t en tête, ladre entre
les naseaux, balz. post. dr., oreille dr. fendue.

616   **FATMA**

(M. Mohamed ben Yaya, à Ouled-Sidi-Khaled Chéragas,
commune indigène de Tiaret-Aflou.)

1878. — 1m 57. Bai châtain foncé, irr^t en tête, balz.
post. dr. bordée.

1170   **FATMA**

(M. El hadj el Hattabi, à Ouled-Ziad, commune mixte
du Chelif.)

1879. — 1m 44. Gris, fort^t moucheté et truité, crins
noirs, oreille dr. fendue, marquée de feu aux épaules
et au chanfrein.

1904   **FATMA**

(M. Ahmed ben Salah, à Z'mala, commune mixte de Maadid.)

1879. — 1m 47. Gris très clair, crins blancs, ladre
marbré aux lèvres, feu aux membres ant.

976   **FATMA**

(M. Mohammed ben Mohmoud, à Ouled-Aziz, commune
mixte d'Aïn-M'Lila.)

1880. — 1m 53. Gris clair, truité à la tête et moucheté sur le corps, raies de feu au sommet des épaules,
crins de la queue lavés.

2013

FATMA

(M. Belkassem ben Azizou, à Oued-el-Mâ, commune mixte d'Aïn-el-Ksar.)

1880. — 1m 59. Gris clair truité.

1109

FATMA

(M. Taïeb ben Saïd, à Guelaat-Bou-Sba.)

1881. 1m 47. Bai, irrt en tête, ladre aux naseaux.

995

FATMA

(M. Saad ben Madani, à Beni Ifren, commune mixte des Ouled-Soltane.)

1881. — 1m 51. Bai châtain, balz. irr. herminées post., taches blanches accidentelles sur le dos et au poitrail.

471

FATMA

(M. Kadda ould Abbès, à Perrégaux.)

1881. — 1m 47. Gris clair, crins foncés, marquée de de feu à la pointe de l'épaule g.

1880   **FATMA**

(M. Messaoud ben Boulkbech, à Tigrine, commune mixte
d'Akbou)

1881. — 1^m 48. Gris clair, lég^t pommelé, crins plus
foncés, ladre entre les naseaux et à la lèvre inf.

1746   **FATMA**

(M. Hamou ben Belkacem, à Zaouïa ben Zaroug, commune
mixte de Châteaudun.)

1881. — 1^m 62. Bai châtain, miroité, fort^t en tête,
prolongé sur le chanfrein, ladre aux naseaux, balz.
irr. dentée post.

1908   **FATMA**

(M. Dif ben Tahar, à Z'guer, commune mixte de Maadid.)

1882. — 1^m 55. Gris clair truité, ladre marbré entre
les naseaux et aux lèvres.

1538   **FATMA**

(M. Chikh ben El Hadj Saadi, à Mamora, commune mixte
d'Aumale.)

1883. — 1^m 56. Gris très clair, pommelé, crins
blancs, ladre aux naseaux et aux lèvres, charbonné
sous la hanche dr.

FATMA

554

(M. Mahmed ben Adda, à Chouala, commune mixte
de Zemmorah.)

1883. — 1ᵐ 44. Gris rouané, balz. post. dr., 3 raies
de feu de chaque côté du chanfrein.

FATMA

1118

(M. Arezgui ben Ali, à Oued-Belgassem, commune mixte
de Sedrata.)

1882. — 1ᵐ 49. Gris très clair, crins blancs, ladre
aux naseaux et aux lèvres.

FATMA

1208

(M. Germsser, Charles, à Zaatra, commune de Courbet.)

1882. — 1ᵐ 47. Gris foncé, moucheté.

FATMA

2110

(M. Chaïb Abdelkader Ould el Had, à Rivoli.)

1883. — 1ᵐ 52. Gris, fortᵗ rouané, pommelé.

2111   **FATMA**

(M. Abderrahman bel Habib, à Perrégaux.)

1885. - 1ᵐ 53. - Gris clair, pommelé.

1999   **FATMA**

(M. Ali ben Belkacem, à Zaafa, commune mixte de l'Aurès.)

1883. — 1ᵐ 48. Gris clair, très lég^t pommelé aux fesses, crins foncés.

1962   **FATMA**

(M. Si Ali ben Belkacem, à Briket, commune mixte d'Aïn-Touta.)

1883. — 1ᵐ 58. Noir mal teint, quelques poils en tête, principe de balz. post. dr.

1881   **FATMA**

(M. Aissa ben Chaïa, à Guergour mixte.)

1883. — 1ᵐ 47. Gris très clair, oreille dr. coupée.

FATMA

(M. Zid Ahmed ben Mohamed, à Oued-Athménia.)

1883. — 1^m 50. Gris, truité à l'avant-main, crins foncés.

FATMA

(M. Bouziane bel Haoussine, à Oued-Zaïm, commune mixte des Eulmas.)

1883. — 1^m 57. Gris pommelé, crins et extrémités foncés, 3 raies de feu aux épaules.

FATMA

(M. Ali ben Khalef, à Beïda-Bordj, commune mixte des Eulmas.)

1883. — 1^m 55. Gris moucheté, crins foncés, feu aux genoux et aux boulets.

FATMA

(M. Taïeb ben Ahmed, à Bou-Lzaza, commune mixte des Eulmas.)

1883. — 1^m 59. Gris pommelé moucheté à l'encolure crins foncés.

1873   **FATMA**

(M. Soultane ben Abderrahmane, à Oued-Khiar, commune
mixte de Souk-Ahras.)

1885. — 1^m 50. Gris foncé, pommelé, rouané.

1472   **FATMA**

(M. Abdelkader ben Touami, à Oued-Seghouan, commune
mixte de Berrouaghia.)

1885. — 1^m 55. Gris très clair, lég^t pommelé, 4 raies
de feu à la pointe des épaules.

1971   **FATMA**

(M. Larbi ben Mohamed, à Briket, commune mixte d'Aïn-
Touta.)

1885. — 1^m 48. Gris pommelé, moucheté à la face.

1654   **FATMA**

(M. Milloud ben Aïssa, à Ouled-bou-Ziri, commune mixte
de Tiaret.)

1887. — Alezan, en tête, balz. post. g. Par EL-
MELECK, 301, et AÏCHA, 571.

2036

FATMA

(M. Ahmed ben Lakdar, à Ouled-Aziz, commune mixte
d'Ain-M'Lila.)

1887. — 1m 58. Bai châtain foncé, miroité, q. q. poils
en tête.

1222

FATMA

(M. Studer, François, à l'Arba.)

1888.— 1m 55. Rouan clair truité, crins de la queue
foncés, ceux de la crinière mélangés.

1803

FATMA

(M. Si Mohamed ben Embarek, à Ouled-Zaim, commune
mixte des Eulmas.)

1889. — 1m. Gris foncé.

2028

FATMA

(M. Amar ben Ahmed, à Ouled-Belaguel, commune mixte
d'Ain-M'lila.)

1889. — 1m 50. Bai brun, balz. post. dentées herminées. MABROUK, 949, et MESSAOUDA, 2027.

1003

FATOUMA

(M. Tahar ben Ali, à Rouagued, commune mixte
des Ouled-Soltane.)

1878. — 1ᵐ 46. Bai brun, en tête fortᵗ prolongé sur
le chanfrein, ladre aux naseaux et aux lèvres, tâches
blanches sur le dos, balz. post. dr. chaussée.

1442

FECHARA

(Etablissements hippiques de l'Algérie.)

1888. — Par AMMI-MOUSSA, 268, et NAHLA, 116.

713

FELOUKA

M. Mahmed Bel Hadj ben Mahal, à Mazouna, commune mixte
de Renault.)

1880. — 1ᵐ 46. Alezan, en tête prolongé sur le chanfrein, ladre entre les naseaux, 3 balz. dont 1 ant. g.

1975

FELOUKA

(M. Ali ben Youssef, à Bouzina, commune mixte de l'Aurès.)

1891. — Rouan. Par GABACK, 936, et DRIFFA, 1974.

1448

FERDJIA

(Etablissements hippiques de l'Algérie).

1883. — N'SIB, 55, et ZUEURDA, 182.

2113

FENELLA

(Etablissements hippiques de l'Algérie.)

1885. — 1^{m}53. Gris pommelé, lég^t rouané, ladre marbré au bas du chanfrein, entre dans les naseaux et aux lèvres.

1922

FERHA

(M. Ben Aïssa ben Saïd, à Metarfa, commune mixte de M'sila.)

1883. — 1^{m}50. Gris clair pommelé.

1642

FERHATA

(M. Snoussi ben Mohamed, à Mascara.)

1888. — Gris foncé rouané. Par N'SIB, 55, et CHEBBA, 21.

1927

FERHOUA

(M. Saïd ben Lala, à Oued-Mansour ou Madi, commune mixte de M'sila.)

1880. — 1^{m}48. Gris clair pommelé, crins foncés, feu au garrot, aux genoux et aux boulets.

693   FERHOUDIA

(M. Taleb Mohamed ould Kaddour, à Frada, commune
indigène d'Aïn-Sefra.)

1882. — 1^m 51. Bai châtain clair, en tête, large liste
sur le chanfrein, ladre aux naseaux et aux lèvres, 3
balz. haut chaussées, 1 ant. dr.

1180   FERRADJI

(M. Laredj bel hadj Ahmed, à Tafélout, commune de Charon.)

1889. — Noir, marqué de blanc en tête et entre les
naseaux. Par REKEB, 213, et MESSAOUDA, 1164.

1977   FIALLA

(M. Si Mohamed ben Ahmed, à Bouzina, commune mixte
de l'Aurès.)

1885. — 1^m 51. Bai châtain, lég^t en tête.

720   FIFINE

(M. Bouscaret, à Saint-Cyprien-les-Attafs.)

1882. — 1^m 52. Gris pommelé, rouané sur les fesses
et moucheté à l'encolure et sur la face.

720   FIFINE

(M. Amadieu, propriétaire, à St-Pierre-St-Paul.)

1882. — 1^m 52. Gris pommelé, rouané sur les fesses
et moucheté à l'encolure et sur la face.

498

FILLE-DE-L'AIR

dit OULD DJEMA

(M. Caniccio, Victorino, à Relizane.)

1880. — 1ᵐ 53. Bai châtain foncé, balz. post. chaussées, principe de balz. ant. g., croissant en tête.

1568

FIOREA

(M. Salfati, Isaac, à Bône.)

1882. — 1ᵐ 59. Bai foncé, q. q. poils en tête, feu aux genoux et aux poignets.

509

FLITTIA

(M. Ben Aouda ben Tahar, caïd, à Chouala, commune mixte de Zemmorah.)

1877. — 1ᵐ 53. Alezan doré, en tête prolongé sur le chanfrein, ladre entre les naseaux, blessure accidentelle de chaque côté du garrot.

476

FLORA

(La Société de l'Habra et de la Macta.)

1874. — 1ᵐ 45. Gris truité, blessure accidentelle aux épaules sur la région dorsale, au coin de la hanche d.

18

1375 FLORENCE

(La Société de l'Habra et de la Macta, commune de
Perrégaux.)

1888. — Gris, balz. post. dr. Par CAFER, 321, et
CIGARETTE, 486.

126 FODDA

(M. Ben Aouda ben Darsaia, à Ouled-Allanc,
commune indigène de Boghar.)

1877. — 1ᵐ 42. Gris très clair, épi à la base de la
trachée, blessures accidentelles à la partie sup. et ant.
du canon post. dr.

981 FOLIE

(M. Bédouet, administrateur, commune mixte d'Ain-el-K'Sar.)

1883. — 1ᵐ 50. Alezan foncé, 4 balz.

1330 FOUFINE

(M. Mohammed ben Hadj Moussa, à St-Cyprien-Les-Attafs.)

1889. — Gris. Par BAJAR, 9, et ZARAH, 158.

638 FRÉHA

(M. El Moktar Ould El Hachemi, à Ouled-Aïssa-Bel-Abbès,
commune mixte de Cacherou.)

1877. — 1ᵐ 48. Bai zain, 3 raies de feu de chaque
côté du chanfrein.

FREHA

541

(M. Bel Djilali ben Miloud, à Ouled-Rafa, commune mixte
de Zemmorah.)

1880. — 1ᵐ 50. Gris truité, moucheté, rouané aux
membres post., 3 raies de feu de chaque côté du chanfrein.

FREHA

501

(M. El Arbi ben Djelada, à Mina, commune mixte de l'Hillil.)

1880. — 1ᵐ 50. Gris très clair truité, en tête prolongé, ladre entre dans les naseaux et aux lèvres.

FREHA

400

(M. Bou Akkas bel hadj Belkassem, aux Ouled-Driss,
commune mixte d'Aumale)

1882. — 1ᵐ 50. Rouan vineux, trace de ladre entre
les naseaux, lavée à la hanche dr., balz. post.

FREHA

1557

(M. Ahmou ben Messaoud, à Ouled-Sellem, commune mixte
d'Ain-M'lila.)

1884. — 1ᵐ 55. Gris pommelé, ladre entre les naseaux.

1923 FRIHA

(M. Lakdar ben Said, à Metarfa, commune mixte de M'sila.)

1881. — 1ᵐ55. Gris clair moucheté, feu aux genoux et aux boulets.

406 FRISSONNANTE

(M. Noguier, Paul, interprète, à Cassaigne.)

1881. — 1ᵐ 45. Gris très clair truité, plus foncé à la face, ladre aux naseaux et aux lèvres, oreille dr. fendue, plaie accidentelle au flanc dr.

525 FROHA

(M. Ben Kadda Belgassem, à Ouled-si-Yaya-ben-Ahmed, commune mixte de Zemmorah.)

1879. — 1ᵐ52. Gris très clair, moucheté, truité, ladre entre les naseaux.

751 GAMERA

(M. Charef bou Ralah, à Pélissier.)

1882. — 1ᵐ58. Gris très clair, très légᵗ rouané.

GAMINE

1401

(M. Noguier, à Cassaigne, commune mixte de Cassaigne.)

1888. — Gris, ladre entre les naseaux et à la lèvre inf. Par COURAQUIF, 326, et FRISONNANTE, 406.

GARBOUSSI

623

(M. Ahmed ben Hattou, à Garboussa, commune mixte de l'Hillil.)

1880. — 1m 48. Gris très clair, ladre aux naseaux et aux lèvres.

GAVOTTE

1510

(M. Vatel, à Kaddous, commune de Drahria.)

1877. — 1m 50. Gris clair truité, petit ladre marbré à la lèvre sup.

GAZELLE

1192

(M. Rivière, René Charles, à Tizi-Ouzou.)

1876. — 1m 59. Alezan, petite balz. post. dr.

GAZELLE

470

(M. Mohamed ben Tabet, à Perrégaux.)

1877. 1m 47. Gris truité.

482   GAZELLE

(La Société de l'Habra et de la Macta, à Debrousseville.)

1879. — 1^m 51. Bai châtain, balz. post. g.

1717   GAZELLE

(M. Dumont, Victor, à Kouanin, commune de Rebeval.)

1883. — 1^m 16. Gris rouané, truité à la tête.

1220   GAZELLE

(M. Amadieu, à St-Pierre-St-Paul.)

1883. — 1^m 57. Noir jai, lég^t rubican.

602   GAZELLE

(M. Hadj ben Aïssa Bou Zian, à Aouisset, commune mixte
de Tiaret.)

1884. — 1^m56. Gris foncé rouané, marquée de feu à
la pointe des épaules et aux genoux.

1369   GAZELLE

(M. Cherf ould Mohamed Bou Azza, à Aïn-Tédelès.)

1888. — Gris foncé. Par BISCUIT, 247, et SAADA, 452.

GEORGETTE

(M. Laconde, Victor, à Corso.)

1881. — 1^m 51. Bai foncé. balz. post. g.

GHALMIA

(M. Mohamed ould Bou Chouïcha ould Mahmoud, à Sidi Ghalem, commune mixte de Saint-Lucien.)

1880. — 1^m 48. Gris très clair, moucheté et truité, plus foncé à la face, 3 raies de feu à la pointe des épaules.

GHARBIA

(M. Kaddour ben Chana, à Hallouya-Cheraga, commune mixte d'Ammi-Moussa.)

1878. — 1^m 50. Gris clair, lég^t truité, feu aux épaules et aux genoux.

GHARBIA

(M. Abd El Kader ben Ameur, à Telilat, commune mixte de St-Lucien.)

1879. — 1^m 52. Gris moucheté, lég^t truité à la face, ladre entre les naseaux et aux lèvres.

125   GHEZALA

(M. Ben Amar ben Daoua, caïd des Beni-Meharez,
commune mixte de Téniet)

1874. — 1ᵐ 51. Gris truité, blessure au garrot et au
défaut de l'épaule g., large cicatrice au flanc g., oreilles
fendues.

166   GHEZALA

(M. Sarahoui ben Ahmed, à Z nakha-Moucha,
commune mixte de Boghari.)

1874. — 1ᵐ 47. Gris moucheté, oreille dr. fendue,
tache à la lèvre inf.

1725   GHEZALA

(M. Salah ben Boudiaf, à Tim-Telacin, commune mixte
de Châteaudun-du-Rhumel.)

1884. — 1ᵐ 62. Gris très clair pommelé, légᵗ truité
à la face, crins lisses.

1741   GHEZALA

(M. Nassar ben Mohammed, à Ouled-el-Arbi, commune mixte
de Châteaudun-du-Rhumel.)

1884. — 1ᵐ 48. Bai châtain zain.

670

GHEZALA

(M. Kadda ould Abd El Kader, à Tircine, commune mixte
de Saïda.)

1887. — Bai, en tête, 4 balz. chaussées. Par DIB, 272,
et NAHLA, 669.

1765

GHEZALA

(M. Ahmed ben Si Amar, Oued-bou-Haouffan, commune
mixte de Châteaudun-du-Rhumel.)

1888. — 1^{m}55. Gris très clair, moucheté et truité.

1848

GH'ZAIL

(M. Ramki ben Salah, à Touaïbia, commune mixte de
Morsott.)

1883. — 1^{m}57. Gris moucheté, truité, charbonné au
flanc droit.

856

GH'ZAL

(M. Maamar ben Zine, à Touarès, commune mixte
d'Ammi-Moussa.)

1884. — 1^{m}50. Gris foncé, fort^t rouané, irrég^t en
tête, ladre aux naseaux.

1039

GH'ZALA

(M. Mahmoud ben Renem, à Ouled-Bechaïch, commune
indigène de Khenchela.)

1874. — 1m 53. Gris blanc, ladre marbré aux naseaux et aux lèvres.

401

GH'ZALA

(M. Kaddour ould Youssef, à Souf-el-Tel, commune mixte
d'Aïn-Témouchent.)

1876. — 1m 46. Gris très clair, lég^t moucheté et
truité, ladre entre les naseaux.

798

GH'ZALA

(M. Abbed bou Khatem, à Keraïch-Gherabas, commune
mixte d'Ammi-Moussa.)

1879. — 1m 47. Bai châtain, très lég^t en tête.

101

GH'ZALA

(M. Abed ben Ahmed, aux Adaoura, commune mixte
d'Aumale.)

1880. — 1m 49. Gris pommelé, rouané, exostose à la
face extérieure du canon ant. dr.

GH'ZALA

(M. Si Tahar ben Medjahed, à Ouled-Moudjeur, commune mixte d'Ammi-Moussa.)

866

1880. — 1ᵐ 45. — Gris pommelé, rouané, ladre aux naseaux, au chanfrein et aux lèvres.

GH'ZALA

1107

(M. Tahar ben Labichi, à Ras-el-Akba, à Oued-Zenati.)

1880. — 1ᵐ 48. Gris très clair, lég^t moucheté, crins foncés.

GH'ZALA

1733

(M. Dahmani ben Lakdar, à Brana, commune mixte de Châteaudun-du-Rhumel.)

1881. — 1ᵐ 55. Gris pommelé, rouané, crins foncés.

GH'ZALA

1834

(M. Mohamed ben Salah, à Ouled-Nini, commune mixte de Meskiana.)

1884. — 1ᵐ 56. Bai châtain foncé zain.

1826 ## GH'ZALA

(M. Salah ben Bouguerra, à Medoun, commune mixte d'Oum-el-Bouaghi.)

1881. — 1m 54. Gris clair, très lég* moucheté, ladre aux lèvres, feu aux parotides.

1076 ## GH'ZALA

(M. Mohammed ben Namerali, à Tébessa.)

1881. — 1m 46. Gris clair pommelé, marqué de feu au garrot de chaque côté.

469 ## GH'ZALA

(M. Bou Kersa ould el Arbi, à Aïn-Tédelès.)

1882. — 1m 50. Bai châtain foncé, en tête irr. prolongé sur le chanfrein, ladre aux naseaux, balz. chaussée post. g.

1889 ## GH'ZALA

(M. Salah ben Dilmi, à Guergour, commune mixte de Guergour.)

1882. — 1m 52. Alezan, irrég* en tête, ladre aux naseaux, 3 balz., 1 post. g.

GH'ZALA

1781

(M. Hadji Salah ben Yaya, à Sidi-Regheis, commune mixte
d'Oum-el-Bouaghi.)

1884. — 1^{m}54. Gris foncé pommelé, crins noirs, feu
à la hanche g.

GH'ZALA

1851

(M. S'rir ben Mostefa, à Tébessa.)

1884. — 1^{m}52. Gris clair pommelé, ladre marbré
aux lèvres.

GH'ZALA

680

(M. Abd El Selem Ould Cheikh, à Ouled-Zied-Cheraga,
commune indigène de Géryville.)

1884. — 1^m 47. Alezan, fort^t en tête, large liste sur
le chanfrein, ladre aux naseaux et aux lèvres, 3 balz.
irr., 1 ant. g.

GH'ZALA

1845

(M. Si Lounissi ben Sadi, à Remila, commune mixte
de Khenchela.)

1884. — 1^m 54. Gris pommelé, truité, crins blancs.

2020   **GH'ZALA**

(M. Bou Alek ben Boucherit, à Oued-Achour, commune
mixte d'Aïn-M'Lila.)

1885. — 1m 52. Gris très clair, lég^t pommelé, plus
accusé aux membres, feu au garrot.

1896   **GH'ZALA**

(M. Si Cherif ben Riri, à Sidi-Embarek, commune mixte
de Maadid.)

1885. — 1m 52. Gris foncé pommelé, rouané à la face.

1718   **GH'ZALA**

(M. Si Mohamed ben Boudaif, à Ouled-bou-Derhem,
commune mixte de Khenchela.)

1885. — 1m 54. Bai châtain, très lég^t en tête, principe de balz. post. g.

1812   **GH'ZALA**

(M. Amar ben Abdallah, à Oued-Zaim, commune mixte des
Eulmas.)

1885. — 1m 53. Gris clair pommelé, charbonnée aux
hanches, feu aux parotides et au garrot.

1795

GH'ZALA

(M. Amar ben Ahmed, à Merioud, commune mixte des
Eulmas)

1885. — 1^{m}52. Bai, fort^t en tête prolongé sur le
chanfrein, ladre aux naseaux, 3 balz. chaussées, 1 ant.
droite.

1539

GH'ZALA

(M. Ali ben Khodrami, à Djouab, commune mixte
d'Aumale.)

1885. — 1^{m}48. Gris pommelé, ladre aux naseaux et
aux lèvres.

1854

GH'ZALA

(M Abd el Hafid ben Ahmed, à Youks, commune mixte
de Morsott.)

1887. — 1^{m}56. Gris foncé moucheté.

1627

GH'ZALA

(M. Brahim ben Saadi, à Ouled-Soukiès, commune mixte
de Souk-Ahras.)

1889. — Bai, balz. post. g., trace ant. g. Par Rusé,
965, et Embarka, 1139.

1524   GH'ZALA

(M. Mafoud ben Amar, à Oued-Driss, commune mixte
d'Aumale.)

1889. — Gris, fort^t en tête irr. Par Lecoq, 43, et
Messaouda, 1523.

1878   GH'ZALA

(M. Amar ben Salah, à Ouled-Khiar, commune mixte
de Souk-Ahras.)

1891. — Bai. Par Amri, 966, et Rebiha, 1877.

2114   GH'ZALA

(M. Mammar ben Thabet, à Beni-Dergoun, commune mixte
de Zemmorah.)

1886. — 1^m 55. Gris clair rouané.

584   GHEZEÏL

(M. Kaddour ben Chergui, à Khallafa Chéraga, commune
mixte de Frendah.)

1878. — 1^m 46. Gris, lég^t rouané sur les fesses, crins
noirs, ladre à la lèvre inf., oreille dr. fendue.

708

GH'ZEL

(M. Lakhal ben Kaddour, à Médiouna, commune mixte de Renault.)

1878. — 1^m 50. Alezan, pelote en tête, fine liste sur le chanfrein, balz. post.

407

GIROFLA

(M Bonneau, André, à Bosquet)

1880. — 1^m 47. Alezan, liste en tête, lég^t prolongée sur le chanfrein. ladre aux naseaux et aux lèvres, 3 balz. irr. chaussées, dont 1 ant. dr.

384

GITANA

(M. Navarro, Vicente, à Bel-Abbès.)

1881. — 1^m 53. Gris pommelé, ladre entre les naseaux et à la lèvre sup.

1219

GIZELLE

(M. Amadieu, à St-Pierre-St-Paul.)

1882. — 1^m 59. Rouan foncé pommelé, un peu plus clair à la tête.

19

1212
GRISETTE

(M. Constantin Giovannoni, à Oued-Chamber, commune
d'Haussonvillers.)

1881. — 1^{m}50. Rouan vineux, très clair, ladre au
bout du nez, dans les naseaux, aux lèvres et aux mamelles.

1565
GRISETTE

(M. Zermati, Joseph, à Sétif.)

1884. — 1^{m}55. Rouan clair pommelé, plus foncé aux
fesses, ladre autour des ouvertures naturelles, cicatrices au-dessus du genou gauche.

1563
GUELMA

(M. Bertagna, à Mondovi.)

1877. — 1^{m}40. Gris clair truité particulièrement à
la croupe, cicatrice au poitrail.

539
GUELT-BOU-ZID

(M. El Hadj Abd El Kader, à Amamra, commune mixte
de Zemmorah.)

1879. — 1^{m}50. Gris clair, pommelé, rouané, marqué
par le feu arabe aux genoux.

1084

GUERABET-EL-BAÏR

(M. Amar ben Nasser, à Kenafsa, commune mixte de Tébessa.)

1874. — 1^m 47. Gris très clair, lég^t moucheté.

102

GUERMIIA

(M. Bou Oukkaz ben El Hadj Belkassem, aux Ouled Driss commune mixte d'Aumale.)

1881. — 1^m 50. Bai cerise, en tête, balz. ant. g. bordée.

1120

GUERMIA

(M. Si Mohammed ben Saad, à Oued-Bou-Afia, commune mixte de Sedrata.)

1882. — 1^m 50. Gris, ladre aux naseaux et aux lèvres.

1755

GUERMIA

(M. Saïd ben Belkacem, à Tim-Telacin, commune mixte de Châteaudun-du-Rhumel.)

1884. — 1^m 56. Gris pommelé, très lég^t truité, feu aux parotides.

1778   **GUERMIA**

(M. Embarek ben Larbi, à Sétif.)

1884. — 1ᵐ 48. Gris pommelé rouané, crins foncés.

1630   **GUERMIA**

(M. Lakdar ben Bouguèra, à Abadna, commune mixte
de Tébessa.)

1890. — Par ROMULUS, 918, et BEIDA, 1089.

589   **GUERTOUFA**

(M. Djillali ben Driss, à Guertoufa, commune mixte de Tiaret.)

1879. — 1ᵐ 51. Gris clair, légᵗ moucheté, ladre aux
naseaux, 3 raies de feu de chaque côté du chanfrein.

103   **GUEZZENÀ**

(Etablissements hippiques de l'Algérie.)

1879. — 1ᵐ 52. Gris rouané, plus clair à la tête, foncé
aux extrémités.

432   **HABIBA**

(M. Abd El Kader ben El Hadj Charef, président des Ouled-
Khelouf, commune mixte de Cassaigne.)

1873. — 1ᵐ 50. Gris très clair, truité, ladre aux
lèvres, crins blancs.

1729   # HABILA

(M. Miloud ben El Hadj Abdallah, à Ras-Seguin, commune
mixte de Châteaudun-du-Rhumel.)

1883. — 1ᵐ 58. Gris très clair, pommelé, rouané,
feu au garrot.

1759   # HADDA

(M. Meghrad ben Hadj Hamou, à Tim-Telacin, commune
mixte de Châteaudun.)

1878. — 1ᵐ 54. Gris, fortᵗ truité.

997   # HADDA

(M. Ali ben Mohammed ben Mahdi, à Tilatou, commune
mixte d'Aïn-Touta.)

1881. — 1ᵐ 46. Bai, marqué de blanc aux flancs, feu
aux genoux et à la naissance des épaules.

1983   # HADDA

(M. Ali ben Sari, à Ouled-Abd-el-Rezeg, commune mixte de
l'Aurès.)

1883. — 1ᵐ 47. Bai châtain, quelques poils en tête,
balz. herminée post. dr.

1965 **HADDA**

(M. Amar ben Ahmed, à El-Ksour, commune mixte d'Ain-Touta.)

1883. — 1m.50. Gris clair, crins et extrémités foncés, ladre marbré aux naseaux et aux lèvres.

1964 **HADDA**

(M. Maklouf ben Nouï, à Briket, commune mixte d'Ain-Touta.)

1879. — 1m 58. Blanc mat, légère moucheture à l'encolure et aux épaules, lég^t ladre aux naseaux et aux lèvres.

1776 **HADJA**

(M. Sala ben Mohamed ben Bouzid, à Chechia, Sétif.)

1879. -- 1m 60. Gris très clair, crins blancs.

1915 **HADJA**

(M. Amar ben Zouaoui ben Achour, à Gherazla, commune mixte de Maadid.)

1886. — 1m 52. Bai, brun foncé, pelote en tête, ladre à la lèvre sup., 4 balz, les post. chaussées.

809 ## HADJALA

(M. Ben M'Rabet ben Kaddour, à Hallouya-Gheraba,
commune mixte d'Ammi-Moussa.)

1883. — 1^m 47. Alezan, pelote en tête, fine liste sur
le chanfrein.

1104 ## HADJELA

(M. Mohammed ben el Aouki, à Aïn-Regada, Oued-Zenati.)

1878. — 1^m 47. Gris clair, pommelé et moucheté.

1789 ## HADJELA

(M. Mohamed S'rir Medfouni, à Medfoun, commune mixte
de Oum-el-Bouaghi.)

1887. — 1^m 49. Gris clair, pommelé, rouané, crins
foncés.

2115 ## HADJELA

(M. El Hadj Abdelkader ben Khatem, à Beni-Dergoun,
commune mixte de Zemmorah)

1888. — 1^m 52. Gris très clair, crins blancs, ladre
marbré aux naseaux et aux lèvres.

2032
HAÏZIA
(M. Amar ben Aïssa, à M'raouna, commune mixte
d'Aïn-M'lila.)

1885. — 1ᵐ 60. Bai châtain foncé, pelote bordée en
tête, balz. ant. g., bouquet de poils blancs au garrot.

2026
HAÏZIA
(M. Ali ben Lakdar, à Oued-Sellem, commune mixte
d'Aïn-M'lila.)

1886. — 1ᵐ 54. Gris clair, lég^t rouané, crins foncés,
feu au garrot.

372
HALEMIIA
(M. Kaddour ben Amidi, à El-Ksar, commune mixte
de St-Lucien.)

1877. — 1ᵐ 44. Gris très clair, truité, blessure accidentelle à la face et sur le côté g. à la base de l'encolure.

413
HALIMA
(M. Belkassem bel Hadj Miloud, à Nekmaria, commune
mixte de Cassaigne.)

1880. — 1ᵐ 44. Bai brun foncé, très lég^t en tête,
blessure accidentelle et poils blancs de chaque côté en
dessous du garrot, balz. post. irr. dentées.

1480

HALIMA

(M. El hadj bou Douma ben Hassen, à Oued-Seghouan,
commune mixte de Berrouaghia.)

1885. — 1ᵐ48. Gris truité, ladre à la lèvre sup.

1507

HALIMA

(M. Salfati, Isaac, à Bône.)

1884. — 1ᵐ57. Bai brun en tête, 3 balz. dont 1 ant.
dr. irr. et herminée.

901

HALIMA

(M. Si Cherif ben Mouloud, à Sidi-Embarek, commune
mixte de Maadid)

1885. — 1ᵐ46. Bai foncé, feu aux membres ant.

807

HALLOUYA

(M. Ali ben Khedin, à Hallouya-Gherabas, commune mixte
d'Ammi-Moussa.)

1880. — 1ᵐ 49. Gris pommelé, légᵗ truité.

511

HALOUYA

(M. Ben Setti ben Allou, à Ouled-Barkat, commune mixte
de Zemmorah.)

1879. — 1ᵐ 55. Gris pommelé.

1132 ## HAMAMA

(M. Amar Bel Hadj, à Ouled-Soukiès, commune mixte de Souk-Ahras.)

1876. — 1m 43. Gris très clair.

531 ## HAMAMA

(M. Miloud ben Mokkadem, à Ouled-Sidi-Yaya-ben-Ahmed, commune mixte de Zemmorah.)

1878. — 1m 54. Alezan, châtain clair, crins lavés, fort' en tête prolongé par une large liste, ladre aux naseaux et aux lèvres, 3 balz, 1 ant. g., les post. chaussées et dentées.

885 ## HAMAMA

(M. Si el Ghazli bel Hadj, à Ouled-Ismeur, commune mixte d'Ammi-Moussa.)

1879. — 1m 46. Alezan, pelote en tête, balz. post. g.

129 ## HAMAMA

(M. Taïeb ben Amar, caïd des Haraouat, commune mixte de Téniet.)

1879. — 1m 49. Bai châtain, petit en tête, ladre entre les naseaux et à la lèvre sup., raie de mulet, balz. post. irr. petites, oreille dr. fendue.

731

HAMAMA

(M. Ben Aouda ben Kaddour, à Maacen, commune mixte
d'Ammi-Moussa.)

1881. — 1ᵐ 49. Gris truité, ladre aux naseaux,
oreille dr. fendue.

1082

HAMAMA

(M. Mohammed ben Ali, à Kenafsa, commune mixte
d'Aïn-Tébessa.)

1881. — 1ᵐ 47. Gris clair pommelé, forte dépression
du frontal.

1720

HAMAMA

(M. Asnaoui ben Ali à Khenchela.)

1883. — 1ᵐ 53. Gris pommelé, très lég* truité, crins
foncés.

799

HAMAMA

(M. Zerouki Bel Hadj, à Keraich-Gherebas, commune mixte
d'Ammi-Moussa.)

1883. — 1ᵐ 44. Bai châtain, pelote en tête, balz.
ant. g.

1912 **HAMAMA**

(M. Messaoud ben Lembarek, à M'Karta, commune mixte de Maadid.)

1884. — 1ᵐ 55. Gris clair, pommelé, rouané, ladre aux naseaux.

1827 **HAMAMA**

(M. Bou Aoughel ben Chadli, à Aïn-Beïda.)

1885. — 1ᵐ 52. Gris foncé, rouané.

1897 **HAMAMA**

(M. Ben Mekki ben Brahim, à Sidi-Embareck, commune mixte de Maadid.)

1885. — 1ᵐ 50. Gris clair, ladre au chanfrein et à la lèvre inf.

896 **HAMAMA**

(M. Ben Rhanem ben Mohammed, à Haraouat, commune mixte de Téniet)

1887. — Gris. Par NUMIDE, 56, et ZERGA, 128.

HAMAMA

(M. Alaoua ben Turqui, à Bazer, commune mixte des Eulmas.)

1888. — 1ᵐ 51. Alezan doré, balz. irr.

HAMAMA

(M. Hamou ben Saï, à Ouled-el-Arbi, commune mixte
de Châteaudun-du-Rhumel.)

1888. — 1ᵐ 48. Gris rouané, ladre aux naseaux et
aux lèvres, raie de feu côté d. du garrot.

HAMRA

(M. El Arbi Ould El Srigher, à Aïn-Boudinar.)

1875. — 1ᵐ 51. Bai, châtain foncé, bouquet de poils
en tête.

HAMRA

(M. Amouda ben Ahmed, à Cheddi, commune mixte
d'Aïn-el-Ksar.)

1876. — 1ᵐ 52. Bai brun, bouquet de poils blancs
sur la région dorsale.

1026   HAMRA

(M. Mohammed Saïd, à Ouled-Rechaïch, commune indigène
de Khenchela.)

1878. — 1ᵐ 53. Bai châtain, pelote en tête, ladre à la
lèvre sup., balz. post.

587   HAMRA

(M Ben Abdallah M'Ahmed, à Tiaret.)

1878. — 1ᵐ 47. Bai, châtain foncé, 3 raies de feu de
chaque côté du chanfrein.

417   HAMRA

(M. Mohamed ben Guerainet, à M'Zila, commune mixte
de Cassaigne.)

1879. — 1ᵐ 46. Bai châtain, q. q. poils en tête, feu
arabe aux épaules et sur les genoux.

421   HAMRA

(M. Si Ahmed ben Taoun, à Ouled-Maalah, commune mixte
mixte de Cassaigne.)

1880. — 1ᵐ 45. Bai châtain, pelote en tête, prolongé
sur le chanfrein, ladre aux naseaux et aux lèvres,
2 balz. irr. post., q. q. poils blancs sur le garrot.

1727

HAMRA

(M. Taïeb ben Hamouda, à Brana, commune mixte
de Châteaudun-du-Rhumel.)

1880. — 1m 50. Bai châtain, q. q. poils en tête, balz
post. g.

1056

HAMRA

(M. Bou Kari ben Chedli, à Oulmen, Aïn Beïda.)

1881. — 1m 48. Bai, fortt en tête, liste au chanfrein.

522

HAMRA

(M. El Hadj El Aïrèch ben Kaddour, à Ouled-Souïd, commune
mixte de Zemmorah.)

1882. — 1m 47. Alezan, châtain foncé, pelote en
tête, 2 taches blanches sur le côté g. du garrot.

1035

HAMRA

(M. Ali Adjel ben M'Ahmed, à Oued-bou-Derhem,
commune mixte de Khenchela)

1882. — 1m 47. Bai châtain foncé, en tête prolongée
entre les naseaux, balz. latérales g., irr. herminées.

1051 HAMRA

(M, Embarek ben Bouguessa, à Ouled-Rechaïch, commune
indigène de Khenchela.)

1882. — 1^m 47. Bai châtain, pelote en tête, q. q.
poils blancs aux naseaux, balz. post. herminées et
dentées, taches blanches au garrot.

1102 HAMRA

(M. Mohammed ben Chetah, à Guerfa, Oued-Zenati.)

1882. — 1^m 50. Bai châtain, en tête, liste au chanfrein, prolongée entre les naseaux, balz. post. chaussées.

1714 HAMRA

(M. Lhassen ben Ferhat, à Khenchela.)

1883. — 1^m 55. Bai brun, balz. post. g.

1819 HAMRA

(M. Salah ben El Hadj Rabah, à Ouled-Kebbeb, commune
mixte de Fedj-M'zala.)

1883. — 1^m 50. Bai, balz. irr. post. g., principe de
balz. ant. g.

1034

HAMRA

(M. Bachir ben Lakhdar, à Khenchela.)

1883. — 1ᵐ 48. Bai châtain, balz. post. g.

2024

HAMRA

(M. Lakdar ben Taïeb, aux Ouled-Aziz, commune mixte
d'Aïn-M'lila.)

1884. — 1ᵐ 58. Bai châtain, pelote bordée en tête,
marquée de blanc au pli du jarret.

1963

HAMRA

(M. Bachir ben Si Lakdar, à Tilatou, commune mixte
d'Aïn Touta.)

1884. — 1ᵐ 55. Bai châtain, bouquet de poils blancs
au dos.

1835

HAMRA

(M. Tahar ben Messaoud, à F'kerin, commune mixte
d'Oum-el-Bouaghi.)

1884. - 1ᵐ 57. Gris truité, plus accusé à la face,
crins foncés.

1863   HAMRA

(M. Treki ben Bouguerra, à Ouled-Bouderhem, commune
mixte de Khenchela.)

1884. — 1ᵐ 47. Bai châtain, balz. irr. post. dr.

1015   HAMRA

(M. Ali Bey ben Mihoub ben Chenouf, caïd de la Marcadou,
commune indigène de Biskra)

1884. — 1ᵐ 56. Bai châtain, pelote en tête, feu aux
paturons.

1857   HAMRA

(M. Mohamed ben Bel Aid, à Ensigha, commune mixte
de Khenchela.)

1886. — 1ᵐ 54. Bai brun, irr. en tête prolongé sur le
chanfrein, ladre entre les naseaux, balz. irr. post. d.

1955   HAMRA

(M. Ali ben Aïssa, à Oued-Merouana, commune mixte
d'Ouled-Soltane.)

1887. — 1ᵐ 54. Bai châtain clair, raie cruciale.

1016   # HAMRA-EL-KEBIRA

(M. Aly Bey ben Mihoub ben Chenouf, caïd de la Marcadou,
commune indigène de Biskra.)

1875. — 1ᵐ 52. Bai châtain, balz. post. g. herminée.

1777   # HAMRIA

(M. Hamou ben Brahim, à Sétif.)

1877. — 1ᵐ 57. Gris très clair, pommelé, moucheté,
feu aux avant-bras, aux genoux, aux boulets.

1847   # HAMARIA

(M. Mohammed Larbi ben Abdallah, à Ouled-bou-Derhem,
commune mixte de Khenchela.)

1889. — 1ᵐ 45. Rouan. Par BIMBACHI, 931, et ZERGA,
1052.

606   # HAMERA

(M. Ben Aouda ben Meghizrou, aux Ouled-Cherif-Cheragas,
commune mixte de Tiaret)

1883. — 1ᵐ 47. Bai châtain zain, marquée de feu sur
la gorge.

735

HANNA

(M. Mohammed ben Ali, à Maacen, commune mixte d'Ammi-Moussa.)

1872. — 1ᵐ46. Gris truité, oreille dr. fendue.

771

HANNA

(M. Djillali ben Saibi, à Ouled-Bakhta, commune mixte d'Ammi-Moussa.)

1880. — 1ᵐ48. Gris très clair, lèvres noires.

1083

HANNACHIA

(M. Mohammed ben Younis, à Kenafsa, commune mixte de Tébessa.)

1882. — 1ᵐ 47. Bai légᵗ en tête, liste bordée au chanfrein, prolongée par du ladre entre les naseaux, 3 balz, irr., 1 ant. dr.

691

HANNICHIA

(M. Madani ben Rahou, à Bakakra, commune indigène d'Aïn-Sefra.)

1878. — 1ᵐ53. Gris très clair, 3 raies de feu sur le chanfrein.

696 ## HAOUCHIA

(M. Mohamed ould Cheikh, à Ouled-Farès, commune indigène
d'Aïn-Sefra.)

1875. — 1^m51. Gris clair moucheté, ladre aux naseaux et aux lèvres, 3 raies de feu au chanfrein, feu
au boulet postérieur dr.

462 ## HARAOUÏA

(M. Mohammed ben Mou sa, aux Haraouat, commune mixte
de Téniet.)

1881. — 1^m50. Alezan brûlé, for^t en tête, prolongé
par une large liste, ladre au bas du chanfrein, entre
dans les naseaux et aux lèvres, 4 balz. irr., les post.
haut chaussées.

1094 ## HARDJOUNA

(M. Abdallah ben Amar, à Merazga, commune mixte
de Tébessa.)

1878. — 1^m 52. Gris foncé, pommelé.

134 ## HARMELAH

(M. El Haouas ben Yaya, caïd des Ouled-Allane, commune
mixte de Boghari.)

1876. — 1^m 55. Gris très clair, ladre marbré entre
les naseaux et aux lèvres, très lég^t truité sur le corps.

1547 ## HAZIA

(M. El Hasnoui ben Abdallah, à Ouled-Aziz, commune mixte
d'Ain-M'lila.)

1887. — 1m 48. Bai cerise, en tête, feu arabe au sommet des épaules.

1533 ## HENRIETTE

(M. Chellali ben El Hadj, à Ridan, commune mixte d'Aumale.)

1884. — 1m 52. Gris très clair, crins blancs, ladre marbré aux lèvres, légt charbonné sur le côté g. du thorax.

146 ## HORRA

(M. Hadj Mohammed ben Hadja, douar Fodda,
commune de l'Oued-Fodda.)

1879. — 1m 52. Gris pommelé, crins lisses très longs.

1317 ## HORRA

(M. Hadj Mohammed ben Hadja, à Oued-Fodda)

1889. — Bai châtain. Par BAJAR, 9, et HORRA, 146.

107

HOUDA

(M. Sliman ben Maklouf, caïd aux Ouled-Meriem, commune
mixte d'Aumale.)

1874. — 1^m 53. Bai brun, en tête bordé, balz. post.
g., q. q. poils blancs à la lèvre sup.

729

HAKHOUTA

(M. Taieb ben Mohamed, à Ouled-Berkane, commune mixte
d'Ammi-Moussa.)

1880. — 1^m 48. Gris très clair, très lég^t truité, ladre
marbré aux lèvres.

1640

IDA

(M. Faure, sous-préfet, à Bel-Abbès.)

1888. — Gris rouané et pommelé. Par FAGUINN, 307,
et PUCE, 386.

1824

ISABELLE

(M. Rouvier, à Meskiana.)

1888. — 1^m 46. Noir, for^t en tête prolongé sur le chanfrein, ladre aux naseaux et aux lèvres, 3 balz. irr.
chaussées, 1 ant. g.

558 ## JEGUIGA

(M. Lazereg ben Djillali, à Ouled-Barkat, commune mixte
de Zemmorah.)

1887. — Gris en tête. Par CAFER, 321, et ZAHRA,
557.

701 ## JOSÉPHINE

(M. Abd el Kader bou Djema, interprète, à Inkermann,
commune mixte de Renault.)

1874. — 1ᵐ 46. Gris très clair, légᵗ truité.

1159 ## JULIE

(M. Malardeau, Théodore, à Ain-Soltane.)

1878. — 1ᵐ 49. Alezan, rubican, en tête, ladre entre
les naseaux, balz. post. g.

1223 ## JUNON

(M. Fuchs, Emile, à St-Pierre St-Paul.)

1878. — 1ᵐ 42. Gris fortᵗ truité, légᵗ marbré aux
lèvres, oreille dr. fendue.

1451 ## KAADA

(Etablissements hippiques de l'Algérie.)

1889. — Par AMMI-MOUSSA, 55, et ALEPHA, 75.

1199

KABYLE

(M. Moutier, Simon, à Tizi-Ouzou.)

1887. — 1ᵐ 48. Gris très foncé, petite tache de ladre à la lèvre sup., balz. post. dr.

499

KADOUDJA

(M. Mohamed ben Rahal, à Ouled-Addi, commune mixte de l'Hillil.)

1879. — 1ᵐ 49. Gris, fortᵗ truité à la face et sur les flancs.

738

KADRA

(M. Rabah ben Kaddour, à Maacen, commune mixte d'Ammi-Moussa.)

1877. — 1ᵐ 49. Gris clair, ladre aux naseaux.

753

KADRA

(M. M'Ahmed ben Taïeb, à Hallouya Cheragas, commune mixte d'Ammi-Moussa.)

1887. — Gris. Par ZELLAL, 298, et SULTANA, 752.

545 ## KAF-EL-HADRA

(M. Hadj Mahmed Bou Dafer, à Ouled-Barkat, commune
mixte de Zemmorah.)

1873. — 1m 50. Gris très clair, crins blancs, ladre
au chanfrein, aux naseaux et aux lèvres, trace de feu
sur l'articulation coxo-fémorale droite.

1736 ## KAHILA

(M. Korichi ben Zeggard, à Megalsa, commune mixte
de Châteaudun-du-Rhumel.)

1884. — 1m53. Gris très clair, pommelé, crins foncés,
feu aux genoux et aux boulets.

829. ## KAHLA

(M. M'Ahmed ben Miloud, à Ouled-Sabeur, commune mixte
d'Ammi-Moussa)

1879. — 1m 51. Gris très clair, ladre entre les naseaux, blessure accidentelle à la fesse g.

422 ## KAHLA

(M. El Hadj Hamida ben Missoun, à Beni-Zenthis, commune
mixte de Cassaigne.)

1880. — 1m 47. Bai brun foncé zain.

1453

KALLI

(Etablissements hippiques de l'Algérie)

1889. — Par AMMI-MOUSSA, 55, et GUEZZENA, 103.

796

KAMLA

(M. Abdelkader ben Ahmed, à Keraïch-Gheraba, commune
mixte d'Ammi-Moussa.)

1880. — 1ᵐ 44. Gris truité, crins noirs.

842

KAMLA

(M. Hadj Adda ben Ali, à Ouled-Yaïch, commune mixte
d'Ammi-Moussa.)

1883. — 1ᵐ 48. Gris clair.

1457

KANNOUA

(Etablissements hippiques de l'Algérie.)

1889. — Par AMMI-MOUSSA, 55, et ZUEURDA, 182.

851

KEBIRA

(M. Ben Kadda Bel . Hadj, à Ouled-Yaich, commune mixte
d'Ammi-Moussa.)

1879. — 1ᵐ 46. Alezan, fortᵗ en tête, large liste au
chanfrein, ladre à la narine g., 3 balz., 1 ant. g.

472 KEFIFA

(M. Radda ould Abbès, à Perrégaux.)

1880. — 1ᵐ 46. Gris très clair, ladre aux naseaux, blessure accidentelle sur le côté dr. et en avant du garrot.

104 KEÏRA

(M. Chellali ben el Hadj, caïd, aux Ridans, commune mixte d'Auma'e.)

1876. — 1ᵐ 48. Gris très clair, lég* truité, feu arabe à la joue gauche, ladre marbré au périnée et à la mamelle.

1906 KEÏRA

(M. Ahmed ben Bekhrar, à Z'mala, commune mixte des Maadid.)

1884. — 1ᵐ 47. Gris pommelé, moucheté à la face, feu au garrot.

1285 KEÏRA

(M. Mohammed ben Abdalla, à Oued-Driss, commune mixte d'Aumale.)

1888. — Gris foncé. Par LYDIA, 45, et MESSAOUDA, 115.

648

KEMERA

(M. Beghcdad ben Djillali, à Ahnaïdja, commune mixte de Cacherou.)

1876. — 1m 52. Bai brun, q. q. poils en tête, marqué de blanc sur la narine dr., balz. irr. chaussée, herminé post. g.

881

KEMLA

(M. Mohamed ben Meddab, à Mariouia, commune mixte d'Ammi-Moussa.)

1879. — 1m 48. Gris très clair, truité, ladre aux naseaux et aux lèvres.

822

KENZ

(M. Mohamed ben Abbed, à Ouled Sabeur, commune mixte d'Ammi-Moussa.)

1887. — Alezan. Par BEYBOUTH, 270, et ZAABALA, 821.

797

KERAÏCHIA

(M. Taïeb ben Mostefa, à Keraïch-Gheraba, commune mixte d'Ammi-Moussa.)

1876. — 1m 48. Gris fort¹ truité, crins noirs, ladre marbré aux lèvres.

869 KESSIRA

(M. Omar ben Zerouki, à Ouled-Moudjeur, commune mixte
d'Ammi-Moussa.)

1875. — 1m 40. Gris lég' truité, ladrée à la face.

1139 KHADEM

(M. Abdallah ben Laïfa, à Ouled-Soukiès, commune mixte
de Soukharas.)

1882. — 1m 51. Bai brun foncé.

1865 KHADEM

(M. Ahmed ben Lamri, à Aïn-Thouila, commune mixte
de Meskiana.)

1884. — 1m 58. Bai brun.

546 KHADOUDJA

(M. Mustapha Bel Hadj, à El-Habecha, commune mixte
de Zemmorah.)

1881. — 1m 44. Gris très clair, ladré au pourtour
des yeux, aux naseaux et aux lèvres.

KHADOUDJA

1002

(M. Amar ben Ahmed, à Rouagued, commune mixte
des Ouled-Soltane.)

1883. — 1ᵐ 54. Gris étourneau, feu à la naissance
des épaules.

KHADOUMA

1001

(M. Ahmed ben Messaoud, à Briket, commune mixte
d'Aïn-Touta.)

1878. — 1ᵐ 55. Gris très clair, lég¹ truité.

KHADRA

685

(M. El Hadj El Airedj ben Abd El Ouahal,
à Ghiatra-Ouled-Messaoud, commune indigène d'Aïn-Sefra.)

1877. — 1ᵐ 51. Bai châtain foncé, taches blanches
accidentelles au garrot et au-dessus des jarrets.

KHADRA

732

(M. Kaddour ben Cheikh, à Maacen, commune mixte
d'Ammi-Moussa.)

1878. — 1ᵐ 50. Gris très clair, crins blancs, ladre
marbré aux lèvres.

136   KHADRA

(M. El Larbi ben Gourari, aux Siouf, commune mixte
de Téniet.)

1879. — 1ᵐ 51. Gris pommelé et truité, ladre entre
les naseaux et à la lèvre inf.

795   KHADRA

(M. Si Abd El Kader ben Touhami, à Keraïch-Gherabas,
commune mixte d'Ammi-Moussa.)

1879. — 1ᵐ 51. Gris truité, lèvres noires.

1053   KHADRA

(M. Ahmed Cherif ben Mohamed, à Oulmen, commune
d'Aïn-Beïda.)

1880. — 1ᵐ 47 Bai chàtain foncé, balz. diagonales
g. herminées.

987   KHADRA

(M. Amar ben Mansour, à Chemora, commune mixte
d'Ain-el-K'Sar.)

1882. — 1ᵐ 54. Gris pommelé, ladre aux naseaux et
à la lèvre sup.

1924

KHADRA

(M. Slimane ben Lamri, à Saïda, commune mixte de M'sila.)

1882. — 1^{m}52. Bai châtain foncé, tache blanche accidentelle au garrot et au dos.

1969

KHADRA

(M. Lambarek ben M'ahmed ben Ramdane, à Tilatou, commune mixte d'Aïn-Touta.)

1883. — 1^{m}50. Noir mal teint, pelote en tête.

1947

KHADRAOUIA

(M. Moussa ben Saoucha, à Oued-Khadra, commune indigène de Barika.)

1884. — 1^{m}50. Gris blanc, feu aux épaules, aux genoux et aux boulets.

783

KHAÏRA

(M. Bel Abbès ben Ahmed, à Keraich-Cheragas, commune mixte d'Ammi-Moussa.)

1873. — 1^{m}48. Gris clair, très lég^t truité, oreille dr. fendue.

21

646　　　　　　　　KHAÏRA

(M. M'Hamed Bou Zegaou, à M'hamid, commune mixte
de Cacherou.)

1874. — 1ᵐ 43. Alezan foncé, fortᵗ en tête prolongé
sur le chanfrein, ladre aux naseaux et aux lèvres,
trois balz. irrég. une ant. g.

155　　　　　　　　KHAÏRA

(M. Mohammed ben Baïlich, à Zenakha-el-Gourt,
commune indigène de Boghar)

1875. — 1ᵐ 50. Gris très clair, marqué de feu à la
pointe des épaules, aux genoux et aux boulets ant,
cinq pointes de feu en croix sur la fesse g.

1033　　　　　　　KHAALA

(M. Mohammed ben M'Ahmed, à Ouled-bou-Derhem,
commune mixte de Khenchela.)

1883. — 1ᵐ 50. Bai brun, pelote en tête, ladre aux
naseaux.

2116　　　　　　　KHALA

(M. Hadj el Arbi ben Khelifa, à Pont-du-Chelif.)

1885. — 1ᵐ 57. Noir mal teint, pelote en tête, balz.
post. g.

786   KHALFA

(M. Si Ahmed Bel Hadj, à Keraich-Cheraga, commune mixte
d'Ammi-Moussa.)

1879. — 1ᵐ 48. Gris très clair, ladre à la face, à la
vulve et aux mamelles.

1808   KHAMLA

(M. Cheikh Ali bèn Djafer, à Ghomerian, commune mixte
de Fedj M'zala.)

1884. — 1ᵐ 60. Gris pommelé, crins noirs, feu au
garrot.

757   KHAMRA

(M. Hadj ben Ahmed ben Zerouki, à Hallouya-Cheragas,
commune mixte d'Ammi-Moussa.)

1877. — 1ᵐ 48. Bai, en tête, balz. post. irr.

812   KHAMRA

(M. Kaddour ben Alla, à Hallouya-Gherabas, commune mixte
d'Ammi-Moussa.)

1883. — 1ᵐ 45. Gris pommelé, rouané, lèvres noires.

1096   KHAMSA

(M. Brahim Bel Hadj, à Merazga, commune mixte de Morsott.)

1882. — 1ᵐ 50. Gris clair moucheté, ladre aux naseaux.

537 ## KHAOURARA

(M. El Hadj Mohamed Bou Dafir, à Ouled-Barka, commune mixte de Zemmorah.)

1873. — 1ᵐ 50. Gris très clair, crins lisses, très légᵗ moucheté.

709 ## KHAOURARA

(M. Abdelkader ben Marnia Ould el Hadj Kaddour ben Youssef, à Hamadena, commune mixte de Renault.)

1876. — 1ᵐ 50. Gris truité, lèvres noires.

1903 ## KHARFIA

(M Mohamed ben Belkacem, à Ksour, commune mixte de Maadid.)

1884. — 1ᵐ 48. Gris clair, ladre aux naseaux et aux lèvres, feu à la fesse dr. et aux parotides.

874 ## KHEBOUCHIA

(M. Kaddour ben Kheboucha, à Ouled-el-Abbès, commune mixte d'Ammi-Moussa.)

1878. — 1ᵐ 51. Gris très clair, crins blancs, ladre marbré aux lèvres.

586   KHEDA

(M. Reguig ben Mustapha, à Khallafa-Gherabas, commune
mixte de Frendah.)

1876. — 1ᵐ46. Gris clair, fortᵗ truité, ladre aux
naseaux et à la lèvre sup., charbonnée au garrot.

1745   KHEDIDJA

(M. Hadj Ali ben Ahmed, à Ras-Seguin, commune mixte de
Châteaudun-du-Rhumel.)

1881. — 1ᵐ 54. Gris clair pommelé, crins blancs, feu
à la face interne des jarrets.

1037   KHEDIDJA

(M. Embarek ben Mohammed, à Oued-Rechaïch, commune
indigène de Khenchela.)

1882. —   150. Gris étourneau.

1057   KHEDIDJA

(M. Ali ben Salah, à Oulmen, commune d'Aïn-Beïda.)

1884. — 1ᵐ 52. Bai, quelques poils en tête.

1793   **KHEDIDJA**

(M. Saïd ben M'Ahmed, à Sakra, commune mixte
des Eulmas.)

1884. — 1^m 49. Bai châtain, balz. post. g., blanc au
garrot.

2003   **KHEDIDJA**

(M. Aïssa ben Acho, à Ksar-Belezma, commune mixte
de l'Aurès.)

1887. — 1^m 55. Bai châtain, bouquet de poils blancs
à l'avant-bras dr., balz. post. g. irr.

659   **KHEFIFA**

(M Mohamed bel Larbi, spahi du bureau arabe, à Djaffra.)

1884. — 1^m 54. Gris pommelé.

1116   **KHEFIFA**

(M. Abdallah ben Brahim, à Khemissa, commune mixte
de Sedrata.)

1884. — 1^m 44. Gris de fer, lavé à la face.

567 ## KHEÏRA

(M. Abd el Kader Ould el Hachemi, à Terrifine, commune
mixte de Cacherou)

1872. — 1^m 50. Gris truité, marqué de feu à la
pointe des épaules.

1501 ## KHEÏRA

(M. Kaddour ben Guetaf, à Zenakra, commune mixte
de Boghari.)

1875. — 1^m 52. Gris truité, lèvres noires, crins lisses,
marqué de feu au genou g.

390 ## KHEÏRA

(M. Ben Djabour ben Cheïnoun, aux Ouled-Mimoum,
commune mixte d'Aïn-Fezza.)

1875. — 1^m 46. Gris très clair, truité, 3 raies de feu
de chaque côté du chanfrein, crins noirs.

634 ## KHEÏRA

(M. Kaddour ben Djilali, Khellafa-Gheraba, commune mixte
de Frendah.)

1875. — 1^m 46. Gris, lég^t truité, 3 raies de feu de
chaque côté du chanfrein.

1482 ### KHEÏRA

(M. El Hadj Latrech ben Lakdar, à Rébaia, commune mixte
de Berrouaghia.)

1877. — 1^m 48. Gris moucheté et truité.

565 ### KHEÏRA

(M. Djillali ben Moussa, à Khallafa-Gheraba, commune mixte
de Frendah.)

1877. — 1^m 54. Gris moucheté et truité.

604 ### KHEÏRA

(M. El Kheir ben Abderrahaman, à Takdempt, commune
mixte de Tiaret.)

1878. — 1^m 49. Alezan, en tête fort^t prolongé entre
les naseaux, ladre à la lèvre sup., balz. post.

594 ### KHEÏRA

(M. Kaddour bel Habib, à El-Hazouania, commune mixte
de Tiaret.)

1879. — 1^m 57. Gris pommelé rouané.

1153

KHEÏRA

(M. Kaddour ben Djilali, à Sebaïa, commune d'Affreville.)

1880. — 1ᵐ 49. Alezan, fortᵗ rubican, fortᵗ en tête prolongé par une large liste bordée, prolongée par du ladre au bas du chanfrein, entre les naseaux et aux lèvres, 4 balz. chaussées, feu arabe aux épaules.

1197

KHEDIDJA

(M. Louazen bel Hadj Lakdar, à Zenakra, commune mixte de Boghari.)

1881. — 1ᵐ 51. Gris truité, très légᵗ ladre aux lèvres.

1716

KHEÏRA

(M. Bráhim ben Mohamed, à Oued-Rechaïch, commune mixte de Khenchela.)

1881. — 1ᵐ 48. Alezan en tête, tache blanche côté g. de la poitrine.

1127

KHEÏRA

(M. Zemal ben Boutera, à Maïa, commune mixte de Sefia.)

1882. — 1ᵐ 53. Bai, pelote en tête, oreille fendue

1475 KHEÏRA

(M. Brahim bel Arbi, à Beni-Ouindjel, commune mixte
de Frendah.)

1884. — 1ᵐ 48. Gris foncé rouané, étoile en tête,
ladre à la lèvre inférieure.

1771 KHEÏRA

(M. Bou Rahla ben Mekki, à Kherbet, commune mixte
de Rirha.)

1885. — 1ᵐ 58. Gris foncé pommelé, feu à la base
de l'encolure, côté droit du thorax, aux genoux et aux
boulets, blessure accidentelle au côté droit de la poitrine.

1475 KHEÏRA

(M. El Guechtouli ben El Hadj Kouïder, à Rebaia, commune
mixte de Berrouaghia.)

1886. — 1ᵐ 47. Rouan vineux, clair, ladre au bout
du nez.

1380 KHEÏRA

(M. Kadda Ould Abbès, à Perrégaux.)

1888. — Alezan, en tête prolongé sur le chanfrein
par une liste se terminant par du ladre entre les naseaux et à la lèvre inf., balz. post., la dr. chaussée,
trace post. g. Par CAFER, 321, et FATIMA, 471.

1764

KHEÏRA

(M. Chihli ben Tahar, à Ras-Seguin, commune mixte
de Châteaudun-du-Rhumel.)

1888. — 1m 54. Gris clair, légt moucheté et truité,
oreille dr. fendue, feu au garrot.

1522

KHEÏRA

(M. Ben Malek ben Bou Agemi, à Ouled-Driss, commune
mixte d'Aumale.)

1890. — Bai châtain. Par Lydia, 45, et Messaouda,
1521.

376

KHELIFA

(M. Ben Youcef ben Khelifa, à El-K'Sar, commune mixte
de St-Lucien.)

1871. — 1m 47. Gris très clair, légt moucheté, hernie
ventrale du côté dr.

629

KHERBA

(M. Ahmed ben Abida, à Ghoualize, commune mixte
de l'Hillil.)

1873. — 1m 52. Gris truité, ladre aux naseaux et
aux lèvres, marquée de feu sur l'épaule dr.

1936   **KHERFIA**

(M. Amar ben Ahmed, à Saïda, commune mixte de M'Sila.)

1885. — 1m 50. Gris clair pommelé rouané.

788   **KHERMA**

(M. Bel Larbi ben Snoussi, à Kheraich-Cheragas, commune
mixte d'Ammi-Moussa.)

1879. — 1m 45. Alezan, balz. post.

1810   **KHETAÏFA**

(M. Crochet, Pierre, à Saint-Arnaud.)

1884. — 1m 50. Bai brun, bouquet de poils blancs
au garrot.

1805   **KHETAÏFA**

(M. Mohamed ben Goutali, à Saint-Arnaud.)

1884. — 1m 59. Gris clair, légt pommelé.

1993   **KHETAÏFA**

(M. El Haoussine ben Ali, à Sakra, commune mixte des Eulmas.)

1889. — 1m 47. Gris foncé, moucheté, ladre aux
naseaux et aux lèvres.

677
KHEZZAZA

(M. Taïeb bel Asri, à Ouled-Ziad-Cheragas, commune indigène de Géryville.)

1881. 1ᵐ 48. Gris très clair, ladre aux lèvres et à la narine gauche, marquée de feu à la base de l'encolure et de chaque côté du chanfrein.

745
KHIARA

(M. Adda ben Saïd, à Hallouya-Cheragas, commune mixte d'Ammi-Moussa.)

1885. — 1ᵐ 45. Bai châtain, q.q. poils blancs au garrot.

767
KHOKHA

(M. Antri ben Ali, à Ouled-Bakhta, commune mixte d'Ammi-Moussa.)

1881. — 1ᵐ 52. Bai brun, en tête, balz. post.

323
KHOMRIA

(M. Si Abd el Kader ben Zellal, à Ouled-Sabeur, commune mixte d'Ammi-Moussa.)

1880. — 1ᵐ 47. Bai châtain, pelote bordée en tête, principe de balz. post. g.

105 ## KHORFA

(M. Dahman ben Saad, aux Ouled-Selama, commune mixte
d'Aumale.)

1880. — 1m 51. Gris pommelé rouané, truité à la
tête, ladre au bout du nez, dans la narine dr. et aux
lèvres.

142 ## KOSSIRIA

(M. Hadj Djilali bou Seta, à Sidi-el-Aroussi, commune mixte
du Chelif.)

1870. — 1m 52. Alezan foncé, en tête, poils blancs
disséminés au garrot, au dos et sur les côtes.

1895 ## KHOTTEÏFA

(M. Messaoud ben Adour, à Djebaïlia, commune mixte
des Bibans.)

1884. — 1m 56. Gris pommelé rouané, fort[t] truité.

1884 ## KHOUTÏFA

(M. Ali ben Cherif, à Aïn-Turck, commune mixte
de Guergour.)

1884. — 1m 47. Gris foncé, crins noirs.

1130

KHOZAZA

(M. Ferrath ben Sghrier, à Oued-Soukiès, commune mixte
de Souk-Ahras.)

1878. — 1^m 49. Bai, lég^t en tête, feu aux genoux.

663

KHOZZAZA

(M. Aïssa ould Ameur, à Hassasna-Gheraba, commune
indigène de Yacoubia.)

1873. — 1^m 54. Gris truité, ladre marbré aux lèvres,
oreille dr. fendue.

4588

KRADERA

(M. Sliman ben Touami, à Ouillen, commune mixte
de Sonk-Ahras.)

1886. — 1^m 55. Noir zain.

759

KRONFLA

(M. Mohammed ben Ali, à Hallouya-Cheragas, commune
mixte d'Ammi-Moussa.)

1879. — 1^m 47. Gris très clair, crins blancs, lèvres
noires.

751   KHROUFA

(M. Mustapha bel Abbès, à Hallouya-Cheragas, commune
mixte d'Ammi-Moussa.)

1875. — 1^m 49. Gris très clair, crins blancs.

106   KHROUFA

(M. Ali ben Salem, aux Ouled-Driss, commune mixte
d'Aumale.)

1877. — 1^m 45. Gris clair truité, plus fort^t à la tête,
ladre marbré aux lèvres, cicatrices au poitrail et à la
pointe de la hanche droite.

794   KHROUFA

(M. Sahraoui ben Kaddour, à Keraich-Gherabas, commune
mixte d'Ammi-Moussa.)

1881. — 1^m 47. Gris clair, très lég^t truité, ladre aux
naseaux et aux lèvres, feu à l'articulation fémorale g.

830   KHROUFA

(M. Hadj Ahmed Ould ben Yaya, à Ouled-Sabeur, commune
mixte d'Ammi-Moussa.)

1883. — 1^m 46. Gris pommelé, aubérisée au thorax.

610

K'SIRA

(M. Ducroté, à Tiaret.)

1877. — 1m 51. Gris fort* truité.

1788

KH'TAÏA

(M. Morakchi Kelef ben Amana, à El-Ouessa, commune mixte d'Oum-el-Bouaghi.)

1884. — 1m 57. Alezan foncé, lég* en tête.

2012

KH'TAÏA

(M. Si Abderamane ben Si Ahmed ben Bougid, à Zouï, commune mixte d'Aïn-K'sar.)

1885. — 1m 56. Gris rouané pommelé, crins foncés.

1093

LAADBA

(M. Mohammed ben Achour, à Tébessa.)

1885. — 1m 47. Alezan, fort* en tête, large liste au chanfrein ; ladre aux naseaux et aux lèvres, balz. latérales g. irr.

22

1198   ## LA BELLE

(M. Moutier, Simon, à Oued-Aïssi, commune de Tizi-Ouzou.)

1887. — Rouan très foncé. Par MARASKI, 49, et BICHETTE, 1194.

1935   ## LADOUÏA

(M. Hadj Tahar ben Aïssa, à Oued-Addi-Ghebala, commune mixte de M'sila.)

1881. — 1^m 48. Gris clair, fort^t truité, moucheté à la face et à l'encolure.

1264   ## LADY

(M. Borély La Sapie, à Boufarik.)

1889. — Par SELLAOUA, 66, et BICHE, 83.

633   ## LA FOUDRE

(M. Graillat, Pierre, ainé, à Perrégaux.)

1885. — 1^m 43. Gris foncé rouané, crins foncés, en tête à g.

1815

LALAHOUM

(M. Amar ben Ahmed, à M'Cil, commune mixte
des Ouled-Soltane.)

1882. — 1m 50. Gris pommelé moucheté, raies de
feu au chanfrein.

725

LALIA

(M. Bel Haouari-bel Hadj, à Ouled-Berkane, commune mixte
d'Ammi-Moussa.)

1878. — 1m 49. Gris truité, oreille dr. fendue.

1853

LALIA

(M. Taîeb ben Brahim, à Allaouna, commune mixte
de Morsott.)

1878. — 1m 58. Gris foncé, moucheté à la face, charbonné au thorax et aux hanches.

2014

LALOUÏA

(M. Belkacem hen Ahmed, à Ouled-Si-Ali
commune mixte d'Aïn-el-Ksar.)

1885. — 1m 61. Gris pommelé, fort¹ rouané.

1012   **LAMARI**

(M. Si Mohammed Sghir ben Ganah, à Biskra.)

1882. — 1^m 52. Gris rouané pommelé, lég^t ladre entre les naseaux, feu à la naissance des épaules.

1038   **LAMARI**

(M. Ahmed bey ben Brahim à Oued-Rechaïch, commune indigène de Khenchela.)

1884. — 1^m 46. Rouan vineux, balz. post. g.

1196   **L'ANGLAISE**

(M. Moutier, Simon, à Oued-Aïssi, commune de Tizi-Ouzou.)

1886. — Gris rouané, ladre au bas du chanfrein entre dans les naseaux, balz. post. chaussée. Par MARASKI, 49, et BICHETTE, 1194.

1065   **LARAMIA**

(M. Mohamed bel Hadj Amana, à Ras Zebar, commune mixte de Meskiana.)

1882. — 1^m 47. Gris pommelé, ladre aux naseaux.

1928   LAREM

(M. Bellel ben Hasnaoui, à M'tarfa, commune mixte de M'sila.)

1880. — 1ᵐ 48. Gris très clair, ladre aux lèvres.

1738   LARMED

(M. Amar ben Si Mohamed, Oued Kebbeb, commune mixte de
Fedj M'Zala.)

1884. — 1ᵐ 58. Bai chàtain foncé miroité, feu au garrot.

1823   LATRA

(M. Tahar ben Mohamed, à Oued Zaim, commune mixte des
Eulmas.)

1881. — 1ᵐ 59. Gris clair pommelé.

1732   LATRA

(M. Salah ben Ferhat, à Ouled-el-Arbi, commune mixte
de Châteaudun-du-Rhumel.)

1883. — 1ᵐ 70. Rouan vineux clair, 3 balz. haut
chaussées, 1 ant. g., ladre aux naseaux et aux lèvres.

1283 LATRA

(M. Ahmed ben El Hadj, à Ouled-Ferha, commune mixte
d'Aumale.)

1888. — Bai, en tête se prolongeant sur le chanfrein,
ladre dans les naseaux et à la lèvre sup. Par Lydia,
45, et Messaouda, 113.

1582 LATRA

(M. Brahim ben Saadi, à Ouled-Khiar, commune mixte
de Souk-Ahras.)

1889. — Bai. Par Rusé, 965, et Embarka, 1138.

1743 LEBBA

(M. Taieb ben Si Ali, à Oued-el-Arbi, commune mixte
de Châteaudun-du-Rhumel.)

1883. — 1^m 60. Gris rouané, ladre au chanfrein, aux
naseaux et aux lèvres.

843 LEBIA

(M. Hadj Ali bel Hadj, à Ouled-Yaich, commune mixte
d'Ammi-Moussa.)

1874. — 1^m 47. Gris truité.

831   LEBIA

(M. El Hadj Mohamed ben Amed, à Maacen, commune mixte
d'Ammi-ouss a.)

1879. — 1^{m}50. Gris très clair, lég^t truité, feu à la
jugulaire.

891   LEBIA

(M. Djillali ben Moknan, à Ouled Bou Riah, commune mixte
d'Ammi-Moussa.)

1880. — 1^{m}44. Alezan, en tête prolongé.

772   LEBIA -

(M. Djillali Ben Saïba, à Ouled Bakhta, commune mixte
d'Ammi-Moussa.)

1887. — Gris. Par BEYROUTH, 270, et HANNA 771.

108   LÉDA

(M. Bordier, à Aumale.)

1870. — 1^{m}57. Bai isabelle miroité, en tête, balz.
post. dr., principe de balz. au membre post. g., légères
blessures accidentelles aux épaules.

743 **LEFAA**

(M. Kaddour Ould el Hadj Adda, à Hallouya-Cheragas, commune mixte d'Ammi-Moussa.)

1878. — 1ᵐ 47. Gris pommelé truité, feu aux épaules.

871 **LEFAA**

(M. Abd el Kader ben Chadli, à Ouled-Bou-Riah, commune mixte d'Ammi-Moussa.)

1880. — 1ᵐ 50. Gris fortᵗ truité, crins blancs, légᵗ ladre entre les naseaux.

1992 **LEGTAÏA**

(M. Saïd ben Hanachi, à Bazer, commune mixte des Eulmas.)

1885. — 1ᵐ 57. Gris foncé, pommelé, feu aux genoux et aux boulets.

673 **LEÏLA**

(M. Abdallah Ould Mohamed, à Nazereg, commune mixte de Saïda.)

1878. — 1ᵐ 49. Gris foncé rouané, oreille dr. fendue, lèvres noires.

984

LÉONIE

(M. Villemain, à Batna.)

1882. — 1^m 48. Gris pommelé, ladre aux naseaux et aux lèvres, feu à la gorge.

1110

L'HAMRA

(M. Mohammed ben Boudjema, commune de Millésimo.)

1883. — 1^m 44. Bai, étoile en tête, 3 balz., 1 post. g.

1197

LISA

(M. Moutier, Simon, à Oued-Aïssi, commune de Tizi-Ouzou.)

1881. — 1^m 49. Noir jai, en tête bordé, balz. post. d., cicatrice sur les côtes.

1760

LISA

(M. Messaoud ben bou Diaf, à Megalsa, commune mixte de Châteaudun-du-Rhumel.)

1884. — Gris très clair truité, crins foncés, raies de feu côté gauche du garrot.

1205   LISA

(M. Colombier, François, à Bordj-Ménaïel.)

1886. — 1ᵐ 50 Noir mal teint, liste bordée terminée par du ladre au bout du nez, 4 balz. irrégulières.

380   LOBELIA

(M. Dupré de St-Maur, à Arbal, commune de Tamzourah.)

1883. — 1ᵐ 55. Bai châtain foncé, zain.

1532   LOUDANIA

(M. Ahmed ben Laggoun, à Loudani, commune mixte de M'Sila.)

1885. — 1ᵐ55. Gris très clair pommelé, crins lisses, feu aux genoux et aux boulets.

741   LOUBIA

(M. Hadj Mohamed ben Cherif, à Maacen, commune mixte d'Ammi-Moussa.)

1875. — 1ᵐ 47. Gris truité, crins noirs, fortᵗ marqué de ladre à la face, oreille dr. fendue.

LOUISA

746

(M. Rabah-ben Djilali, à Hallouya-Cheragas, commune mixte d'Ammi-Moussa.)

1874. — 1ᵐ 48. Bai châtain foncé, fortᵗ en tête, 3 balz. irr., 1 ant. g.

LOUISA

831

(M. Si ben Aouda ben Abd el Malek, à Ouled-Sabeur, commune mixte d'Ammi-Moussa.)

1874. — 1ᵐ 50. Gris moucheté truité, ladre entre les naseaux, feu aux épaules.

LOUISA

124

(M. Ben Abdallah ben Gourari, aux Siouf, commune mixte de Téniet.)

1880. — 1ᵐ 49. Gris pommelé, rouané.

LOUISA

109

(M. El Abbed ben Ahmed, aux Adaoura, annexe de Sidi-Aissa.)

1880. — 1ᵐ 52. Gris clair, truité à la tête, feu arabe aux genoux, aux jarrets et aux 4 boulets.

1909   LOUISA

(M. El Aïd ben Saïd, à Z'gueur, commune mixte de Maadid.)

1882. — 1ᵐ 47. Gris clair, légᵗ moucheté, crins foncés.

1858   LOUISA

(M. Chemili ben Brahim, à Sidi-Embarek, commune mixte de Maadid.)

1884. — 1ᵐ 52. Gris clair truité, ladre à la narine g.

1944   LOUISA

(M. Lakdar ben Aïssa, à M'tarfa, commune mixte de M'sila.)

1884. — 1ᵐ 54. Bai châtain, liste au chanfrein.

1079   LOUISA

(M. Bouzaïan ben Amar, à Ouled Ameur, commune indigène de Tébessa.)

1885. — 1ᵐ 44. Alezan clair, irrᵗ en tête, large liste au chanfrein, ladre entre les naseaux, balz. irr. latérales dr.

LOUISA.

1735

(M. Chabane ben Salah, à Brana, commune mixte
de Châteaudun-du-Rhumel.)

1885. — 1ᵐ 55. Noir, pelote en tête, principe de
balz. ant. g.

LOUISA

2004

(M. Maklouf ben Djeloul, à Ouled-Sidi-bel-Khier
commune mixte de l'Aurès.)

1885. — 1ᵐ 55. Alezan clair en tête, balz. post. g.
chaussée.

LOUISA

1772

(M. Noui ben Mohamed Tahar, à Kherbet, commune mixte
de Rirha.)

1886. — 1ᵐ 53. Gris pommelé, rouané.

LOUISA

867

(M. Si Tahar ben Medjahed, à Ouled-Moudjeur, commune
mixte d'Ammi-Moussa.)

1887. — Fortᵗ en tête prolongé par une large liste.
Par Beyrouth, 270, et Gh'Zala, 866.

2025   **LOUISA**

(M. Si Smaïl ben Merdaci, à Ouled-Aziz, commune mixte
d'Aïn-Mlila.)

1887. — 1ᵐ 48. Bai zain, feu au garrot.

2117   **LOUMANIA**

(M. l'Agha Bel Ali Ould el Hadj Djelloul, commune mixte
de Zemmora.)

1887. — 1ᵐ 52. Bai, fortᵗ en tête, ladre aux naseaux
et aux lèvres, balz. lat. dr.

110   **LYDIA**

(M. Bordier, à Aumale.)

1880. — 1ᵐ 56. Gris pommelé, légᵗ rouané.

426   **MAACHOUKA**

(M. Hadj Djillali ben Sadek, à Ouled-Maalah, commune mixte
de Cassaigne.)

1883. — 1ᵐ 50. Alezan clair, en tête prolongé
par du ladre entre les naseaux, 3 balz. irr. chaussées,
1 ant. dr.

MABROUKA

(M. El Hadj Otman ben Hammadi, à Ouled-Maalah, commune mixte de Cassaigne.)

440

1870. — 1m 56. Gris légt truité, ladre aux naseaux et aux lèvres, oreille dr. fendue.

MABROUKA

1141

(M. El Bachir ben Daoudi, à Duzerville, commune de Duzerville.)

1874. — 1m 48. Gris, fortt truité.

MABROUKA

111

(M. Abed ben Ahmed, caïd des Beni-Lent, commune mixte de Téniet.)

1876. — 1m 55. Gris pommelé, 3 raies de feu de chaque côté du chanfrein.

MABROUKA

779

(M. El Hadj Mahmed ben Isaad, caïd à Keraïch-Cheraga, commune mixte d'Ammi-Moussa.)

1877. — 1m 52. Gris truité, oreille dr. fendue, lèvres noires.

776   MABROUKA

(M. Hadj Moktar bel Hadj, à Keraich-Cheraga, commune
mixte d'Ammi-Moussa.)

1877. — 1ᵐ 54. Gris truité, oreille dr. fendue, aubé
risée sur la hanche g.

870   MABROUKA

(M. Si El Khatir ben Chadli, caïd des caïds, à Ouled-bou-Riah,
commune mixte d'Ammi-Moussa.)

1877. — 1ᵐ 52. Gris très clair, ladre marbré aux
naseaux et aux lèvres.

1844   MABROUKA

(M. Mana ben Menasser, à Khenchela.)

1879. — 1ᵐ 50. Gris pommelé, moucheté, plus fort
accusé à la face.

1774   MABROUKA

(M. Derradji ben Zied, à Chot-el-Mahla, commune mixte
de Rirha.)

1880. — 1ᵐ 55. Gris clair truité.

1583 MABROUKA

(M. Telili ben Salem, à Aïada, commune mixte de Souk-Ahras.)

1880. — 1^{m}62. Rouan très clair for^t truité, coup de lance à gauche de la sortie de l'encolure.

1872 MABROUKA

(M. Ahmed ben Harat, à Oued-Khiar, commune mixte de Souk-Ahras.)

1881. — 1^{m}55. Gris blanc, ladre aux naseaux et à la lèvre supérieure.

1092 MABROUKA

(M. Seghaïr Ben Sâad, à Tébessa.)

1882. — 1^{m}46. Bai châtain clair, quelques poils blancs sur le garrot.

1861 MABROUKA

(M. Salah ben Ahmed, à Oued-Rechaich, commune mixte de Khenchela.)

1882. — 1^{m}52. Gris clair, lég^t truité, crins foncés.

23

1578 **MABROUKA**

(M. Galleya, Salvator, à Souk-Ahras.)

1883. — 1ᵐ 55. Bai, q. q. poils en tête, 3 balz. dont 1 ant. dr.

1973 **MABROUKA**

(M. Saïa ben Baadi, à Oued-Daoud, commune mixte de l'Aurès.)

1884. — 1ᵐ 53. Gris pommelé, rouané, feu aux genoux.

706 **MABROUKA**

(M. Hadj Larbi ben Sliman, à Ahl-el-Gorin, commune mixte de Renault.)

1885. — 1ᵐ 50. Gris foncé rouané, ladre aux naseaux et à la lèvre inf., oreille dr. fendue.

1473 **MABROUKA**

(M. Yaya ben El Hadj Kouïder, à Oued-Seghouan, commune de Berrouaghia.)

1886. — 1ᵐ 56. Gris très clair, crins blancs, lèvres noires.

1849

MABROUKA

(M. Mohamed ben Taïeb, à Megharsa, commune mixte
de Morsott.)

1886. — 1ᵐ 48. Gris clair pommelé, rouané, crins
blancs.

1831

MABROUKA

(M. Lakdar ben Hadj Abdallah, à Aïn-Abid.)

1887. — 1ᵐ 59. Gris foncé, rouané.

1997

MABROUKA

M. Belkacem ben Saïd, à Larbâa, commune mixte de l'Aurès.)

1887. — 1ᵐ 49. Gris rouané, légᵗ truité à la face, crins
foncés.

1855

MABROUKA

(M. Hadj Saïd ben Guidoun, à Ouled-Derradj, commune mixte
de Morsott.)

1887, — 1ᵐ 52. Gris clair pommelé, feu aux genoux
et aux boulets ant.

1870   **MABROUKA**

(M. Amar ben N'cib, à Oued Khiar, commune mixte de
Souk-Ahras.)

1887. — 1^m 17. — Gris foncé pommelé, très lég^t truité
à la face.

1550   **MABROUKA**

(M. Amar ben N'cid, à Oued Khiar, commune mixte de
Souk-Ahras.)

1887. — 1^m 50. Rouan, plus clair à la tête, plus foncé
aux membres.

1558   **MABROUKA**

(M. Ahmou ben Messaoud, à Ouled Sellem, commune mixte
d'Ain-M'lila.)

1890. — 1^m. Bai. Par BARBAKAN, 947, et FREHA,
1557.

1631   **MABROUKA**

(M. Asnaoui ben Ahmed, à Ouled Sidi Yaya, commune mixte
de Morsott.)

1890. — Rouan foncé sous poils de poulain. Par
MATER, 917, et S'HILIA, 1554.

726
MADJOUBA

(M. Kaddour ben Djelloul, à Ouled-Berkane, commune mixte
d'Ammi-Moussa.)

1871. — 1ᵐ 44. Gris truité, crins blancs.

1483
MADJOUBA

(M. Rechoucha ben Aouali, à Ouled-Mela, commune mixte
de Berroughia.)

1883. — 1ᵐ 52. Gris clair, légᵗ truité, ladre à la
lèvre inf.

421
MAGHNIA

(M. El Hadj ben Châa ben Larbi, à Beni-Zenthis, commune
mixte de Cassaigne.)

1881. — 1ᵐ 52. Gris très clair, rouané, ladre aux
lèvres et aux naseaux et à l'arcade sourcilière.

679
MAHROUZA

(M. Mahmed ben Mokkadem, à Ouled-Ziad-Chi, commune
indigène de Géryville)

1ᵐ 51. Bai, taches blanches accidentelles sur le
dos, marquée de feu à la pointe de l'épaule g., d'une
étoile sur le plat des épaules.

1505

MAKHTA

(M. Vatel, à Drahia.)

1878. — 1^m 52. Rouan très foncé, fort^t en tête prolongé par une liste terminée par du ladre au bout du nez et aux naseaux, balz. en diag. droite, la post. chaussée.

747

MALIKIA

(M. Rabah Ben Djillali, à Hallouya-Cheraga commune mixte d'Ammi-Moussa.)

1880. — Alzan, en tête. Par, EL-MELEK, 301, et LOUISA, 746.

437

MALKHOUTA

(M. El-Hadj Djillali Ben el Khaïn, à Ouled-Maallah, commune mixte de Cassaigne.)

1878. — 1^m 54. Gris très clair, lèvres noires, pourtour des yeux noirs.

1131

MANSOURA

(M. Amar ben Salah, à Oued Soukiès, commune mixte de Souk-Ahras.)

1879. — 1^m 50, Gris clair, moucheté et truité, plus accusé à la face.

1979 ## MANSOURA

(M. Embarek ben Mohamed, à Oued-Augala, commune mixte
de l'Aurès.)

1885. — 1ᵐ 52. Bai châtain clair, q. q. poils en tête.

687 ## MANSOURIA

(M. El Hadj el Habib Ould Mebkhout, à Ouled-Mansoura,
commune indigène d'Aïn-Sefra.)

1872. — 1ᵐ 51. Bai châtain.

714 ## MANSOURIA

(M. Hadj Kaddour ben Madda, à Hamadena, commune mixte
de Renault.)

1872. — 1ᵐ 50. Gris truité, ladre entre les naseaux,
oreille dr. fendue, marquée de feu au boulet ant. dr.

613 ## MANSOURIA

(M. El Hadj Mansour bel Hadj Mohammed, à Ouled bou
Renane, commune indigène de Tiaret-Aflou).

1877. — 1ᵐ 51. Gris très clair moucheté et truité,
crins blancs, marquée de feu à la pointe des épaules et
sur les parotides.

1078 ## MANSOURIA

(M. Belkassem ben Ahmed, à Ouled Brik, commune mixte de Tébessa.)

1881. — 1ᵐ 51. Alézan, lég* en tête, liste au chanfrein, ladre entre les naseaux, principe de balz. post. dr.

1105 ## MARGUERITE

(M. Jean Fereli, à l'Oued Zenati.)

1882. — 1ᵐ 44. Gris foncé pommelé, lég* rouané.

1660 ## MARGUERITE

(Mᵐᵉ Fraisse, à Aumale.)

1890. — Gris très foncé, en tête à gauche, balz. post. g. Par Lydia, 45, et Charlotte, 97.

621 ## MARIE

(M. Hadj Kaddour ben Miloud, à Sourk-el-Mitou.)

1875. — 1ᵐ 51. Alezan châtain, crins foncés, fort* en tête prolongé sur le chanfrein et aux lèvres, 3 balz. irr., 1 ant. g.

1202

MARIE

(M. Llaty, Jean, à Isserville.)

1876. — 1ᵐ52. Gris, très fort truité à l'avant-main, ladre à la lèvre supérieure.

1891

MARIE

(M. Salah ben Mansour, à Maouklane, commune mixte de Guergour.)

1881. — 1ᵐ46. Gris clair pommelé, ladre entre les naseaux, feu aux genoux.

1839

MARIE-ZERGA

(M. Sliman ben Ali ben Achem, à Constantine.)

1882. — Gris clair moucheté, feu aux épaules.

1728

MARIE

(M. Taïeb ben El Hamlaoui, à Oued Zerga, commune mixte de Châteaudun-du-Rhumel.)

1883. — 1ᵐ67. Gris foncé, rouané truité à la face, crins noirs.

1279 MARIE

(M. El Abbed ben Ahmed, à Adaoura, annexe de Sidi-Aissa.)

1888. — Bai foncé. Par IFKI, 37, et LOUISA, 109.

1639 MARIEM

(M. Faure, sous-Préfet, à Bel-Abbès.)

1887. — 1^m. Bai marron en tête. Par MELFI, 248, et PUCE, 386.

1187 MARQUISE

(M. Bissac, à Pontéba, commune d'Orléansville.)

1879. — 1^m 44. Alezan doré, en tête, large liste au chanfrein prolongé sur le naseaux, ladre aux lèvres, 3 balz., 1 ant. dr.

139 MARQUISE

(M. Escaich, Henri, propriétaire à Pontéba, commune d'Orléansville.)

1872. — 1^m 50. Gris fortement moucheté, cicatrice en avant des épaules.

112 MARQUISE

(M. Varlet, Jules, à Mouzaïaville.)

1881. — 1^m 60. Gris clair, ladre entre et dans les naseaux, boit dans son blanc, petite tache noire à la lèvre inférieure.

593 MARQUISE

(M. Guelpa, à Tiaret.)

1883. — 1^m 58. Gris pommelé. Par Azedji, 7, et Perle, 601.

650 MASCOTTE

(M. Bel Hadj ould Adda, à Ouled el Abbès, commune mixte de Cacherou.)

1883. — 1^m 49. Gris rouané.

1195 MASCOTTE

(M. Moutier, Simon, à Oued-Aissi, commune de Tizi-Ouzou.)

1834. — 1^m 55. Bai foncé, miroité, zain.

2120 MASCOTTE

(M. Djilali ben Châa, commune mixte de l'Hillil.)

1888. — 1^m 54. Rouan clair.

1471 **MAZA**

(M. Borély La Sapie, à Boufarik.)

1887. — Gris rouané. Par SELLAOUA, 66, et DRIFFA, 1470.

699 **MAZOUNA**

(M. Ahmed bel Amissi, cadi à Mazouna commune mixte de Renault.)

1884. — 1m 50. Gris foncé, rouané, marquée de feu aux genoux.

1000 **MAZOUZIA**

(M. Messaoud ben Abdallah, à Ouled-Fedala, commune mixte d'Ain-Touta.)

1882. — 1m 55. Gris pommelé, rouané.

391 **M'BARKA**

(M. Si El Hachemi bel Mahi, à Beni-Smiel, commune mixte d'Ain-Fezza.)

1867. — 1m 52. Gris, fort truité, charbonné sur l'épaule g. et le bras.

466

M'BARKA

(M. El-Habib Ben Ghali, à Blad Touaria.)

1873. — 1^m 52. Gris moucheté, marquée de feu arabe à la face interne du jarret et le long de la saphène.

151

M'BARKA

(M. Larradj ben El Hadj Bakhti, à Oued Seghouan, commune mixte de Berrouaghia.)

1876. — 1^m 50. Gris clair truité, ladre sous la vulve.

514

M'BARKA

(M. Hadj Mohamed ben Ahmed, à Ouled-Souid, commune mixte de Zemmorah.)

1879. — 1^m 50. Gris truité, rouané sous l'oreille gauche, ladre aux naseaux.

1007

M'BARKA

(M. Belgassem ben Si Mohammed, à Oued-Chelih, commune mixte d'Aïn-Touta.)

1881. — 1^m 52. Bai châtain foncé.

1551   M'BARKA

(M. Mabrouk ben Amar, à Ouled-Sidi-Yaya ben Taleb,
commune mixte de Morsott.)

1883. — 1ᵐ 60. Gris pommelé, rouané, tache accidentelle sur le garrot.

1077   M'BARKA

(M. Ahmed bel Hadj Bougoufa, à Megharsa, commune mixte
de Morsott.)

1885. — 1ᵐ 52. Bai châtain, pelote en tête, ladre
entre les naseaux et à la lèvre sup.

533   M'BARKA

(M. Kaddour Belgassem, à Beni-Louma, commune mixte
de Zemmorah)

1887. — Gris, fortᵗ en tête sur le chanfrein. Par Biscuit, 247, et Nakhla, 532.

1548   M'BARKA

(M. Tahar ben Amor, commune mixte de Sedrata.)

1887. — 1ᵐ 49. Gris clair pommelé, ladre au bout du
nez et à la lèvre inf.

724

M'BROUKA

(M. Larbi ben Djillali, à Oued Berkane, commune
mixte d'Ammi-Moussa.)

1875. — 1ᵐ 56. Gris clair truité, marquée de feu à la
base de l'encolure, à la pointe des épaules et aux flancs.

397

M'BROUKA

(M. Miloud ben Moktar, à Djouïdat, commune mixte
de Maghnia.)

1876. — 1ᵐ 50. Gris très clair truité, ladre entre les
naseaux.

1881

M'BROUKA

(M. Mohamed Arab ou bou Aïcha, à Tigrine, commune
mixte d'Akbou.)

1883. — 1ᵐ 50. Gris moucheté, crins foncés.

1486

MEBARKA

(M. Mohamed ben Ahmed ben Amar, à Ouled-Seghouan,
commune mixte de Berrouaghia.)

1885. — 1ᵐ 55. Blanc, boit dans son blanc.

1758 **MEBARKA**

(M. Si Tahar ben Abdallah, à Tim Telaçin, commune
mixte de Châteaudun.)

1883. — 1ᵐ 53. Gris clair pommelé rouané, feu au
garrot.

899 **MEBKHOUTA**

(M. Si Henni ben Es Sahia, à Medjadja, commune mixte
du Chelif.)

1887. — Noir. Par FLITTI, 59, et REYADA, 167.

168 **MEBROUKA**

(M. Si Henni ben Es Sahia, caïd de Medjadja, commune mixte
du Chelif.)

1872. — 1ᵐ 55. Gris moucheté, charbonné au côté
droit de l'encolure, à la pointe de l'épaule droite et
sur la croupe.

639 **MEBROUKA**

(M. M'hamed Ould el Hachemi, à Ouled Aissa bel Abbès,
commune mixte de Cacherou.)

1873. — 1ᵐ 54. Gris truité, blessure accidentelle au
sommet des épaules.

1156

MEBROUKA

(M. El Hadj Brahim, adjoint à Milianah.)

1879. — 1ᵐ 50. Gris clair, légᵗ truité, charbonné aux épaules.

1481

MEBROUKA

(M. Djillali ben el Hadj Miloud, à Oued-Seghouan, commune mixte de Berrouaghia.)

1880. — 1ᵐ 55. Gris fortᵗ truité et moucheté, marquée d'une croix au passage des sangles.

1920

MEBROUKA

(M. Hadj Mohamed ben Yagoub, à M'Sil, commune mixte de M'sila.)

1881. — 1ᵐ 57. Gris très clair, légᵗ moucheté, feu aux boulets et aux genoux.

1516

MEBROUKA

(M. Orté, Bertrand, à Téniet-el-Haâd.)

1883. — 1ᵐ 53. Gris clair, truité, rouané.

24

656 **MEBROUKA**

(M. Kaddour Ould Mouley Ali, à Hassasna-Chéragas, commune
indigène de Yacouba.)

1884. — 1m 50. Gris rouané, balz. post., ladre entre
les naseaux et aux lèvres.

1875 **MEBROUKA**

(M. Atmane ben Ali, à Oued-Khiar, commune mixte
de Souk-Ahras.)

1887. — 1m 52. Noir mal teint, blanc à la pointe de
l'épaule g., balz. post. dr. irr.

801 **MECHAÏA**

(M. Ahmed ben Mohamed, à Keraich-Gheraba, commune
mixte d'Ammi-Moussa.)

1879. — 1m 48. Gris clair, moucheté, crins noirs.

792 **MECHMACHA**

(M. Kaddour ben Mahieddin, à Keraich Gheraba, commune
mixte d'Ammi-Moussa.)

1881. — 1m 48. Gris pommelé, rouané, lèvres noires.

740

MECHMACHA

(M. Djillali bel Hadj, à Maacen, commune mixte
d'Ammi-Moussa.)

1883. — 1m 45. Gris rouané, ladre au chanfrein, aux
naseaux et aux lèvres.

1888

MEDAOURA

(M. Madani ben Saïd, commune mixte de Guergour.)

1887. — 1m 54. Gris pommelé rouané, feu aux
genoux.

1892

MEDJANA

(M. Messaoud ben Beddar, à Medjana, commune mixte
des Bibans.)

1882. — 1m 60. Alezan foncé, fort[t] en tête, 3 balz. irr.
chaussées, 1 ant. dr.

1866

MEDJEMA

(M. Amar ben Belkacem, à Oued-Rechaïch, commune mixte
de Khenchela.)

1885. — 1m 47. Gris pommelé, rouané, crins et extrémités foncés.

1757   MEDROUBA

(M. Hamou ben Boudiaf, à Aioun-el-Hadjez, commune mixte
de Châteaudun-du-Rhumel.)

1876. — 1ᵐ 52. Gris clair, moucheté, feu au garrot.

1518   MEKLA

(M. Guerit, à Taza, commune mixte de Téniet-el-Haâd.)

1888. — 1ᵐ 51. Noir mal teint, lég* rubican, en tête
bordé par une fine liste mélangée, interrompue au
milieu du chanfrein, terminée par du ladre entre les
naseaux et dans la narine dr., 3 balz. irr. dont une
ant. g.

862   MEKNASSIA

(M. Larbi Bel Hadj ben Hattab, à Meknessa, commune mixte
d'Ammi-Moussa.)

1875. — 1ᵐ 48. Gris très clair, crins blancs, 5 raies
de feu de chaque côté du chanfrein.

1423   MELFIA

(M. Abdelka ler Ben Ameur, à Telilat, commune mixte de
St-Lucien.)

1888. — Bai, en tête. Par, MELFI, 248, et GHARBIA,
371.

651 MELHA

(M. Ali Ould Mimoun, à Mahoussa, commune mixte de Mascara.)

1879. — 1^{m}51. Gris très clair, ladre sur le chanfrein aux naseaux et aux lèvres.

690 MELKIA

(M. El Habib ould ben Mahmed, à Bekakra, commune indigène d'Aïn-Sefra.)

1875. — 1^{m}49. Gris très clair, crins blancs, 3 raies de feu de chaque côté du chanfrein, oreille droite fendue.

1256 MELKOUTA

(M. Hadj Mohamed ben Kalifia, à Tafelout, commune de Charon.)

1874. — 1^{m}46. Gris moucheté truité, lèvres noires, marquée de feu aux épaules.

1669 MELKOUTA

(M. Abed ben Kaddour, à Taflout)

1890. — Alezan doré, liste en tête, ladre au bout du nez, balz. post. droite. Par EL-MALLEM, 31, et AÏCHA, 1167.

573   **MELOUKA**

(M. Ahmed ben Kaddour, à Haraouet, commune mixte de
Frendah.)

1880. — 1ᵐ 54. Gris rouané truité, feu au poitrail
droit et au flanc du même côté.

766   **MELOUHA**

(M. Mohammed ben Amar, à Matmata, commune mixte
d'Ammi-Moussa.)

1880. — 1ᵐ 49. Gris moucheté, ladre marbré aux
lèvres.

758   **MEMLOUKA**

(M. Mahmed ben Taïeb, à Hallouya Cheraga, commune
mixte d'Ammi-Moussa.)

1881. — 1ᵐ 45. Bai, balz. post. dr.

512   **MENASFA**

(M. Ben Setti ben Allou, à Ouled Barkat, commune mixte de
Zemmorah.)

1882. — 1ᵐ 57. Gris clair rouané.

524   MENASFA

(M. Ben Amar ben Djerrah, à Ouled-Barkat, commune mixte
de Zemmorah.)

1884. — 1m 48. Gris foncé, rouané, balz. post. irr.
chaussées, ladre au naseau droit.

1103   MERAÏA

(M. Mohammed ben El Aouki, à Aïn-Regada, commune
de l'Oued-Zenati.)

1882. — 1m 48. Bai châtain, pelote bordée en tête,
balz. post. g. bordée, herminée.

1739   MERAÏA

(M. Lakdar ben Ahmed, à Megalsa, commune mixte
de Châteaudun.)

1885. — 1m 62. Noir mal teint, pelote en tête, balz.
post. g. dentée, herminée.

2001   MERAÏA

(M. Mohammed ben Aïssa, à Ksar-Belezma
commune mixte de l'Aurès.)

1885. — 1m 58. Bai, châtain foncé, balz. irr. post.

1989 **MERAÏA**

(M. Si Aïssa ben Ahmed, à Talha, commune mixte
des Eulmas.)

1887. — 1m 53. Gris blanc, feu aux genoux et aux
boulets, aux avant-bras.

1929 **MERBOUKA**

(M. Ahmed ben Rabah, à Krab'cha, commune mixte de M'sila.)

1885. — 1m 54. Gris clair pommelé, foncé aux extrémités.

694 **MERHAÏA**

(M. Mahmed Ould Touhanii, à Bekakra, commune indigène
d'Aïn-Sefra.)

1885. — 1m 48. Gris très foncé, rouané, irr. en tête
balz. post., irr. mouchetées.

1790 **MERIAMA**

(M. Mohamed ben Abdallah Hadjadj, à Touzeline, commune
mixte d'Oum-el-Bouaghi.)

1880. — 1m 51. Gris très clair, charbonné au flanc g.

583 ## MERIEM

(M. Kaddour ben Mohammed, à Khellafa-Gheraba, commune
mixte de Frendah.)

1876. — 1ᵐ 55. Gris fortᵗ truité, ladre marbré aux
lèvres, blessure accidentelle au garrot et au dos.

615 ## MERIEM

(M. Mohamed ben Yaya, à Ouled-Sidi-Khaled-Cheraga,
commune indigène de Tiaret-Aflou.)

1884. — 1ᵐ 54. Gris très clair, légᵗ rouané, ladre au
chanfrein, aux naseaux et aux lèvres.

971 ## MERZOUGA

(M. Ahmed Boutchicha, à Ouled-Aziz, commune mixte
d'Aïn-M'lila.)

1879. — 1ᵐ 53. Noir mal teint, en tête mélangé,
balz. post. g., cicatrice sur le dos, grisonné à la lèvre
sup.

1091 ## MERZOUGA

(M. Ahmed bel Hadj, à Merazga, commune mixte de Tébessa.)

1881. — 1ᵐ 52. Gris pommelé, crins foncés.

1813   MERZOUGA

(M. Tahar ben Chikh Brahim, à Ouled Sabor, commune mixte
des Eulmas.)

1883. — 1^m 52. Gris pommelé, fort^t moucheté à la
face, crins noirs.

1754   MERZOUGA

(M. Mohamed ben Ferhat, à Megalsa, commune mixte de
Châteaudun-du-Rhumel.)

1883. — 1^m 52. Gris clair, très lég^t. moucheté.

1861   MERZOUGA

(M. Mohamed ben Taïeb, à Ensigha, commune mixte de
Khenchela.)

1887. — 1^m 47. Gris pommelé moucheté, truité à l'encolure et à la face.

1841   MERZOUGA

(M. Mohamed Sghir ben Amar, à Ensigha, commune mixte
de Khenchela.)

1885. — 1^m 53. Bai brun, irrég^t en tête.

1350

MERZOUGA

(M. El Hadj Mohamed ben Lakal, à Siouf, commune mixte
de Téniet-el-Haâd.)

1889. — Noir. Par OULANI, 62, et ZERGA, 180.

1064

MESKIANA

(M. Rouvier, Etienne, commune mixte de la Meskiana.)

1885. — 1ᵐ 50. Noir mal teint, en tête prolongé sur
le chanfrein, ladre entre les naseaux, balz. post. dr.
chaussée.

159

MESSAOUDA

(M. Mohammed ben Larbi, à Sobah, commune mixte
du Chelif.)

1870. — 1ᵐ 46. Gris fortᵗ truité, ladre entre les naseaux et aux lèvres.

780

MESSAOUDA

(M. Djillali ben Gala, à Keraich-Cheraga, commune mixte
d'Ammi-Moussa.)

1872. — 1ᵐ 46. Gris clair, marquée de feu à la fesse
droite, ladre aux naseaux.

1106 ## MESSAOUDA

(M. Hadj Amar ben Lembarek, à Guerfa, commune de
l'Oued-Zenati.)

1872. — 1ᵐ 50. Gris clair truité, feu aux genoux.

463 ## MESSAOUDA

(M. Si Kaddour Ould Hadj Abdelkader ben Aied, à Tounin.)

1873. — 1ᵐ 50. Gris clair truité, charbonné à l'épaule
dr. et sur le flanc g.

137 ## MESSAOUDA

(M. El Maki ben Khamkham, à Retal, commune mixte
de Berrouaghia)

1874. — 1ᵐ 46. Gris très clair, lég¹ ladre marbré à
la lèvre sup., blessures accidentelles aux flancs.

1479 ## MESSAOUDA

(M. Brahim ben El Hadj M'hamed, à Retal, commune mixte
de Berrouaghia.)

1875. — 4ᵐ 54. Gris, fort¹ truité.

114

MESSAOUDA

(M. Hadj El Amri ben Saïd, à El-Khémaïs, commune mixte
de Téniet.)

1876. — 1^{m}53. Gris clair fort^t truité, petit ladre.

115

MESSAOUDA

(M. Mohammed ben Abdallah, caïd des Ouled-Messellem,
commune mixte d'Aumale.)

1876. — 1^{m}53. Gris clair truité, pommelé aux fesses,
cicatrice à la partie inf. des côtes à g.

1166

MESSAOUDA

(M. Abed ben Kaddour, à Tafelout, commune de Charon.)

1877. — 1^{m}50. Gris très clair truité, lég^t ladre aux
lèvres.

641

MESSAOUDA

(M. Hadj ould Khail, à M'Hamid, commune mixte de
Cacherou.)

1877. — 1^{m}46. Gris très clair, crins blancs, lèvres
noires.

863   MESSAOUDA

(M. Ahmed ben Cherif, à Meknessa, commune mixte
d'Ammi-Moussa.)

1877. — 1ᵐ 46. Alezan, en tête bordé, liste au chanfrein, ladre à la narine dr., balz. post. g.

1157   MESSAOUDA

(M. El Hadj Brahim, à Milianah.)

1878. — 1ᵐ 48. Gris clair, pommelé et truité, cicatrices à la base de l'encolure, à droite, au canon
post. g.

140   MESSAOUDA

(M. Hadda bel Hadj Mohammed, à Siouf, commune mixte
de Téniet.)

1878. — 1ᵐ 45. Gris clair pommelé, ladre aux naseaux et à la lèvre inf., blessure accidentelle au garrot
et au défaut des épaules.

1059   MESSAOUDA

(M. Mohammed Salah ben Abid, à Oulmen, commune
d'Aïn-Beïda.)

1878. — 1ᵐ 48. Gris très clair, ladre entre les naseaux.

1140

MESSAOUDA

(M. Ahmed ben Abdallah, à Duzerville.)

1878. — 1ᵐ50. Gris pommelé, rouané aux fesses, truité à l'avant-main, ladre aux naseaux et aux lèvres.

387

MESSAOUDA

(M. Jacob Achache, à Lamoricière.)

1889. — 1ᵐ45. Gris clair, fort¹ truité, ladre entre les naseaux et à la lèvre inf. charbonnée sur la croupe d.

579

MESSAOUDA

(M. Ben Cherif ben Mansour, à Beni-Ouindjel, commune mixte de Frendah.)

1879. — 1ᵐ52. Gris rouané, plus clair à la tête, ladre aux naseaux et aux lèvres, marquée de pointe de feu à l'hypocondre droit, 2 balz. post. haut chaussées.

814

MESSAOUDA

(M. Mohamed Bacha, caïd à Ouled Sabeur, commune mixte d'Ammi-Moussa.)

1879. — 1ᵐ51. Bai brun, en tête bordé, balz. latéra'es g.

1006

MESSAOUDA

(M. Ahmed Lakdar, à N'Gaous, commune mixte
d'Ouled-Soltane.)

1879. — 1m 52. Gris très clair, moucheté à la face,
feu à la naissance des épaules, aux genoux et aux boulets antérieurs.

1748

MESSAOUDA

(M. Bey ben Hamou, à Oued-el-Arbi, commune mixte
de Châteaudun-du-Rhumel.)

1879. — 1m 60. Bai brun foncé, feu et blessure accidentelle au garrot.

1986

MESSAOUDA

(M. Mansar ben Salah, à Oued-Abd-el-Rezeg, commune
mixte de l'Aurès.)

1879. — 1m 51. Gris clair truité, plus accusé aux
épaules.

1576

MESSAOUDA

(M. Salah ben Mohamed, à Ouled-Ahmet, commune
d'Aïn-Tagrout.)

1879. — 1m 49. Rouan clair, pommelé aux fesses,
fort truité, ladre entre, dans les naseaux, au bout du
nez et à la lèvre sup., feu au sommet des épaules.

1502

MESSAOUDA

(M. Embarek ben Cheikh, à Zenakra, commune mixte de
Boghari.)

1880. — 1^m 50. Gris très clair, oreille dr. fendue,
5 pointes de feu à l'épaule g.

1537

MESSAOUDA

(M. Saad ben Saad Saoud, à Oued-Ferha, commune mixte
d'Aumale.)

1880. — 1^m 50. Gris moucheté truité, ladre entre
les naseaux, blessure accidentelle à l'avant-bras dr.

1543

MESSAOUDA

(M. Touati ben Tahar, à El-Betam, commune de Bir-Rabalou.)

1880. — 1^m 52. Bai châtain foncé, 3 balz., 1 ant. g.,
oreille dr. fendue.

157

MESSAOUDA

(M. Mohammed ben Khamkham, à Retal, commune mixte
de Berrouaghia.)

1880. — 1^m 47. Rouan foncé, clair à la tête, ladre
entre et dans la narine g., feu arabe aux genoux et
aux boulets, blessure accidentelle au-dessus du jarret
dr., sur les tendons.

25

2027   **MESSAOUDA**

(M. Amar ben Ahmed, à Ouled-Belaguel, commune mixte
d'Aïn-M'lila.)

1880. — 1ᵐ 55. Gris pommelé, truité à la face, charbonné au flanc dr.

2040   **MESSAOUDA**

(M. Abdallah ben Salah, à Ouled Aziz, commune mixte
d'Aïn-M'lila)

1880. — 1ᵐ 56. Gris clair, très légᵗ truité, feu au
garrot.

2042   **MESSAOUDA**

(M. Ali ben Ghanem, à Ouled-Achour, commune mixte
d'Aïn-M'lila)

1880. — 1ᵐ 58. Gris foncé, pommelé, légᵗ truité à la
face.

113   **MESSAOUDA**

(M. Ahmed ben El Hadj. aux Ouled-Ferha, commune mixte
d'Aumale.)

1881. — 1ᵐ 47. Gris très clair, ladre marbré au bout
du nez, dans la narine dr. et aux lèvres.

438 ## MESSAOUDA

(M. Mohamed ben Kaddour el Azereg, à Achacha, commune
mixte de Cassaigne.)

1881. — 1ᵐ 47. Alezan foncé, q. q. poils blancs en
tête.

972 ## MESSAOUDA

(M. Tahar ben Lelmi, à Ouled-Sellem, commune mixte
d'Aïn-M'lila.)

1881. — 1ᵐ 55. Noir mal teint, en tête à g., balz.
latérales dr. herminées, principe post. g., raies de feu
a abe aux épaules.

1802 ## MESSAOUDA

(M. Si Mohamed ben Embareck, à Oued-Zaïm, commune
mixte des Eulmas.)

1881. — 1ᵐ 58. Gris pommelé, moucheté, plus accusé
à la face.

1916 ## MESSAOUDA

(M. Ben Kalfa ben Seddik, à Gherazla, commune mixte
de Maadid.)

1881. — 1ᵐ 48. Gris très clair, feu aux parotides.

164 ## MESSAOUDA

(M. Laredj bel Hadj Ahmed, à Tafelout, commune de Charon.)

1882. — 1^m 48. Gris très clair, ladre au chanfrein, aux naseaux et aux lèvres, marquée de feu aux épaules.

777 ## . MESSAOUDA

(M. Hadj Mohamed ben Souda, à Keraïche-Cheraga, commune mixte d'Ammi-Moussa.)

1882. — 1^m 50. Gris pommelé, rouané, ladre aux naseaux.

1521 ## MESSAOUDA

(M. Ben Malek ben Bou Agemi, à Oued-Driss, commune mixte d'Aumale.)

1883. — 1^m 55. Gris très clair, lég^t truité, crins blancs, ladre marbré aux naseaux et aux lèvres.

1514 ## MESSAOUDA

(M. Küss, à Téniet-el-Haâd.)

1883. — 1^m 49. Alezan doré, en tête interrompu, terminé par un petit ladre entre les naseaux, 3 balz. irr. herminées, dont 1 ant. dr.

1498   ## MESSAOUDA

(M. Mohamed ben Daas, à Zenakra, commune mixte de
Boghari.)

1883. — 1m 47. Gris pommelé et truité, ladre aux
naseaux.

1775   ## MESSAOUDA

(M. Mohamed ben Rezoug, à Ouled Sebaa, commune mixte
de Rirha.)

1883. — 1m 53. Gris blanc, ladre aux naseaux et
aux lèvres.

1474   ## MESSAOUDA

(M. Ben Aissa ben Djilali, à Oued Seghouan, commune mixte
de Berrouaghia.)

1884. — 1m 57. Gris très clair, ladre marbré aux
naseaux, crins blancs.

1484   ## MESSAOUDA

(M. Abdelkader bel Kassem, à Oued Seghouan, commune
mixte de Berrouaghia.)

1884. — 1m 55. Gris clair, légt truité, crins mélangés.

1158   MESSAOUDA

(M. El Hadj Makhfi, à Aïn-Sultane.)

1884. — 1ᵐ 52. Gris foncé rouané.

1532   MESSAOUDA

(M. Mohammed ben Embarek, à Aumale.)

1884. — 1ᵐ 50. Gris très clair pommelé, un peu de ladre entre les naseaux.

840   MESSAOUDA

(M. Baghda ben Daouadji, caïd à Ouled-Yaich, commune mixte d'Ammi-Moussa.)

1884. — 1ᵐ 50. Gris pommelé, rouané, ladre aux lèvres.

1779   MESSAOUDA

(M. Abdelkerim ben Si Saïd Bouzid, à Sidi-Regheis, commune mixte d'Oum-el-Bouaghi)

1884. — 1ᵐ 47. Gris foncé, pommelé, rouané.

1804   **MESSAOUDA**

(M. El Hanachi ben El Hadj Lakdar, à Oued-bel-Aouchet,
commune mixte des Eulmas.)

1884. — 1ᵐ 52. Alezan, pelote en tête, liste au chanfrein, balz. post. g. irr. et bordée.

1876   **MESSAOUDA**

(M. Mohamed ben Salah, à Oued-Khiar, commune mixte
de Souk-Ahras.)

1884. — 1ᵐ 52. Gris pommelé, truité à la face.

1958   **MESSAOUDA**

(M. Ahmed ben Saïd, à N'gaous, commune mixte
des Ouled-Soltane.)

1884. — 1ᵐ 57. Gris foncé, pommelé, rouané, légᵗ
moucheté à la face.

1981   **MESSAOUDA**

(M. Mohamed Serir ben Si Ali, à Oum-er Rekha, commune
mixte de l'Aurès.)

1884. — 1ᵐ 51. Noir, balz. herminée post. g.

2002   **MESSAOUDA**

(Aïssa ben Acho, à Ksar Belezma, commune mixte
de l'Aurès.)

1884. — 1m 55. Gris pommelé rouané, feu au garrot.

2005   **MESSAOUDA**

(M. Embarek ben Abdallah, Ouled-Moussa, commune mixte
d'Ain-el-K'sar.)

1884. — 1m 45. Noir mal teint, légt rubican aux
flancs.

2023   **MESSAOUDA**

(M. Ahmed ben Amar, à Ouled Belaguel, commune mixte
d'Aïn-M'lila.)

1884. — 1m 62. Noir, en tête prolongé sur le chanfrein et entre les naseaux.

1523   **MESSAOUDA**

(M. Mafoud ben Amar, à Ouled Driss, commune mixte
d'Aumale.)

1885. — 1m 51. Rouan foncé, oreille droite fendue.

999

MESSAOUDA

(M. El Mana ben Saad, à Ouled-si-Slimane, commune mixte
des Ouled-Soltane.)

1885. — 1ᵐ 44. Gris pommelé, feu à la gorge.

1749

MESSAOUDA

(M. Salah ben Brahim, à Megalsa, commune mixte de
Châteaudun-du-Rhumel.)

1885. — 1ᵐ 48. Gris très légᵗ rouané, foncé aux
extrémités.

1874

MESSAOUDA

(M. Hadj el Hamri ben Belkassem, à Tiffech, commune mixte
de Sefia.)

1885. — 1ᵐ 48. Bai châtain, irrᵗ en tête, balz. post.,
oreilles fendues.

1882

MESSAOUDA

(M. Mohamed Arab ou bou Aïcha, à Tigrine, commune mixte
d'Akbou.)

1885. — 1ᵐ 46. Gris clair, truité à l'épaule dr.

1957   MESSAOUDA

(M. Amar ben Ali, à Markounda, commune mixte
des Ouled-Soltane.)

1885. — 1ᵐ 53. Gris foncé rouané, feu au garrot.

1978   MESSAOUDA

(M. Mohamed ben Ahmed, à Engala, commune mixte
de l'Aurès.)

1885. — 1ᵐ 50. Bai châtain, q. q. poils en tête, crins
blancs.

2033   MESSAOUDA

(M. Brahim ben Messaoud, à Ouled-Aziz, commune mixte
d'Aïn-M'lila.)

1885. — 1ᵐ 58. Gris pommelé, feu au garrot et aux
parotides.

2017   MESSAOUDA

(M. Saïd ben Larbi, à Aïn-el-Assafeur, commune mixte
d'Aïn-el-Ksar.)

1886. — 1ᵐ 55. Bai, fortʰ rubican.

2035   MESSAOUDA

(M. Amar ben Mohammed, à Oued-Belaguel, commune mixte
d'Aïn-M'lila.)

1886. — 1ᵐ 59. Bai brun, pelote bordée en tête.

1577   MESSAOUDA

(M. Ahmed Satoui ben Guitouani, à Ouled-Ahmed, commune
d'Aïn-Tagrout.)

1886. — 1ᵐ 57. Rouan très foncé, principe de balz.
post. dr., feu arabe aux genoux et aux poignets.

893   MESSAOUDA

(M. Amar ben Saad, à Ouled-Driss, commune mixte
d'Aumale.)

1887. — Bai. Par Cousse, 24, et Zerkaka, 178.

515   MESSAOUDA

(M. Hadj Mohamed ben Ahmed, à Ouled-Souid, commune
mixte de Zemmorah.)

1887. — Par Azedji, 7, et M'Barka, 714.

1798 **MEZSAOUDA**

(M. Saho ben Khalifa, à Oued-bel-Khir, commune mixte des Eulmas.)

1887. — 1^m 54. Gris fort^t rouané, crins foncés.

1879 **MESSAOUDA**

(M. Amar ben Salat, à Ouled-Khiar, commune mixte de Souk-Ahras.)

1887. — 1^m 46. Bai-brun, en tête, lég^t ladre entre les naseaux.

2009 **MESSAOUDA**

(M. Aberkane ben Mohamed, Ouled-Mehenna, commune mixte d'Aïn-Ksar.)

1887. — 1^m 55. Gris foncé rouané, truité à la face.

1154 **MESSAOUDA**

(M. Kaddour ben Djilali, à Sebaïa, commune d'Affreville.)

1888. — Souris rubicon, irrég^t en tête, balz. post. g.
Par BAHAR, 10, et KHEÏRA, 1153.

1292

MESSAOUDA

(M. Bou Abdalla ben Gourari, à Siouf, commune mixte
de Téniet-el-Haâd.)

1888. — Bai. Par OULANI, 62, et LOUISA, 124.

1418

MESSAOUDA

(M. Bouzid ben Kaddar, à El-Ghoualize, commune mixte
de l'Hillil)

1888. — Gris foncé. Par BADJI, 320, et CHERGUIA,
630.

1419

MESSAOUDA

(M. Ahmed ben Chabane, à Maoussa, commune de Mascara.)

1888. — Bai, en tête, petite balz. post. g., trace
opposée. Par ARCOLE, 264, et RABHA, 654.

1181

MESSAOUDA

(M. Laredj bel Hadj Ahmed, à Tafelout, commune de Charon.)

1889. — Gris, fort' en tête. Par REKEB, 213, et
BAKHTA, 1165.

1581 ## MESSAOUDA

(M. Mohamed ben Belkassem, à Souk-Ahras.)

1890. — Bai. Par MABROUK, 949, et ASFIA, 1124.

1629 ## MESSAOUDA

(M. Ali ben Mohamed ben Madhi, à Tilatou, commune mixte d'Aïn-Touta.)

1890. — Bai zain, sous poils de poulain. Par BAYDAR, 938, et HADDA, 997.

1214 ## MIGNONNE

(M. Dumont, Victor, à Rébeval.)

1881. — 1ᵐ 47. Alezan, en tête, ladre dans les naseaux et aux lèvres, balz. post. g.

853 ## MILIANA

(M. Hadj Kaddour ben Miliani, à Touarès, commune mixte d'Ammi-Moussa.)

1882. — 1ᵐ 48. Bai châtain, pelote en tête, ladre à la narine g.

4520

MIMI

(M. Ali ben Salem, à Oued Driss, commune mixte
d'Aumale.)

1886. — 1ᵐ 48. Gris pommelé, rouané, ladre aux
naseaux et aux lèvres.

1216

MINA

(M. Drumont, Victor, à Kouanin, commune de Rébeval.)

1882. — 1ᵐ 49. Bai cerise, en tête, petit ladre à la
lèvre sup.

2119

MINA

(M. Medjedded Ould el Hadj Djelloul, caïd de Sidi-Mohammed,
commune mixte de Zemmorah.)

1884. — 1ᵐ 53. Bai, pelote en tête, balz. post. chaussées et bordées, feu aux épaules.

503

MINETTE

(M. Cariol, greffier de la justice de Paix, à Relizane.)

1871. — 1ᵐ 52. Gris fortᵗ truité, moucheté et tisonné
sur les côtés de la poitrine.

1842 **MIRA**

(M. Tahar ben Belkassem, à Oued Rechaïch, commune mixte de Khenchela.)

1886. — 1ᵐ 56. Bai, baz. post. irrég. g.

618 **MISS**

(M. Domergue, adjoint aux Silos, commune mixte de l'Hillil.)

1884. — 1ᵐ 49. Alezan châtain, fortᵗ en tête, prolongé sur le chanfrein, ladre entre les naseaux, 4 balz. chaussées.

2039 **M'LILA**

(M. Cherif ben Bouziane, aux Ouled-Aziz, commune mixte d'Aïn-M'lila.)

1885. — 1ᵐ 59. Gris pommelé, moucheté, crins foncés.

2041 **M'LILA**

(M. Abdallah ben Salah, à Oued-Aziz, commune mixte d'Aïn-M'lila.)

1888. — 1ᵐ 47. Rouan pommelé, feu au sommet des épaules.

MOBARKA

(M. Abdelkader ben Ali ben Chergui, Sobah, commune
mixte du Chélif.)

119

1878. — 1ᵐ 45. Gris très clair, ladre aux lèvres.

MOBROUK

133

(M. El Hadj Mohammed bel Arbi, aux Beni Ghomerian,
commune mixte de Braz.)

1877. — 1ᵐ 49. Gris clair moucheté, ladre au bas du
chanfrein, entre dans les naseaux et aux lèvres.

MOUDJA

844

(M. Adda ben Kaddour, à Ouled Yaïch, commune mixte
d'Ammi-Moussa.)

1884. — 1ᵐ 45. Gris foncé, pommelé, rouané.

MOU-EL-KHEÏR

1173

(M. Salem ben Djilali, à Zeboudj El Ouost, commune
mixte du Chelif.)

1883. — 1ᵐ 45. Gris très clair, ladre aux naseaux,
pointe de feu à l'épaule droite.

410   MOU-EL-OULAD

(M. Bou Yacoub ould el Hadj el Aïd, à Achacha, commune
mixte de Cassaigne.)

1882. — 1ᵐ 59. Gris foncé rouané.

1348   MOULKHEIR

(M. El Adjeb ben Youssef, à Ouled-Ferah, commune mixte
d'Aumale.)

1888. — Noir jai. Par Lydia, 45, et Zenimia, 179.

1099   MOURZAGA

(M. Amar ben Hadj Abbès, à Btaïcha, commune mixte
de Tébessa.)

1878. — 1ᵐ49. Gris très clair, moucheté, crins foncés.

1943   M'SILIA

(M. Abdallah ben Bessia, à M'sila, commune mixte de M'sila.)

1885. — 1ᵐ57. Gris pommelé.

1019   N...

(M. Dufourg, à Biskra.)

1873. — 1ᵐ 47. Gris très clair fortᵗ truité.

1101 N...

(M. Lakdar ben Zoubaïr, à Ouled Anteur, commune mixte de Boghari.)

1875. — 1^{m}50. Gris fort^t truité, feu arabe à la pointe des fesses.

156 N...

(M. Mohamed ben Cheikh, à Ouled Allane, commune indigène de Boghar.)

1875. — 1^m.51. Gris très clair, feu arabe en raies aux épaules et en pointe au poitrail et à la base de l'encolure.

1020 N...

(M. Dufourg, à Biskra.)

1876. — 1^m 44. Gris très clair, fort^t truitée.

1101 N...

(M. Ferrat ben el Aouki, à Aïn-Regada, commune de Oued-Zenati.)

1884. — 1^m 51. Bai châtain, quelques poils en tête, principe de balz. post. g.

1161   N . . .

(M. Bou Alem ben Mohammed, à Lavarande.)

1885. — 1^m 52. Alezan, lég^t rubican, en tête prolongé par une liste s'étendant et bordée sur le chanfrein, dans le naseau droit et au bout du nez, balz. post. dr. irr.

889   N . . .

(M. Bou Amama ben Lekhal, à Ouled-bou-Ikni, commune mixte d'Ammi-Moussa.)

1886. — Gris rouané. Par AMMI-MOUSSA, 268, et EL-ADJOUZA, 887.

1652   N . . .

(M. Ben Cherif ben Mansour, à Beni-Ouindel, commune mixte de Frendah.)

1886. — Bai clair, q. q. poils en tête. Par EL-CHERGUI, 245, et MESSAOUDA, 579.

596   N . . .

(M. Limon, juge de paix, à Tiaret.)

1887. — Alezan, fort^t en tête, balz. post. Par FENADJI, 273, et ROUBA, 595.

888   N...

(M. Amama ben Lekhal, Ouled bou Ikni, commune mixte
d'Ammi-Moussa.)

1887. — Par CHEÏR, 331, et EL ADJOUZA, 887.

1846   N...

(M. Si Ali ben Belkassem, à Ouled bou Derhem, commune
mixte de Khenchela.)

1887. — 1ᵐ 49. Alezan, crins lavés, balz. post. chaussées.

1650   N...

(M. Si Djilali ben Mostepha, à Ouled Yaïch, commune mixte
d'Ammi-Moussa.)

1887. — Gris très foncé rouané, plus clair à la
tête, ladre entre les naseaux. Par ARCOLE, 264, et
TOUTA, 849.

1645   N...

(M. El Hadj Djilali ben el Kaim, à Ouled Maalah, commune
de Cassaigne.)

1887. — Gris foncé, liste en tête, ladre marbré dans
les naseaux, balz. post. irr. Par AL BORAK, 310, et
MALKHOUTA, 437.

1651   N...

(M. Dermani ben Doula, à Ouled Cherif Cheraga,
commune mixte de Tiaret.)

1888. — Gris, ladre entre les naseaux et aux lèvres.
Par ACHOUR, 293, et DOULA, 603.

1649   N...

(M. Ben Rabah ben Adda, à Ouled Sabeur, commune mixte
d'Ammi-Moussa.)

1888. — Bai, large liste terminée par du ladre
entre dans les naseaux et aux lèvres, balz. post. herminées, la g. chaussée. Par CHEÏR, 331, et SAHLA, 825.

1542   N...

(M. Lakhdar ben Kalifa, à Oued Driss, commune mixte
d'Aumale.)

1890. — Bai brun. Par ZERGA, 1541.

1694   N...

(M. Haddad bel Hadj Mohammed, à Sioufs.)

1890. — Rouan foncé ladre aux naseaux et à la
lèvre inférieure. Par OULANI, 62, et MESSAOUDA, 140.

1670   N . . .

(M. Mohamed ben Houser, à Oued-Sly, commune mixte
du Chelif.)

1890. — Louvet foncé, belle face 4 balz. Par
REKAB, 1246, et ZOHORA, 1168.

1668   N . . .

(M. El Abed ben Ahmed, à Adaouras,
annexe de Sidi-Aïssa.)

1890. — Bai marron, en tête, ladre au bout du nez,
dans les naseaux, 3 balz. dont 1 ant. dr. Par JAFFRA,
38, et G'ZALA, 101.

1667   N . . .

(M El Abeb ben Ahmed, à Adaouras,
annexe de Sidi-Aïssa.)

1890. — Bai marron, en tête, balz. post. dr. Par
JAFFRA, 38, et LOUISA, 109.

1658   N . . .

(M. Rosfelder, Louis, à Pontéba,
commune d'Orléansville.)

1890. — Noir mal teint. Par MAKTOUM, 47, et BLAN-
CHETTE, 1185.

1593   N . . .

(M. Amma ben Salah, à Oued Khïar, commune mixte
de Souk-Ahras.)

1890. — Bai. Par AMRI, 966, et EMBARKA, 1592.

698   NAAMA

(M. Abed bel Hadj, à Djerara, commune mixte de Renault.)

1875. — 1ᵐ 50. Alezan clair, fortᵗ en tête, large liste
au chanfrein, ladre entre les naseaux, 2 balz. post. lat.
g.

764   NAAMA

(M. Hadj ben Aissa, caïd à Matmata, commune mixte
d'Ammi-Moussa.)

1878. — 1ᵐ 51. Gris très clair, crins blancs.

727   NAHLA

(M. Kaddour ben Djelloul, à Ouled Berkane, commune
mixte d'Ammi-Moussa.)

1880. — 1ᵐ 44. Gris truité.

116

NAHLA

(Etablissements hippiques de l'Algérie.)

1831. — 1^m 50. Gris clair, petit ladre marbré entre dans le naseau gauche et aux lèvres, raie de mulet.

669

NAHLA

(M. Kadda ould Abd-el-Kader, à Tircine, commune mixte de Saïda.)

1881. — 1^m 50. Gris pommelé rouané, ladre entre les naseaux, crins noirs.

1434

NAHKLA

(M. Ben Amar ben Djerrah, à Ouled Barkat, commune mixte de Zemmorah.)

1888. — Gris très foncé, en tête, ladre entre les naseaux, balz. post. Par BRAZIRA, 302, et MENASFA, 524.

785

NAKHLA

(M. M'Ahmed bel Hadj, à Keraïch-Cheraga, commune mixte d'Ammi-Moussa.)

1873. — 1^m 48. Gris truité, ladre à la narine gauche et aux lèvres.

661 ## NAKHLA

(M. El Hadj Kadda ben Hamou, à Tafrent, commune mixte
de Saïda.)

1879. — 1ᵐ 57. Gris très clair, crins blancs.

775 ## NAKHLA

(M. Hadj Ahmed bou Hafra, à Ouled-Bakhta, commune
mixte d'Ammi-Moussa.)

1880. — 1ᵐ 46. Gris pommelé, truité, crins noirs,
ladre au chanfrein, aux naseaux et aux lèvres.

532 ## NAKHLA

(M. Kaddour Belgassem, à Beni-Louma, commune mixte
de Zemmorah.)

1880. — 1ᵐ 48. Gris très clair, ladré au chanfrein,
aux naseaux et aux lèvres.

625 ## NAKHLA

(M. Maamar ben Ould Mustapha El Mahi, à Gueraïria,
commune de l'Hillil.)

1880. — 1ᵐ 48. Bai châtain, en tête prolongé par
une mince liste sur le chanfrein, ladre entre les naseaux, balz. diagonales dentées herminées g.

1068 NAKHLA

(M. Rabah ben el Hadj Aissaoui, à B'lala, commune mixte de
la Meskiana.)

1884. — 1^m 47. Bai châtain, pelote en tête, ladre entre les naseaux, balz. post. irr. chaussées et bordées.

1785 NAKHLA

(M. Si Messaoud ben Amar, à Sidi Regheis, commune
mixte de Oum-el-Bouaghi)

1885. — 1^m 51. Alez. clair, tort^t en tête prolongé sur
le chanfrein, ladre aux naseaux, crins lavés.

657 NAMA

(M. Mahmed ould Bouzid, à Tiffrit, commune mixte de Saïda.)

1881. — 1^m 51. Gris pommelé rouané, lég^t truité à la
face, un peu de ladre entre les naseaux.

1370 NANETTE

(M. Hadj Caddour ben Miloud, à Bellevue, commune de
Bellevue.)

1888. — Alezan, en tête prolongé par une liste se
terminant sur le chanfrein, balz. post. Par, AHMEUR,
254, et MARIE, 621.

875   NAS'RIA

(M. M'Saad ben Nassar, à Ouled El-Abbès, commune mixte
d'Ammi-Moussa.)

1877. — 1ᵐ 54. Gris très clair, crins blancs, 3 pointes de feu sur la croupe droite.

120   NEDJEMA

(M. Abdelkader ben Rebaha, à Beni-Merzoug, commune
mixte de Ténès.)

1874. — 1ᵐ 46. Gris moucheté truité, charbonné à la
pointe de l'épaule g. et sur la croupe.

1761   NEDJEMA

(M. Aïssa ben Sakri, à Ouled Bou-Haouffane, commune
mixte de Châteaudum-du-Rhumel.)

1875. — 1ᵐ 48. Gris blanc, ladre marbré aux lèvres,
feu aux parotides.

450   NEDJEMA

(M. Charef Bou Rabah, à Pélissier.)

1876. — 1ᵐ 48. Bai châtain clair, en tête prolongé,
ladre aux naseaux, balz. post. irr. chaussées, bouquet
de poils blancs sur le côté g. du dos.

784   NEDJEMA

(M. Aïssa ben Kaddour, à Keraïch-Cheraga, commune mixte
d'Ammi-Moussa.)

1877. — 1ᵐ 50. Gris, fortᵗ truité.

707   NEDJEMA

(M. Tasserat ben Rabah, à Ahl-el-Ghorin, commune mixte
de Renault.)

1879. — 1ᵐ 48. Gris foncé rouané, truité à la face,
marquée de feu à la pointe des épaules et aux genoux.

445   NEDJEMA

(M. Cherr Bou Khechich, à Pélissier.)

1880. — 1ᵐ 52. Alezan châtain clair, liste en tête
prolongée sur le chanfrein, balz. post. g., principe de
balz. aux 3 autres membres.

389   NEDJEMA

(M. de Lillo, administrateur.)

1882. — 1ᵐ51. Bai châtain, en tête, balz. post. dr.,
chaussée, principe de balz. au membre post. g., bouquet de poils blancs en arrière et de chaque côté du
garrot.

1890   NEDJEMA

(M. Cheriff ben Tadjin, à Guergour, commune mixte
de Guergour.)

1882. — 1^m 49. Gris très clair, crins blancs, oreilllle
droite fendue.

1799   NEDJEMA

(M. Embarek ben si Messaoud, à Ouklif, commune mixte
de Fedj M'zala.)

1883. — 1$_m$ 52. Bai, lég^t en tête, balz. irr. post.

1801   MEDJEMA

(M. Mahmoud ben Taïeb, à Oued-Sabeur, commune mixte
des Eulmas.)

1884. — 1$_m$ 53. Noir zain.

1811   NEKLHA

(M. Cherif ben Ahmed, Oued-Zaïm, commune mixte des
Eulmas.)

1885. — 1^m 51. Gris très clair pommelé, crins blancs,
ladre aux naseaux et aux lèvres.

1412

NEKHLA

(M. Kaddour ben Rami, à Flittas, coumune mixte de l'Hillil.)

1888. — Gris foncé. Par El-Chergui, 245, et Aziza, 620.

773

NEMLA

(M. Mohamed ben Gormith, à Ouled-Bakhta, commune mixte d'Ammi-Moussa.)

1879. — 1^m 45. Gris très clair truité, lèvres noires, marquée de feu aux épaules.

1137

NEMRA

(M. Mohammed ben Belkassem, à Ouled Soukiès, commune mixte de Souk-Ahras.)

1885. — 1^m 53. Gris pommelé, rouané, neigé sur le dos.

1796

NEMRA

(M. Si Ali ben El Hadj Chanoun, à Oued-Ali-ben-Nacer, commune mixte des Eulmas.)

1885. — 1^m 53. Gris clair, pommelé, crins foncés, lég^t moucheté à la face.

1595 ## NÉRA

(M. Maudemain, à Guelma.)

1884. — Alezan foncé, plus clair aux extrémités, principe de balz. post. dr.

467 ## NIASSA

(M. Mustapha ben Zouina ben Aïed, à Tounin.)

1877. — 1^m 53. Gris très clair, marqué, de feu à la pointe des épaules.

1825 ## NOUARA

(M. Hadj Lakdar ben Ali, à M'toussa, commune mixte de Meskiana.)

1883. — 1^m 59. Gris pommelé, plus foncé aux extrémités, charbonnée à la face.

1784 ## NOUARA

(M. Saïd ben Belkassem, à El-Hassi, commune mixte d'Oum-el-Bouaghi.)

1884. — 1^m 52. Gris pommelé, rouané, lég^t truité à la face.

2022 ## NOUARA

(M. Zeroual ben Chebbouch, à Oued-Drid, commune mixte
d'Aïn-M'lila.)

1885. — 1ᵐ 56. Bai châtain, pelote en tête, ladre
entre les naseaux.

1782 ## NOUNA

(M. El Hamel Mohamed ben El Hamel, à Ouessa, commune
mixte d'Oum-el-Bouaghi.)

1879. — 1ᵐ 48. Gris rouané, légᵗ truité à la face.

1061 ## NOUNA

(M. Mohamed Salah ben Larbi, à Oulmen annexe d'Aïn-Beïda.)

1885. — 1ᵐ 52. Alezan clair, fortᵗ en tête prolongé,
ladre entre les naseaux, balz. post. chaussées.

1791 ## NOUNA

(M. Mohamed ben Abdallah (Had adj), à Touzeline, commune
mixte d'Oum-el-Bouaghi.)

1891. — Bai. Par KRALEB, 94, et MERIANA, 1790.

27

1664   N'SIB

(M. Aïssa ben Bouzid, à Ouled-Barka, commune mixte
d'Aumale.)

1890. — Bai, en tête, balz. post. g. Par EULAM, 239,
et SADIA, 176.

1134   OBARA

(M. Ali ben Abid, à Ouled-Soukiès, commune mixte
de Souk-Ahras.)

1884. — 1^m 50. Bai zain.

1328   OUAGUEDEB

(M. Mohammed ben Cheikh, à Ouled-Allane, commune
indigène de Boghar.)

1889. — Par BOUCIF, 216, et ACHOUBA, 156.

388   OUALLOUTA

(M. Si Mohamed ben Chaïb Bedra, à Ouled Mimoun, commune
mixte d'Aïn-Fezza.)

1877. — 1^m 53. Gris clair pommelé, lèvres et pourtour des yeux noirs.

568 ## OUARDA

(M. Ben Halima ould el Mahi, à Khallafa Cheraga, commune mixte de Frendah.)

1879. — 1ᵐ 52. Gris clair, truité très légᵗ, blessure accidentelle au garrot et sur le dos.

702 ## OUARIZAN

(M. Si Hamdane bou Guetaia, à Ouarizan, commune mixte de Renault.)

1872. — 1ᵐ 52. Gris truité, ladre aux naseaux, et aux lèvres.

171 ## OUASLA

(M. El Hadj el Hachemi ben S'fia, caïd d'Aïn El-Anseur, commune mixte de Téniet.)

1874. — 1ᵐ 50. Alezan foncé rubican, fortᵗ en tête prolongé par une liste terminée par du ladre, entre les naseaux et dans la narine droite, feu arabe aux parotides, oreille droite fendue.

1938 ## OUDIA

M. Mabrouk ben Ahmed, à M'tarfa, commune mixte de M'sila.)

1886. — 1ᵐ 57. Gris pommelé, ladre aux naseaux, feu aux genoux et aux boulets.

121 OUM-EL-KHEIR

(M. Abdelkader ben El Hadj M'barek, Oued Séghouan,
commune mixte de Berrouaghia.)

1872. — 1ᵐ 51. Gris fortᵗ truité, ladre entre les naseaux et aux lèvres.

517 OUM-EL-KHEÏR

(M. Adda bou Haddi, caïd à Beni-Issaad, commune mixte
de Zemmorah.)

1879. — 1ᵐ 50. Alezan châtain foncé, légᵗ en tête
liste au chanfrein, ladre entre les naseaux, balz. post.
g., neigé sur le corps.

1930 OUM-EL-KEÏR

(M. Saïd ben Sedira, à Saïda, commune mixte de M'sila.)

1885. - 1ᵐ 52. Bai brun foncé, balz. post. dentées
herminées, principe de balz. membres ant.

1095 OUM-EL-KHIR

(M. Mabrouk ben Salah, à Merazga, commune mixte
de Morsott.)

1879. — 1ᵐ 50. Gris très clair, légᵗ moucheté.

1752   ## OUMHANI

(M. Amar ben Hamou, à Tim Telaoin, commune mixte
de Châteaudun-du-Rhumel.)

1883. — 1ᵐ 52. Alezan, irrᵗ en tête prolongé sur le
chanfrein, ladre aux naseaux et aux lèvres, 3 balz. les
post. haut chaussées, 1 ant. dr. petite.

622   ## OURIDA

(M. El Hadj Ahmed Ould El Lakhdar, au douar Flitta,
commune mixte de l'Hillil.)

1879. — 1ᵐ 48. Gris très clair, moucheté truité,
ladre aux naseaux et aux lèvres.

1017   ## OURIDA

(M. Mohamed ben Marir, à Biskra.)

1880. — 1ᵐ 52. Gris pommelé, feu le long des épaules
à la base de l'encolure.

1794   ## OURIDA

(M. Ali ben Ferhat, à Tella, commune mixte des Eulmas.)

1885. — 1ᵐ 52. Gris très clair.

1287   OURIDA

(M. Abdelkader ben Ali ben Chergui, à Sobah, commune
mixte du Chelif.)

1889. — Noir. Par CILAM, 234, et EL-ALALIA, 117.

1162   PAULINE

(M. Abdelkader ben Mohamed, à Malakoff, commune mixte
du Chelif.)

1879. — 1ᵐ 54. Gris clair, pommelé, truité, ladre à
la narine dr.

601   PERLE

(M. Guelpa, à Tiaret.)

1879. — 1ᵐ 54. Gris très clair, très légᵗ truité, ladre
aux naseaux et aux lèvres.

172   PIERRETTE

(M. de Bonand, à Boufarik.)

1879. — 1ᵐ 46. Gris clair, ladre au bas du chanfrein, entre dans les naseaux et aux lèvres.

386   PUCE

(M. Faure, Jacques, sous-préfet, à Sidi-Bel-Abbès.)

1877. — 1^m 51. Gris très clair, charbonné à l'épaule dr., blessure accidentelle au garrot et à la face interne du jarret dr.

1129   RABAH

(M. Amar ben N'Sib, à Ouled-Soukiès, commune mixte de Souk-Ahras.)

1881. — 1^m 49. Gris foncé, pommelé, rouané.

1921   RABAH

(M. Mohamed ben Saad, à Metarfa, commune mixte de M'sila)

1885. — 1^m 62. Gris pommelé.

600   RABHA

(M. El Hadj Mohamed bou Azza, à Ouled ben Affan, commune mixte de Tiaret.)

1872. — 1^m 51. Gris clair lég^t truité, charbonné au sommet des épaules, ladre aux naseaux.

654 **RABHA**

(M. Ahmed ben Chabane, à Maoussa, commune mixte de Mascara.)

1873. — 1ᵐ 54. Gris clair, crins blancs, ladre marbré aux lèvres, marquée de feu au coude gauche.

564 **RABHA**

(M. Bachir ben Mohammed, à Haraouet, commune mixte de Frendah.)

1875. — 1ᵐ 48. Gris moucheté et truité.

628 **RABHA**

(M. M'hamed ben Bakhti, à Ghoualize, commune mixte de l'Hillil.)

1877. — 1ᵐ 48. Gris pommelé rouané, ladre entre les naseaux.

419 **RABHA**

(M. Zahar Ben El Habib, à Beni Zenthis, commune mixte de Cassaigne.)

1878. — 1ᵐ 45. Gris clair pommelé, ladre entre les naseaux, dans le naseau gauche et aux lèvres.

637

RABHA

(M. Djelloul Ould Kadda bel Hachemi, à Ouled Aïssa-bel Abbès,
commune mixte de Cacherou.)

1880. — 1ᵐ 50. Gris rouané truité, lèvres noires,
oreille droite fendue.

624

RABHA

(M. Adda Ould Mohamed ben Rabah, à Ahl El Hassian,
commune mixte de l'Hillil.)

1881. — 1ᵐ 48. Gris très clair, très lég^t rouané, moucheté à l'encolure et à la partie ant. du corps, ladre
aux naseaux et aux lèvres.

998

RABHA

(M. Merzoug Ben Chafoud, à M'Cil, commune mixte
des Ouled-Soltane.)

1882. — 1ᵐ 49. Rouan, balz. post. g. tàche blanche
au jarret droit et aux reins, feu au garrot.

2122

RACHEDIA

(M. Miloud Oueld el Hadj, à Bel-Abbès, commune mixte
de Zemmora.)

1886. — 1ᵐ 56. Gris clair truité, feu aux genoux.

672   # RAÏDA

(M. Si Ahmed ben Maraouï, à Saïda.)

1884. — 1ᵐ 47. Gris pommelé, rouané. Par EL-BA-RAH, 258, et EL-HARRA, 671.

1087   # RAKA

(M. Brahim ben Ali, à Haraïssia, commune mixte de Morsott.)

1881. — 1ᵐ 51. Gris pommelé, ladre marbré aux naseaux et aux lèvres.

1421   # RAMDA

(M. Ahmed ben Maghraoui, à Saïda, commune de Saïda.)

1888. — Gris rouané, en tête à dr. prolongé. Par EL-LEDID, 348, et RAÏDA, 672.

1832   # RAOUADJA

(M. Hadj Abdel Azziz, à Aïn-Abid.)

1885. — 1ᵐ 57. Bai châtain clair, fortᵗ en tête prolongé sur le chanfrein, ladre aux naseaux et aux lèvres balz. chaussée ant. dr.

2121

RAOUIA

(M. Ricci, Fernand, à Blida.)

1884. — 1ᵐ 47. Gris très clair, moucheté.

473

RASSAUTA

(Etablissements hippiques de l'Algérie.)

1876. — 1ᵐ 52. Bai brun, légᵗ miroité, petit en tête mélangé, principe de balz. ant. dr.

1869

R'BAHA

(M. S'ba ben Ali, à Ouled-Khiar, commune mixte de Souk-Ahras).

1881. — 1ᵐ 54. Noir mal teint, balz. post. dentées et herminées.

2015

REBA

(M. Belkacem ben Torchi, à Zoui, commune mixte d'Ain-el-Ksar.)

1887. — 1ᵐ 56 Bai brun, quelques poils en tête, principe de balz. post. dr., feu au garrot et aux genoux.

1540 · REBAA

(M. Ahmed ben Mohamed ben Rahmani, à Ouled-Zenim, commune mixte d'Aumale.)

1875. — 1ᵐ 56. Gris truité, feu au boulet ant. g.

1545 REBAA

(M. Hadj Ali ben Rabah à Ouled-Zenim, commune mixte d'Aumale.)

1885. — 1ᵐ 48. Gris pommelé, rouané, ladre entre les naseaux, crins blancs.

588 REBEHA

(M. El Yahaoui ben Mohamed, à Ouisset, commune mixte de Tiaret.)

1878. — 1ᵐ 56. Gris foncé, moucheté et truité, lèvres noires, marquée de feu à la pointe des épaules.

1800 REBIA

(M. Aouès bel Hadj Lakdar, à Ouled bel Aouchat, commune mixte des Eulmas.)

1886. — 1ᵐ 51. — Gris très clair, ladre aux naseaux et aux lèvres, feu aux genoux.

649 **REBIHA**

(M. El Habib Ould Kada, à Terrifine, commune mixte de Cacherou.)

1877. — 1ᵐ 46. Gris très clair, très lég^t truité, ladre marbré aux lèvres.

974 **REBIHA**

(M. Lakdar ben Mohammed, à Oued Sellem, commune mixte d'Aïn-M'lila.)

1878. — 1ᵐ 55. Gris clair fort^t truité à la tête et sur le corps, ladre marbré au bout du nez et aux lèvres, feu aux parotides et au sommet des épaules.

1175 **REBIHA**

(M. Abdelkader ben Chergui, à Soba, commune mixte du Chelif)

1879. — 1ᵐ 46. Gris clair, lég^t truité, ladre marbré entre et dans les naseaux, au bout du nez et aux lèvres, cicatrice transversale au poitrail.

170 **REBIHA**

(M. Yacoub ben Yaya, aux M'fatah, commune mixte de Boghari.)

1881. — 1ᵐ 51. Gris pommelé rouané, 2 balz. lat. g., ladre à la lèvre sup. entre les naseaux et à la narine g., tâche blanche au garrot et sur le dos.

1877   REBIHA

(M. Amar ben Salah, à Ouled Khiar, commune mixte
de Souk-Ahras.)

1883. — 1ᵐ 48. Gris moucheté, charbonné aux flancs
à l'encolure et à la face.

1816   REBIHA

(M. Amar ben Aïssa, à Bazer, commune mixte des Eulmas.)

1885. — 1ᵐ 53. Alezan, en tête, large liste au chanfrein, ladre aux naseaux et aux lèvres, balz. latérales g.

2043   REBIHA

(M. Saad ben Mohammed, à Ouled-Aziz, commune mixte
d'Aïn-M'lila.)

1887. — 1ᵐ 50. Gris très foncé, fortᵗ rouané.

1647   REBOUHIA

(M. Ahmed ben Habida, à Ghoualize, commune mixte
de Cassaigne.)

1889, — Bai clair. Par C'GER, 327, et KHERBA, 629.

REYADA

167

(M. Si Henni ben Es Sahia, caïd des Medjadja, commune mixte du Chelif.)

1876. — 1^m 61. Gris foncé, moucheté, feu aux deux genoux et aux épaules.

REZILAH

1438

(M. Ben Abdallah Ould Abdelkader, à Meghaouliá, commune indigène d'Aïn-Sefra.)

1888. — Bai châtain, grisonné au bout du nez. Par LABIOD, 681, et EMBARKA, 686.

RICHA

1290

(M. Abdelkader ben Ali ben Chergui, à Soba, commune mixte du Chelif.)

1888. — Rouan. Par KAZIM, 40, et MOBARKA, 119.

RIDA

2034

(M. M'Ahmed ben Latrech, à Ouled-Aziz, commune mixte d'Aïn-M'lila.)

1884. — 1^m 57. Gris pommelé, moucheté, feu au garrot.

1564 ## RIELNA

(M. Attard, à Sétif.)

1881. — 1ᵐ 56. Bai brun, en tête, feu arabe à l'épaule g.

1152 ## RIGOLETTE

(M. Sauveton, à Marengo.)

1880. — 1ᵐ 46. Gris.

1186 ## RIGOLETTE

(M. Taboni, à Orléansville.)

1882. — 1ᵐ 46. Gris très clair, très lég^t pommelé et truité.

1322 ## RIHA

(M. Laradj ben El Hadj Bakti, à Abid, commune mixte de Berrouaghia.)

1888. — Rouan. Par MARASKI, 49, et M'BARKA, 151.

614   RIM

(M. Khachena ben Amar, à Sahari-Cheraga, commune
de Tiaret-Aflou.)

1879. — 1ᵐ 55. Gris très clair, crins blancs, ladre
marbré aux lèvres, 3 raies de feu de chaque côté du
chanfrein.

1266   RIME

(M. Mohamed ben Rabah, à Ouled Driss, commune mixte
d'Aumale.)

1888. — Par, Lecoq, 43, et Chelbia, 92.

1188   RISETTE

(M. Rosfelder, à Pontéba, commune d'Orléansville.)

1887. — Gris foncé, rouané, fortᵗ en tête, 3 balz. irrég, dont 1 ant. bordée. Par, Khalifa, 215, et Blanchette, 1185.

1210   RITA

(M. Dubouis, Jules, à Isserville.)

1885. — 1ᵐ 45. Rouan pommelé, plus clair à la tête.

28

595 ## ROUBA

(M. Limon, juge de paix, à Tiaret.)

1880. — 1^m 47. Alezan, châtain clair, 3 balz. 1 post.
g. chaussée, en tête fort^t prolongé sur le chanfrein,
ladre entre les naseaux, oreille d. fendue, marquée de
feu à la pointe des épaules.

2008 ## ROUBA

(M. Messaoud ben Belkacem, à Batna.)

1884. — 1^m 58. Gris foncé, crins noirs.

782 ## ROUKIA

(M. Si Kaddour bel Hadj, à Keraïch-Cheraga, commune
mixte d'Ammi-Moussa.)

1873. — 1$_m$ 48. Gris très clair, ladre marbré aux
lèvres.

1207 ## RUSETTE

(M. Pérès, Paul, à Bordj-Ménaiel.)

1834. — 1^m 49. Rouan pommelé, foncé aux membres,
ladre à la lèvre sup., cicatrice à la pointe des épaules.

175 ## SAADA

(M. Salem ben Mohammed, caïd des Adaoura, annexe
de Sidi-Aïssa.)

1878. — 1m 51. Bai châtain, lég^t en tête, grisonné
entre les naseaux, balz. post., la droite plus petite.

710 ## SAADA

(M. Miloud ben Sakemache, à El-Guerouaou,commune mixte
de Renault.)

1875. — 1m 52. Gris très clair, crins blancs, ladre
aux naseaux et aux lèvres.

452 ## SAADA

(M. Bou Azza Ould el Aïd, à Aïn-Tédelès,)

1879. — 1m 46. Gris clair, lég^t truité, un peu de ladre
aux naseaux et aux lèvres.

174 ## SAADA

(M. Bouzid ben el Abid, aux Ouled-Driss, commune mixte
d'Aumale.)

1881. — 1m 48. Gris clair, rouané, plus foncé aux
fesses et à l'extrémité ant. dr.

1933 **SAADA**

(M. Tahar ben Ahmed, à Saïda, commune mixte de M'sila.)

1883. — 1ᵐ 48. Gris clair, ladre aux naseaux et aux lèvres.

411 **SAADA**

(M. Kaddour ould El Hadj Mohammed El Mekki, à Achacha, commune mixte de Cassaigne.)

1884. — 1ᵐ 53. Gris très foncé rouané, balz. chaussée, post. g.

1980 **SAAIA**

(M. Bouziane ben Ahmed, à Engala, commune mixte de l'Aurès.)

1885. — 1ᵐ 55. Gris clair lég^t pommelé plus foncé aux crins et aux extrémités.

1086 **SAAKTA**

(M. Maamer ben Brahim, à Haraïssia, commune mixte de Tébessa.)

1882. — 1ᵐ 52. Gris rouané, truité à la face.

817

SABRIA

(M. El Mahadi ould El Hadj Kaddour à Ouled Sabeur,
commune mixte d'Ammi-Moussa.)

1879. — 1m 51. Bai châtain.

500

SADAOUÏA

(M. Hadj Abd el Kader ben Abbou, à Mina, commune mixte
de l'Hillil.)

1881. — 1m 55. Gris très clair, ladre aux naseaux.

176

SADÏA

(M. Aïssa ben Bouzid, aux Ouled Barka, commune mixte
d'Aumale.)

1877. — 1m 53. Gris clair légt rouané, ladre marbré
au bout du nez et aux lèvres, feu arabe à la partie sup.
des épaules.

717

SADÏA

(M. Hadj Ali ben Khalifa, à Hamadena, commune mixte de
Renault.)

1879. 1m 55. Gris truité rouané, 3 raies de feu de chaque côté du chanfrein, tache aubérisée à l'épaule d.

836 ## SADDOKIA

(M. Hadj Djillali ben Saddok, à Ouled Defelten, commune
mixte d'Ammi-Moussa.)

1883. — 1m 46. Bai châtain, en tête, balz. post.

755 ## SAFIA

(M. Bou Kadia bou Fartas, à Hallouya-Cheraga, commune
mixte d'Ammi-Moussa.)

1875. — 1m 47. Gris très clair moucheté, ladre entre
les naseaux.

SAF-SAF

(M. Duffau, Pierre, à Saf-Saf, commune de Tlemcen.)

1879. — 1m 50. Bai châtain foncé, bouquet de poils
blancs au garrot.

825 ## SAF-SAFA

(M Si Taieb ben Meddah, à Keraïch-Cheraga, commune
mixte d'Ammi-Moussa.)

1877. — 1m 47. Gris clair, légt truité moucheté, ladre
aux naseaux et aux lèvres.

825 ## SAHLA

(M. Ben Rabah ben Adda, à Ouled-Sabeur, commune mixte
d'Ammi-Moussa.)

1874. — 1ᵐ 47. Gris pommelé, rouané.

847 ## SAHLA

(M. El Hadj ben Aïssa ben Abdallah, à Ouled-Yaïch, commune
mixte d'Ammi-Moussa.)

1881. — 1ᵐ 43. Gris pommelé, rouané, lèvres noires.

728 ## SAÏDA

(M. Taïeb ben Mohamed, à Ouled-Barkane, commune mixte
d'Ammi-Moussa.)

1879. — 1ᵐ 46. Gris très clair, crins blancs, ladre
au chanfrein, aux naseaux et à la lèvre inférieure.

1174 ## SAÏDA

(M. Abdelkader ben Chergui, caïd à Soba, commune mixte
du Chelif.)

1880. — Gris très clair, légᵗ truité, ladre au bas du
chanfrein, entre dans les naseaux et aux lèvres, cicatrice transversale au poitrail.

1090

SAÏDA

(M. Ahmed ben Rahal, à Khenafsa, commune mixte
de Morsott.)

1882. — 1ᵐ 50. Gris foncé, pommelé, crins foncés,
feu aux genoux et aux boulets antérieurs.

834

SAÏDIA

(M. Ben Yamina ben Saïd, à Chekkala, commune mixte
d'Ammi-Moussa.)

1878. — 1ᵐ 48. Gris très clair, ladre aux naseaux
et aux lèvres, crins foncés.

513

SAÏFA

(M. L'Agha ben Allia ben El Hadj Djelloul, à Ouled bel Haïa,
commune mixte de Zemmorah.)

1882. — 1 57. Gris très clair, ladre aux naseaux et
aux lèvres, marquée de feu aux genoux, blessure accidentelle à la face interne du genou g.

837

SAÏHIA

(M. Djilali ben Saïah, à Ouled Defelten, commune mixte
d'Ammi-Moussa.)

1873. — 1ᵐ 47. Gris très clair, ladre aux naseaux.

1629 ## SALA

(M. Embarek ben Bouguera, à Ouled Rechaïch, commune
indigène de Khenchela.)

1889. — Bai, pelote en tête, petite balz. post. g.
Par PHILOSOPHE, 929, et HAMRA, 1051.

689 ## SALMIA

(M. El Hadj Kaddour ould bou Feldja, caïd à Bekakra,
commune indigène d'Aïn-Sefra.)

1884. — 1m 50. Gris pommelé rouané, lèvres noires.

1097 ## SAMAA

(M. Ali ben Lougris, à Mezazga, commune indigène
d'Aïn-Sefra.)

1884. — 1m 55. Bai, en tête prolongé par du ladre
entre les naseaux et aux lèvres, 3 balz. irr. 1 ant. g.

1892 ## SASSA

(M. Abdallah ben Kebela, à Dra-ben-Kebila, commune mixte
de Guergour.)

1884. — 1m 55. Gris foncé rouané, ladre aux naseaux
et aux lèvres.

1396 **. SBAHIA**

(M. Djilali ben Saïah, à Ouled-Defelten, commune mixte
d'Ammi-Moussa.)

1888. — Gris, en tête prolongé par une liste terminée par du ladre aux naseaux. Par SBAHI, 284, et
SAÏHIA, 837.

118 **SEBAHIA**

(M. Pons, administrateur, commune mixte de Tiaret.)

1871. — 1m 49. Gris très clair, ladre entre les naseaux et aux lèvres, blessures aux épaules.

884 **SEBCIA**

(M. Menouar ben Bachir, à Ouled-Ismeur, commune mixte
d'Ammi Moussa.)

1875. — 1m 50. Gris très clair, lèvres noires.

645 **SEBGUA**

(M. Kaddour ben Amar à Temoznia, commune mixte
de Cacherou.)

1872. — 1m 54. Gris fort truité, charbonné au sommet des épaules.

734 ## SEBIA .

(M. Si Abdelkader ben Taïeb, à Maacen, commune mixte
d'Ammi-Moussa.)

1882. — 1ᵐ 49. Gris clair rouané.

1081 ## SEHILIA

(M. Mohamed ben Younis, à Oued-Brik, commune mixte de
Morsott.)

1885. — 1ᵐ 49. Gris pommelé rouané.

668 ## SEÏARA

(M. Mimoun bel Hachemi, caïd à Aïn-Sultane, commune
mixte de Saïda.)

1883. — 1ᵐ 51. Gris fortᵗ rouané.

1384 ## SEKKOUMA

(M. Si Tahar ben Medjahed, à Ouled-Moudjeur, commune
mixte d'Ammi-Moussa.)

1887. — Gris, fortᵗ en tête prolongé par une large
liste se terminant sur le chanfrein. Par BEYROUTH, 270,
et GH'ZALA, 866.

1858   . SEKOURA

(M. Mohammed ben Bel Aïd, à Ensigha, commune mixte de
Khenchela.)

1891. — Noir mal teint. Par ALGARO, 932, et HAMRA,
1857.

2047   SELAMIA

(M. Mahmoud ben Kara, à Aïn-M'lila, commune mixte
d'Aïn-M'lila.)

1888. — 1^{m}52. Gris très foncé, marquée de blanc au
pli du jarret g., feu au garrot.

559   SELEMIA

(M. Ben Ahmed ben el Hadj Menouer, caïd à Ouled-Barkat,
commune mixte de Zemmorah.)

1875. — 1^{m}55. Gris truité, ladre marbré aux lèvres
et aux naseaux.

2044   SELEMIA

(M. Lamri ben Hassein, à Oued-Sellem, commune mixte
d'Aïn-M'lila.)

1886. — 1^{m}55. Gris très foncé, pommelé, feu au
garrot.

480 ## SELIKA

(La Société de l'Habra et de la Macta, à Debrousseville.)

1888. — 1^m 62. Bai, châtain foncé, pommelé, pelote en tête prolongée sur le chanfrein, ladre aux naseaux et aux lèvres, 4 balz., les 2 post. chaussées.

763 ## SELMA

(M. Kaddour ben Missoum, à Matmata, commune mixte d'Ammi-Moussa.)

1878. — 1^m 49. Gris clair, crins blancs, ladre aux lèvres et aux paupières.

1945 ## SELMA

(M. Si Aissa ben Ahmed, à Oued-Selmane, commune mixte de M'sila.)

1879. — 1^m 52. Gris blanc, fort^t ladre à la face.

1934 ## SELMIA

(M. Lamri ben Zouaoui, à Oued-Selmane, commune mixte de M'sila.)

1881. — 1^m 48. Gris blanc, très lég^t truité, ladre marbré aux lèvres.

1894 ## SEMAÏA

(M. Messaoud ben Beddar, à Medjana, commune mixte
des Bibans.)

1885. — 1ᵐ 54. Gris très clair, crins blancs, ladre
aux naseaux et aux lèvres, crins lisses.

845 ## SEMAOUÏA

(M. El Hadj bou Fasse, à Ouled-Yaïch, commune mixte
mixte d'Ammi-Moussa.)

1876. — 1ᵐ 47. Gris fortᵗ truité et moucheté, charbonné aux épaules, crins noirs, oreille dr. fendue.

430 ## SENNIA

(M. Kaddour bel Habib, à Ouled-Maalah, commune mixte
de Cassaigne.)

1881. — 1ᵐ 48. Gris très clair, légᵗ moucheté, ladre
aux naseaux et aux lèvres.

1070 ## SERIA

(M. Belgassem ben M'hamed, à Rahia, commune mixte
do Meskiana.)

1883. — 1ᵐ 48. Gris pommelé rouané, ladre aux naseaux.

818

SERIRA

(M. El Mahadi Ould el Hadj Kaddour, à Ouled-Sabeur,
commune mixte d'Ammi-Moussa.)

1887. — Bai, q. q. poils en tête. Par BEDLAH, 315,
et SABRIA, 817.

1622

SETCOURA

(M. Mahmoud ben Renem, à Ouled Rechaich, commune
indigène de Khenchela.)

1890. — Rouan vineux, pelote en tête, prolongée par
une fine liste, petite ladre entre les naseaux balz. post.
g. Par ALGARO, 932, et GH'ZALA, 1039.

402

SEURFIA

(M. Ben Aouda ben Daoud, commune d'Aïn-el-Arba.)

1874. — 1m 51. Gris clair truité, ladre à la narine
gauche et à la lèvre sup., blessure accidentelle aux
hypocondres, marquée de feu en croix de chaque côté
du passage des sangles.

518

S'FAÏ

(M. Ben Ahmed ben El Hadj Menouer, à Ouled-Barkat,
commune mixte de Zemmorah.)

1880. — 1m 50. Blanc, ladre aux naseaux et aux
lèvres.

1554 <center>SHILIA</center>

(M. El Hasnaoui, à Ouled-Hamed, commune mixte de Morsott.)

1884. — 1ᵐ 54. Gris rouané.

665 <center>SIADA</center>

(M. Mohamed ben Safir, cadi, à Saïda.)

1880. — 1ᵐ 55. Gris pommelé truité, ladre entre les naseaux et aux lèvres.

1820 <center>SÏISSA</center>

(M. Arrar ben Tahar, Beida Bordj, commune mixte des Eulmas.)

1885. — 1ᵐ 56. Gris foncé pommelé, crins noirs, feu aux genoux et aux boulets.

800 <center>SOBIA</center>

(M. Abd el Hadi ben Soudani, à Keraïch Gheraba, commune mixte d'Ammi-Moussa.)

1873. — 1ᵐ 45. Gris fortᵗ truité, lèvres noires, crins blancs.

1200 <center>SOPHIE</center>

(M. Demolin, avoué, à Tizi-Ouzou.)

1884. — 1ᵐ 52. Rouan vineux, fortᵗ truité, balz. post. droite.

868 ## SULTANA

(M. Kaddar ben Ali, à Ouled-Moudjeur, commune mixte
d'Ammi-Moussa.)

1873. — 1m 49. Gris, fortt moucheté, truité, charbonnée sur la fesse dr., ladre aux naseaux.

752 ## SULTANA

(M. M'Ahmed ben Taïeb, à Hallouya-Cheraga, commune
mixte d'Ammi-Moussa.)

1875. — 1m 51. Gris clair, légt truité, lèvres noires.

826 ## SULTANA

(M. Bekouçh ben Aouda, à Ouled-Sabeur, commune mixte
d'Ammi-Moussa.)

1877. — 1m 51. Gris très clair, lèvres noires.

761 ## SULTANA

(M. Mohamed ben Saïd, à Hallouya-Cheraga, commune mixte
d'Ammi-Moussa.)

1878. — 1m 48. Gris très clair, légt truité, marquée
de feu aux fesses, ladre marbré à la face.

29

1121   SULTANA

(M. Larbi ben Abdallah, à Oued-bou-Afia, commune mixte
de Sedrata.)

1882. — 1ᵐ 52. Bai châtain, pelote en tête.

1478   SULTANA

(M. Katir ben Zian, à Ouled-Deïd, commune mixte de
Berrouaghia.)

1884. — 1ᵐ 50. Gris truité, crins noirs, légᵗ ladre aux
deux lèvres, oreille dr. fendue.

473   SULTANE

(La Société de l'Habra et du Sig, à Debrousseville.)

1872. — 1ᵐ 40. Alezan, fortᵗ en tête prolongé sur le
chanfrein, ladre aux naseaux et à la lèvre inf.,
balz. post.. la g. haut chaussée.

177   SULTANE

(M. Louche, Edouard, administrateur-adjoint.)

1881. — 1ᵐ 61. Gris clair pommelé.

1594 # SURPRISE

(M. Bedouet, administrateur, commune mixte d'Ain-el-Ksar.)

1890. — Bai. Par MOKRANI, 992, et FOLIE, 981.

521 # TAHALLALET

(M. El Hadj Yaya ben El Hadj Djelloul, caïd à Dar-ben-
Abdallah, commune mixte de Zemmorah.)

1880. — 1m 52. Gris très clair, moucheté, lég^t rouané
aux flancs, marquée de 3 raies de feu de chaque côté du
chanfrein et à la pointe des épaules.

591 # TAKDEMPT

(M. Hadj Mohamed Ould Cadi, à Takdempt, commune mixte
de Tiaret.)

1879. — 1m 50. Gris clair truité, fort^t accusé à la
face, à l'encolure et au poitrail.

828 # TALBA

(M. Bekouch ben Aouda, à Ouled-Sabeur, commune mixte
d'Ammi-Moussa.)

1887. — Gris. Par REDJAD, 246, et SULTANA, 826.

144   **TAMOU**

(M. Mohamed bel Hadj Ahmed, à Bocca-Achaliff, commune
mixte du Chelif.)

1878. — 1ᵐ 40. Gris très clair, un peu de ladre à la
lèvre sup.

644   **TAOUESSE**

(M. El Hadj Daho ben Brahim, à M'bamia, commune mixte
de Cacherou.)

1876. — 1ᵐ 50. Gris très clair, moucheté, ladre aux
naseaux.

163   **TAOUS**

(M. Mohammed ben Saïd, aux Haraouat, commune mixte
de Téniet.)

1876. — 1ᵐ 47. Gris très clair, fortᵗ truité, cicatrices
sur le côté dr. du chanfrein et à g. sur les côtes.

147   **TAOUS**

(M. Hadj Mohammed ben Ouada, à Zeboudj-el-Ouost,
commune mixte du Chelif.)

1879. — 1ᵐ 48. Gris clair, ladre à l'extrémité inf. du
chanfrein et à la narine dr.

532 ## TAOUS

(M. Mahmed ould Ahmed ben Mahnane, à Haraouet, commune
mixte de Frendah.)

1883. — 1^m 48. Bai châtain zain.

805 ## TAOUS

(M. Mohamed ben M'Rabet, à Hallouya Gheraba, commune
mixte d'Ammi-Moussa.)

1884. — 1^m 48. Gris pommelé rouané.

516 ## TAOUS

(M. L'Agha bel Allia ben El Hadj Djelloul, à Ouled-bel-Haïa,
commune mixte de Zemmorah.)

1884. — 1^m 49. Alezan châtain, en tête fort^t prolongé sur le chanfrein, 2 balz. post. chaussées, ladre à
la lèvre inf. et lég^t à la lèvre sup.

1731 ## TAOUSSE

(M. Redjim ben Mohamed, à Megalsa, commune mixte
Châteaudun-du-Rhumel.)

1883. — 1^m 52. Gris pommelé rouané, ladre aux
naseaux et aux lèvres, feu aux épaules, tisonné aux
flancs.

697   TARIA

(M. Si El Hachemi ben Si M'hamed, à Ouled-Selam,
commune mixte de Renault.)

1878. — 1ᵐ 59. Gris très clair, crins blancs, ladre au
chanfrein, aux naseaux et aux lèvres.

149   TATA

(M. Kaddour ben Mohammed, à Sobah, commune mixte
du Chelif.)

1872. — 1ᵐ 48. Gris très clair, moucheté, ladre à la
lèvre sup., marquée de feu à la pointe des épaules,
crins blancs.

778   TELDJA

(M. Snous i ben Rabah, à Keraïch-Gheraba, commune
mixte d'Ammi-Moussa.)

1874. — 1ᵐ 49. Gris truité, oreille dr. fendue.

768   TELDJA

(M. El Hadj M'Ahmed ben Abderrhaman, à Ouled-Bakhta,
commune mixte d'Ammi-Moussa.)

1877. — 1ᵐ 48. Gris très clair, ladre marbré à la
face, crins blancs.

1193 ## TEMDA

(M Taïeb ben Ali, à Belloua, commune de Tizi Ouzou.)

1877. — 1ᵐ 45. Gris, fortᵗ truité, ladre aux lèvres.

1075 ## TERCHA

(M. Zine ben Othman, à Ouled Brik, commune mixte
de Morsott.)

1880. — 1ᵐ 50. Bai brun foncé, pelote en tête.

770 ## T'FAHA

(M. Kaddour bel Larbi, à Ouled-Bakhta, commune mixte
d'Ammi-Moussa.)

1880. — 1ᵐ 50. Gris très clair, crins blancs, ladre
à la face, oreille dr. fendue.

852 ## THOUÏLA

(M. Ali ben Zahia, à Ouled-Yaich, commune mixte
d'Ammi-Moussa.)

1879. — 1ᵐ 55. Bai brun, 3 balz., 1 ant. dr.

662 TITEM

(M. Abd el Kader ould Brahim, à Aïoun-el-Beranis, commune
mixte de Saïda)

1879. — 1^m 48. Alezan, en tête irr., prolongé par une fine liste, ladre entre les naseaux, balz. post.

605 TLILET

(M. Abd el Kader ben Adda, à Guertoufa, commune mixte
de Tiaret)

1880. — 1^m 50. Alezan châtain foncé, pelote en tête, large liste sur chanfrein, ladre aux lèvres, balz. chaussées.

544 TOUFOUF

(M. Ben Aouda ben Zian, à Beni-Dergoun, commune mixte
de Zemmorah.)

1877. — 1^m 51. Gris très clair, crins blancs, fort ladré à la face, aux naseaux et aux lèvres.

1580 TOUNIS

(M. Abdallah ben Larbi, cammune de Souk-Ahras.)

1883. — 1^m 50. Gris foncé pommelé.

849   TOUTA

(M. Si Djilali ben Mostefa, à Ouled-Yaïch, commune mixte
d'Ammi-Moussa.)

1879. — 1ᵐ 50. Gris très clair, ladre marbré aux
lèvres, 3 raies de feu sur le chanfrein.

790   TOUTA

(M. Ben Youssef ben Mahmed, à Keraïch-Gheraba, commune
mixte d'Ammi-Moussa.)

1884. — Alezan rubican brûlé, fortᵗ en tête, large
liste sur le chanfrein, ladre entre les naseaux, balz.
post. dr. chaussée.

849   TOUTIA

(M. M'Ahmed Ould Abed ben Khiter, à Ouled-Sabeur,
commune mixte d'Ammi-Moussa.)

1881. — 1ᵘ 49. Gris foncé rouané, ladre aux naseaux.

711   VAADA

(M. Hadj Draïeb ben Ouada, à Ouarizan, commune mixte
de Renault.)

1872. — 1ᵐ 50. Gris fortᵗ truité, marquée de feu à la
pointe des épaules et aux genoux, lèvres noires.

1527 **VALENTINE**

(M. Castanier, administrateur adjoint.)

1885. — 1ᵐ 52. Alezan rubican, très fortᵗ en tête, ladré aux naseaux et aux lèvres, 3 balz. irr., 2 latérales g. haut chaussées.

1941 **YAGOUBIA**

(M. Tabi ben El Hadj Mesfaï, à M'Sila, commune mixte de M'sila.)

1884. — 1ᵐ 55. Gris pommelé, rouané et légᵗ moucheté, extrémités foncées.

1742 **YAKHOUT**

(M. Messaoud ben Si Hamou, à Aïoun-el-Hadjez, commune mixte de Châteaudun-du-Rhumel.)

1884. — 1ᵐ 62. Gris moucheté, pommelé aux fesses.

730 **YAHSMIN**

(M. Bou Taga ben Mohamed, à Ouled-Berkane, commune mixte d'Ammi-Moussa)

1874. — 1ᵐ 44. Gris très légᵗ truité, marquée de feu de chaque côté du chanfrein et sur la croupe dr.

YAKOUTA

877

(M. Hadj Abd el Kader ben Bakti, à Mariouia, commune
mixte d'Ammi-Moussa.)

1873. — 1ᵐ 44. Gris clair truité, ladre aux naseaux,
marquée de feu au côté gauche du passage des sangles.

YAMENA

580

(M. Ahmed ben Mansour, à Beni-Ouindjel, commune mixte
de Frendah.)

1877. — 1ᵐ 52. Bai châtain, fortᵗ en tête, ladre aux
naseaux et aux lèvres, balz. post. chaussées, marquée
de feu sur la croupe droite, blessure accidentelle au
canon ant. dr.

YAMENA

2031

(M. Amar ben Tahar, à Ouled-Achour, commune mixte
d'Ain M'lila.)

1888. — 1ᵐ 50. Gris blanc, ladre au chanfrein, aux
naseaux et aux lèvres, feu au garrot.

YAMENA

1744

(M. Remech ben Taïeb, à Brana, commune mixte de
Châteaudun-du-Rhumel.)

1888. — 1ᵐ 47. Gris clair très légᵗ rouané, ladre
marbré aux naseaux et aux lèvres, feu au garrot.

1734   YAMINA

(M. Taïeb ben Madani, à Oued-el-Arbi, commune mixte de Châteaudun-du-Rhumel.)

1883. — 1^m 58. Gris clair truité, ladre au chanfrein, aux naseaux et aux lèvres.

1967   YAMINA

(M. Si Amor ben Si Saïd, à Ouled-Chellih, commune mixte d'Aïn-Touta.)

1884. — 1^m 50. Bai miroité, irr^t. en tête prolongé sur le chanfrein et aux lèvres, 4 balz. irr. dentées hermi-nées.

1886   YAMINA

(M. Aouès ben Saïd, à Guergour, commune mixte de Guergour.)

1884. — 1^m 50. Gris pommelé, crins lisses, lég^t charbonné au côté dr. du dos.

1571   YAMINA

(M. Treli ben Menaouar ben Ferhat, à Ouled-Sabeur, commune mixte des Eulmas.)

1885. — 1^m 56. Rouan pommelé, ladre au bout du nez et aux lèvres, feu à la pointe de l'épaule g.

YAMINA
1954

(M. Taïeb ben Lakhal, lieutenant au 3ᵉ spahis, commune de
Batna.)

1887. — 1ᵐ 55. Noir mal teint.

YOUSSEFIA
1940

(M. Bou Ras ben Hadj Amar, à M'Sila, commune mixte de
M'Sila.)

1882. — 1ᵐ 57. Gris pommelé rouané, légᵗ truité à la
face.

ZAABALA
821

(M. Mohamed bed Abbed, à Ouled-Sabeur, commune mixte
d'Ammi-Moussa.)

1878. — 1ᵐ 50. Gris très clair, très légᵗ moucheté,
ladre aux naseaux.

ZAHAR
1440

(M. El Hadj el Habib Ould Mebkhoul, à Ouled-Monsoura
commune indigène d'Aïn-Sefra.)

1888. — Bai, fortᵗ en tête en pointe. Par LABIOD, 681,
et MANSOURIA, 687.

557 ZAHARA

(M. Lazereg ben Djilali, à Ouled-Barkat, commune mixte
de Zemmorah.)

1874. — 1ᵐ 50. Gris très clair, crins blancs.

560 ZAHARA

(M. Bou Medine ben Cadi, caïd à Haraouet, commune mixte
de Frendah.)

1884. — 1ᵐ 56. Bai isabelle, principe de balz. post.
g., q. q. poils en tête.

1712 ZAHARA

(M. Taïeb ben Saïd, à Guelaat-bou-Sba.)

1884. — 1ᵐ 53. Gris clair, truité à l'encolure, feu
aux parotides, crins foncés.

841 ZAHIA

(M. Hadj Adda ben Ali, à Ouled-Yaïch, commune mixte
d'Ammi-Moussa.)

1877. — 1ᵐ 53. Gris très clair, ladre marbré à la
face, feu aux genoux.

446   ## ZAHRA

(M. El Aroui bel Aïd, à Tounin.)

1879. — 1ᵐ 54. Bai châtain foncé, 2 bouquets de poils blancs sur le côté dr. du garrot.

1275   ## ZAHRA

(M. Dahman ben Saad, à Ouled-Selama, commune mixte d'Aumale.)

1888. — Par LYDIA, 45, et KHORFA, 105.

2123   ## ZAHRA

(M. Ben Setti ben Allou caïd Ouled Barkat, commune mixte de Zemmorah.)

1886. — 1ᵐ 57. Gris, légᵗ rouané aux membres.

461   ## ZAÏA

(M. Djelti ben Djahari, à Aïn-Tédelès.)

1882. — 1ᵐ 54. Bai brun foncé, légᵗ en tête, un peu de ladre entre les naseaux, 3 balz. herminées et dentées dont une post. dr.

1331   ## ZAÏDA

(M. Mohammed ben Larbi, à Soba, commune mixte du Chelif.)

1888. — Alezan. Par EL-MALLEM, 31, et MESSAOUDA, 159.

883 ZAÏKAH

(M. Kaddour ben Khoumala, à Ouled-Ismeur commune mixte
d'Ammi-Moussa.)

1880. — 1ᵐ 48. Gris rouané, 3 raies de feu de chaque côté du chanfrein, fortᵗ ladrée aux lèvres.

647 ZAINEB

(M. Amar ben Moktar, à Chellag, commune mixte de
Cacherou.)

1885. — 1ᵐ 48. Alezan châtain clair, liste sur le
chanfrein, ladre aux naseaux, balz. post. gauche
haut chaussée, tache blanche à la face interne et au-
dessus du jarret dr.

1004 ZAKIA

(M. Ahmed ben Ali ben Djeraba, à El-K'Sour, commune
mixte d'Aïn-Touta.)

1883. — 1ᵐ 46. Bai châtain, balz. postérieures herminées.

577 ZANA

(M. Bou Allem ben Meki, à Merhoudia, commune mixte de
Frendah.)

1883. — 1ᵐ 48. Gris, rouané aux fesses, ladre aux
naseaux et à la lèvre supérieure.

1614 ## ZARA

M. Hamed ben Mohamed, à Ouled-bou-Derhem, commune
mixte de Khenchela.)

1890. — Rouan foncé, pelote en tête, ladre dans
le naseau g., balz. ant. Par RETARDATAIRE, 927, et
CHABA, 1027.

158 ## ZARA

(M. Mohammed ben Hadj Moussa, à St-Cyprien-les-Attafs.)

1874. — 1^m 53. Gris truité, blessures accidentelles
aux paturons antérieurs.

1136 ## ZARMOUMA

(M. Abdallah ben Amar, à Oued-Soukiès, commune mixte
de Souk Ahras.)

1873. — 1^m 48. Gris clair truité plus accusé à la
face, ladre marbré aux lèvres.

378 ## ZEGRARIA

(M. Kaddour ben Zegrar, à Tenazet, commune mixte
St-Lucien.)

1871. — 1^m 44. Gris, très fort^t truité, blessure accidentelle au jarret d.

412   ## ZEÏNA

(M. Abbès ould el Hadj Abdelkader ben Saïd, à Nekmaria,
commune mixte d'Aïn-Touta.)

1877. — 1m 46. Alezan, châtain foncé, larg^t en tête
prolongé sur le chanfrein, ladre aux lèvres, balz. post.
dr. haut chaussées, principe de balz. membre ant. dr.

876   ## ZEÏNA

(M. El Hadj bou Maza, à Mariouia, commune mixte d'Ammi-
Moussa.)

1879. — 1m 47. Gris clair, crins foncés, lég^t ladre
entre les naseaux.

1277   ## ZEKROUFA

(M. Sliman ben Maklouf, à Ouled-Meriem, commune mixte
d'Aumale.)

1888. — Bai châtain, en tête, petit ladre bordé entre
les naseaux. Par LECOQ, 43, et HOUDA, 107.

599   ## ZELDJA

(M. El Hadj Ahmed ben Adda, à Ouled-Lakred, commune
mixte de Tiaret.)

1877. — 1m 48. Gris clair, très lég^t moucheté, ladre
marbré aux naseaux et aux lèvres, oreille dr. fendue.

360 ZEMÉLIA

(M. Kaddour ben Smaïl, à Tenazet, commune mixte de St-Lucien.)

1880. — 1ᵐ 50. Gris truité, fortᵗ marquée sur la face, sur les épaules et les flancs.

674 ZENINA

(M. Saïd ould Mohamed, à Hassasna-Cheraga, commune indigène de Yacoubia.)

1875. — 1ᵐ 49. Gris pommelé rouané, ladre aux naseaux, marquée de feu de chaque côté du chanfrein.

179 ZENIMIA

(M. El Adjeb ben Youssef, aux Ouled Ferha, commune mixte d'Aumale.)

1879. — 1ᵐ 56. Gris pommelé rouané, truité à la tête, ladre au bout du nez et aux lèvres, oreille dr. fendue.

461 ZERGA

(M. El Hadj ben Bou Khalfa ben Rahman, à M'fata, commune mixte de Boghari.)

1871. — 1ᵐ 50. Gris très clair, légᵗ truité, ladre marbré aux lèvres.

1055 **ZERGA**

(M. Si Rabah ben Ahmed, à Oulmen, commune d'Ain-Beïda.)

1872. — 1ᵐ 52. Gris moucheté et truité.

1042 **ZERGA**

(M. Mohammed ben Embarek, à Oued-Rechaïch, commune indigène de Khenchela.)

1874. — 1ᵐ 57. Gris moucheté, foncé aux extrémités.

1045 **ZERGA**

(M. Ahmed ben Belgassem, à Oued-Ensiga, commune mixte de Khenchela.)

1876. — 1ᵐ 52. Gris foncé pommelé, crins mélangés.

980 **ZERGA**

(M. Si Taïeb ben Ali, à Cheddi, commune mixte d'Aïn-El-Ksar.)

1876. — 1ᵐ 66. Gris moucheté et truité, marquée de feu de chaque côté du garrot, à la naissance des épaules et aux boulets.

750   ZERGA

(M. Djillali ben Zoubir, à Hallouya-Cheraga, commune mixte
d'Ammi-Moussa.)

1876. — 1ᵐ43. Gris moucheté, ladre marbré aux
lèvres.

423   ZERGA

(M. Ben Salah ben Kaddour, à Beni-Zenthis, commune mixte
de Cassaigne.)

1876. — 1ᵐ43. Gris clair, truité, charbonné sur la
croupe.

128   ZERGA

(M. Ben Rhanem ben Mohamed, aux Haraouet, commune
mixte de Teniet-el-Haâd.)

1877. — 1ᵐ47. Gris pommelé, ladre au chanfrein,
entre les naseaux et aux lèvres, tâches noires accidentelles sur le côté gauche de la région dorsale.

428   ZERGA

(M. Bel Lahsen bel Hadj, à Tazgaït, commune mixte de
Cassaigne.)

1877. — 1ᵐ44. Gris très clair, ladre aux naseaux,
au périnée et aux mamelles.

458   ZERGA

(M. Priou, à Mostaganem.)

1878. — 1ᵐ49. Gris moucheté, charbonné aux flancs, ladre aux naseaux et très légᵗ à la lèvre inf.

1013   ZERGA

(M. Si Mohamed Sghir ben Ganah, à Biskra.)

1879. — 1ᵐ62. Gris moucheté et truité, ladre aux naseaux et aux lèvres, feu à l'épaule dr.

1050   ZERGA

(M. Ali ben Brahim, à Ouled-bou-Derhem, commune mixte de Khenchela.)

1880. — 1ᵐ53. Gris étourneau.

561   ZERGA

(M. Mohamed ben Hadj Allel, à Haraouet, commune mixte de Frendah.)

1880. — 1ᵐ52. Gris pommelé, truité à l'encolure et à la face, blessure accidentelle sur le côté g. du thorax.

1036   ZERGA

(M. Mohamed bel Ahmed, à Ouled-bou-Derhem, commune mixte de Khenchela.)

1881. — 1ᵐ48. Gris pommelé rouané, crins noirs.

1046   ZERGA

(M. Ahmed ben Brahim, à Remila, commune mixte
de Khenchela.)

1881. — 1^m 54. Gris pommelé, crins plus foncés.

806   ZERGA

(M. Ahmed bel Hadj, à Ha'louya-Gheraba, commune mixte
d'Ammi-Moussa.)

1881. — 1^m 50. Bai châtain, oreille dr. fendue.

180   ZERGA

(M. El Hadj Mohammed ben Lakal, à Siouf, commune mixte
de Téniet.)

1881. — 1^m 51. Gris pommelé, truité à la face, ladre
à la lèvre inf.

1859   ZERGA

(M. Si Belkassem ben Rabah, à Khenchela, commune mixte
de Khenchela.)

1881. — 1^m 56. Gris, fort' moucheté, truité.

1029   ZERGA

(M. Asnaoui ben Embarek, à Ouled-Tamza, commune mixte
de Khenchela.)

1882. — 1ᵐ 53. Gris très clair, moucheté et pommelé, ladre entre les naseaux.

1041   ZERGA

(M. Abdallah ben Mohammed, à Ouled-Bou-Derhem,
commune mixte de Khenchela.)

1882. — 1ᵐ 52. Gris foncé, pommelé.

1047   ZERGA

(M. Amar ben Abid, à Ouled-Rechaïch, commune indigène
de Khenchela.)

1882. — 1ᵐ 47. Gris foncé, pommelé, extrémités foncées.

1111   ZERGA

(M. Mohammed ben Abdallah, à Oued-Belgassem, commune
mixte de Sedrata.)

1882. — 1ᵐ 57. Gris clair, pommelé.

433 ZERGA

(M. Hadj Mohamed ben Hammadi, à Ouled-Maalah, commune
mixte de Cassaigne.)

1882. — 1ᵐ 45. Gris pommelé et moucheté, crins
foncés.

1792 ZERGA

(M. Douadi ben Hadj Sadi, à Guelt-Zerga.)

1882. — 1ᵐ 50. Gris très clair, ladre aux naseaux,
crins blancs.

1840 ZERHA

(M. Mohamed ben Kalkoul, à Oued-bou-Derhem, commune
mixte de Khenchela.)

1882. — 1ᵐ 47. Gris, légᵗ pommelé, crins foncés.

1541 ZERGA

(M. Lakdar ben Kalifa, à Ouled-Driss, commune mixte
d'Aumale.)

1883. — 1ᵐ 58. Gris très clair, crins foncés.

1476   ZERGA

(M. Si Ahmed ben Amida, à Beni-bou-Yacoub, commune
mixte de Berrouaghia.)

1883. — 1ᵐ 50. Gris truité, ladre au naseau sup.,
crins blancs.

985   ZERGA

(M. Amar ben Brahim, à Chemora, commune mixte
d'Ain-el-K'sar.)

1883. — 1ᵐ 61. Gris clair, légᵗ ladre entre les naseaux.

609   ZERGA

(M. El Hadj Mohamed Belkassem, à Torrich, commune mixte
de Tiaret.)

1883. — 1ᵐ 52. Gris foncé pommelé, ladre aux naseaux et aux lèvres, balz. post. g. haut chaussée.

1807   ZERGA

(M. Mohamed ben Amena, à Sakra, commune mixte
des Eulmas.)

1883. — 1ᵐ 49. Gris pommelé, truité, feu au garrot.

1052   ZERGA

(M. Mohammed Larbi ben Abdallah, à Ouled-bou-Derhem,
commune mixte de Khenchela.)

1884. — 1m 53. Gris de fer, balz. post. chaussées,
crins foncés.

1058   ZERGA

(M. Si el Bachir ben Ahmed, à Oulmen, commune mixte
d'Aïn-Beïda.)

1884. — 1m 46. Gris étourneau.

703   ZERGA

(M. Bou Khatem ben Tahar, à Ouarizan, commune mixte
de Renault.)

1884. — 1m 47. Gris pommelé, rouané.

816   ZERGA

(M. Abd el Kader bel Hadj à Ouled-Sabeur, commune mixte
d'Ammi-Moussa.)

1884. — 1m 50. Gris rouané, ladre à la lèvre sup.

1572   ZERGA

(M. Menouar ben Ferhat, à Ouled-Sabeur, commune mixte
des Eulmas.)

1884. — 1^m 53. Rouan foncé pommelé, plus clair à la
tête et aux extrémités inférieures.

1959   ZERGA

(M. Si Messaoud ben Mohamed, à Ouled-Fathma, commune
mixte des Ouled-Soltane.)

1884. — 1^m 60. Gris foncé, rouané.

1919   ZERGA

(M. Salah ben Si Abdallah, à Ouled-Saïdi, commune mixte
des Ouled-Soltane.)

1884. — 1^m 54. Gris pommelé, crins foncés, lég^t,
ladre entre les naseaux.

1028   ZERGA

(M. Mohamed ben El Aouès, à Ouled-Ensigha, commune
mixte de Khenchela.)

1885. — 1^m 50. Gris étourneau, balz. post.

608 **ZERGA**

(M. El Hadj Tahar ben El Arbi, à Aouisset, commune mixte de Tiaret.)

1885. — 1ᵐ 50. Gris de fer, plus clair sur le chanfrein.

1996 **ZERGA**

(M. Mohamed bel Hadj, à Bazer, commune mixte des Eulmas.)

1885. — 1ᵐ 55. Gris, légᵗ pommelé, crins foncés.

1966 **ZERGA**

(M. El Hamri ben Mohammed, à El-Ksour, commune mixte d'Ain-Touta.)

1885. — 1ᵐ 52. Gris foncé, pommelé, rouané.

1968 **ZERGA**

(M. Ahmed ben Lombarh, à Tilatou, commune mixte d'Ain-Touta.)

1887. — 1ᵐ 50. Gris foncé, pommelé, rouané, feu aux épaules.

468   ## ZERGA

(M. Mustapha ben Zouina ben Aïed, à Tounin.)

1887. — Bai, pelote en tête, principe de balz. membre post. dr. Par BEL-ALI, 442, et NIASSA, 467.

1515   ## ZERGA

(M. Küss, à Teniet-el-Haâd.)

1889. — Gris foncé, trace post. dr. herminée. Par DALEUR, 226, et MESSAOUDA, 1514.

1953   ## ZERGA

(M. Amar ben Abdelkader Rezeg, à Ouled-bou-Adjina, commune mixte des Oulad-Soltane.)

1889. — Gris pommelé, moucheté à l'encolure, feu aux parotides.

181   ## ZERGA-MERBOUHA

(M. Saddok ben Morsly, aux Hannacha, commune mixte de Berrouaghia.)

1877. — 1ᵐ 56. Gris clair lég^t truité.

1787 ## ZERIGA

(M. El Hadj Mamar ben Lamri (Amrane), à Aïn-Diss,
commune mixte de Oum-el-Bouaghi.)

1881. — 1^m 56. Gris truité, crins foncés.

1783 ## ZERIGA

(M. Si Belkassem ben Hamed (Diker), à Aïn-Babouche,
commune mixte de Oum-el-Bouaghi.)

1883. — 1^m 50. Gris pommelé, crins foncés, très lég^t
truité à la face.

1988 ## ZERIGA

(M. Si Aïssa ben Ahmed, à Talha, commune mixte
des Eulmas.)

1884. — 1^m 54. Gris blanc, feu aux épaules, aux
genoux et aux boulets.

1780 ## ZERIGA

(M. Hadji Salah ben Yaya, à Sidi-Regheis, commune mixte
d'Oum-el-Bouaghi.)

1886. — 1^m 50. Gris pommelé, rouané, crins foncés.

178 ## ZERKAKA

(M. Amar ben Saad, aux Ouled Driss, commune mixte d'Aumale.)

1880. — 1ᵐ 49. Gris très clair, ladre marbré aux lèvres, oreille dr . fendue, cicatrice au passage des sangles à g.

127 ## ZIADNIA

(M. Ben Aouda ben Tergou, à Sly, commune mixte du Chelif.)

1869. — 1ᵐ 54. Gris clair, moucheté et truité, oreille d. fendue.

1838 ## ZIAMA

(M. Puivarge, à Constantine.)

1882. — 1ᵐ 52. Bai, pelote bordée en tête, 3 balz. irr., chaussée 1 ant. g.

453 ## ZILI

(M. Mohamed ben Hadjar, à Bled-Touaria.)

1880. — 1ᵐ 54. Gris très clair, pommelé, ladre aux naseaux.

936

ZINA

(M. Zerari bel Hadj, à Ouled-Makhlouf, commune mixte d'Aïn-el-K'sar.)

1874. — 1ᵐ 58. Gris très clair.

643

ZINA

(M. Kaddour ben Chaouï, à M'Ahmid, commune mixte de Cacherou.)

1877. — 1ᵐ 50. Gris très clair, très lég^t truité, crins blancs.

575

ZINA

(M. Mechkour ben Salem, à Khalafa-Cheraga, commune mixte de Frendah.)

1877. — 1ᵐ 47. Gris clair, truité à la face, aux épaules et aux flancs, ladre aux naseaux et aux lèvres, feu sur les parotides, blessure accidentelle au défaut de l'épaule g.

848

ZINA

(M El Hadj Mohamed ben Kaddour, à Ouled Yaïch, commune mixte d'Ammi-Moussa.)

1878. — 1ᵐ 48. Gris très clair, crins blancs, ladre aux naseaux et aux lèvres.

31

736   **ZINA**

(M. Mohammed ben Safi, à Maaçen, commune mixte
d'Ammi-Moussa)

1879. -- 1ᵐ 48. Gris clair, crins blancs, ladre marbré aux lèvres et au périnée.

793   **ZINA**

(M. El Maouez ben Tahar, à Keraïch-Gheraba, commune
mixte d'Ammi-Moussa.)

1882. — 1ᵐ 41. Gris foncé pommelé, ladre aux lèvres.

1902   **ZINA**

(M. Zine ben Salem, à Sidi-Embareck, commune mixte
de Maadid.)

1884. — 1ᵐ 55. Gris très foncé pommelé rouané
neigé au côté droit.

1021   **ZINA**

(M. Taieb ben Djebar, à Remila, commune mixte
de Khenchela.)

1885. — 1ᵐ 52. Bai châtain, pelote en tête, liste au
chanfrein, prolongée entre les naseaux, 3 balz. irr.,
1 ant. g.

1354   # ZINA

(M. Şturm, à Chebli.)

1886. — Bai. Par MAHBOUL, 46, et AÏCHA, 722.

815   # ZINA

(M. Mohamed Bacha, caïd, à Ouled-Sabeur, commune mixte
d'Ammi-Moussa.)

1887. — Bai, balz. irr. Par RAAD, 281, et MESSAOUDA,
814.

1394   # ZINA

(M. Kaddour ben Kheboucha, à Ouled-el-Abbès, commune
mixte d'Ammi-Moussa.)

1888. — Gris rouané, en tête terminé par du ladre
entre dans les naseaux et aux lèvres. Par CHEIR, 331,
et KHEBOUCHIA, 874.

574   # ZINEB

(M. El Hadj Mechkour ben Amar, à Khalafa-Cheraga
commune mixte de Frendah.)

1880. — 1ᵐ 50. Bai châtain, rubican aux flancs et
aux côtes, fort' en tête prolongé sur le chanfrein,
ladre aux naseaux et aux lèvres, balz. post. dr.

1985 ZINEB

(M. Sarahoui ben Bala, à Bahli, commune mixte de l'Aurès.)

1880. — 1ᵐ56. Gris clair moucheté, plus accusé à l'encolure et à la face, feu au garrot.

488 ZORA

(La Société de l'Habra et du Sig, à Debrousseville.)

1874. — 1ᵐ49. Gris très clair, ladre aux naseaux, marquée par une croix sur le plat de l'épaule g.

464 ZOHRA

(M. Charef ould Ahmed ben Mahal à Rivoli.)

1875. — 1ᵐ50. Alezan, clair en tête, balz. post. g., feu au jarret g. et à la pointe des épaules.

721 ZOHRA

(M. Abeille, à St-Cyprien des Attafs.

1879. — 1ᵐ46. Gris très clair, crins de l'encolure foncés, lèvres noires.

562   **ZOHRA**

(M. Ahmed ben Djillali, à Ouled-Sidi-ben-Halima, commune
mixte de Frendah.)

1879. — 1ᵐ 47. Gris truité, fortᵗ accusé à la face.

1994   **ZOHRA**

(M. Saho ben Dacuadi, à Oued-Sabor, commune mixte de
Eulmas)

1880. — 1ᵐ 57. Gris clair pommelé, moucheté à la
face.

1584   **ZOHRA**

(M. Ali ben Salah, à Oued Khiar, commune mixte
de Souk-Ahras.)

1880. — 1ᵐ 55. Noir mal teint, 2 petites balz. post.

619   **ZHORA**

(M, El Akhermi ben Salah, à Douair Flitta, commune mixte
de l'Hillil.)

1881. — 1ᵐ 52. Gris pommelé rouané.

1147

ZOHRA

(M. Borély-la-Sapie, à Boufarik.)

1881. — 1ᵐ 50. Grts clair truité, ladre au bas du chanfrein, au-dessus de la narine gauche et à la lèvre sup.

1499

ZOHRA

(M. Lakdar ben Lahsen, à Oued-Moktar, commune mixte de Boghari.)

1882. — 1ᵐ 52. Gris très clair, ladre aux lèvres et aux naseaux, oreille dr. fendue.

1528

ZOHRA

(M. Aïssa ben Sliman, à Ouled-Ferha, commune mixte d'Aumale.)

1882. — 1ᵐ 54. Alezan, très fortᵗ en tête prolongé par du ladre aux naseaux et aux lèvres, 2 balz. post. haut chaussées.

994

ZOHRA

(M. Mohammed ben El Bey, à Oued-Chelih, commune mixte d'Aïn-Touta.)

1882. — 1ᵐ 48. Bai châtain, feu au chanfrein et au passage des sangles.

1100 ZOHRA

. (M. Ahmed ben Taïeb, à Megharsa, commune mixte
de Tébessa.)

18*2. — 1^m 48. Bai, irr^t en tête, finé liste au chanfrein, aux naseaux et à la lèvre inf., balz. post. g. irr.,
dentée et bordée.

1762 ZOHRA

. (M. Derradji ben Saad, à Oued-el-Arbi, commune mixte
de Châteaudun-du-Rhumel.)

1882. — 1^m 54. Rouan vineux, fort^t en tête, ladre aux
naseaux et aux lèvres, 3 balz. irr. haut chaussées,
1 ant. g.

555 ZOHRA

(M. Bel Kharoubi bel Hadj, à Ouled-Rafa, commune mixte
de Zemmorah.)

1883. — 1^m 46. Gris rouané, très lég^t truité.

1168 ZOHRA

(M. M'Ahmed ben Housser, à Sidi Laroussi, commune mixte
du Chelif.)

1883. — 1^m 48. Gris très clair, très lég^t moucheté,
lèvres noires, crins blancs.

1603 ## ZORAH

(M. Hamidou ben Yaçoub, à Penthièvre.)

1883. — 1^m55. Rouan clair, plus foncé à l'arrière-main, cicatrice au poitrail, feu au sommet des épaules et à l'épaule g.

381 ## ZOHRA

, (M. Dupré de St-Maur, à Arbal, commune de Tamzourah.

1884. — 1^m51. Bai châtain clair, extrémités plus foncées.

1767 ## ZOHRA

(M. Saad ben Said, à Oued-Mosseli, commune mixte de Rirha.)

1884. — 1^m50. Gris clair, feu aux genoux et aux boulets.

1925 ## ZOHRA

(M. Amar ben Ahmed, à Saïda, commune mixte de M'sila)

1884. — 1^m50. Noir mal teint, quelques poils blancs au garrot et au passage des sangles.

1871   ZOHRA

(M. Khelifa ben Brahim, à Oued-Khiar, commune mixte
de Souk-Ahras.

1885. — 1ᵐ50. Gris foncé rouané, marquée de blanc
au pli du jarret dr.

1900   ZOHRA

(M. Zourlech ben Mohammed, à Sidi-Embareck, commune
mixte de Maadid.)

1885. — 1ᵐ47. Bai, banquet de poils blancs côté dr.
du dos.

2011   ZOHRA

(M. Belkacem ben Belkouch, à Ksar-Belezma.)

1885. — 1ᵐ56. Bai, pelote en tête, balz. post. g.
herminée.

1917   ZOHRA

(M. El Haoussine ben Amar, à Gherazla, commune mixte
de Maadid.)

1887. — 1ᵐ53. Gris clair, ladre marbré aux lèvres,
feu au garrot, aux flancs et aux parotides.

1773   ## ZOHRA

(M. Arbi ben Mohammed, à El-Frikat, commune mixté
de Rhira.)

1888. — 1ᵐ 46. Gris très clair, lég* pommelé, crins
blancs.

1587   ## ZOHRA

(M. Taïeb ben Brahim. à Zarouria, commune mixte
de Souk-Ahras.)

1890. — Bai; Par Rusᵉ, 965, et ADJIA, 1586.

2030   ## ZROUDA

(M. Bel Abbès ben Embarek, à Oued-Achour, commune mixte
d'Ain-M'lila.)

1888. — 1ᵐ 50. Gris moucheté, fort* rouané, 3 balz.
1 ant. d. marquée de blanc au genou dr.

182   ## ZUEURDA

(Etablissements hippiques de l'Algérie.)

1880. — 1ᵐ 49. Gris très foncé, pelote en tête, ladre
entre les naseaux, petites balz. post. mouchetées et dentelées.

DÉRIVÉS DE LA RACE BARBE

MALES

183   ACHMET

(Etablissements hippiques de l'Algérie.)

1883. — 1ᵐ 53. Ar. b. Gris rouané plus clair à la tête, ladre marbré entre dans les naseaux dr. et aux lèvres.

1357   ACKEM

(M. Borély-La-Sapie, à Boufarik.)

1889. — Ang. ar. b. Par PÉLERIN, ang. ar. et BRUNETTE, 1146.

1249   AMALFI

(Etablissements hippiques de l'Algérie.)

1888. — 1ᵐ 46. Ar. b. Alezan doré, légᵗ rubican

184

ARCH

(Etablissements hippiques de l'Algérie.)

1882. — 1^m41. Ar. b. Bai marron, rubican, petite balz. post. g. dentelée.

184

BAÏA

(Etablissements hippiques de l'Algérie.)

1881. — 1^m55. Ar. b. Rouan, vineux foncé, tête plus claire, balz. irr. post. g. dentelée, trace opposée, grisonné au paturon ant. dr.

187

BAÏRAM

(Etablissements hippiques de l'Algérie.)

1884. — 1^m50. Ar. b. Alezan doré, en tête se prolongeant par une fine liste s'interrompant sur le chanfrein, reprenant au-dessous à dr. et terminée par du ladre entre dans le naseau dr. et à la lèvre inf., balz. post. g. bordée.

186

BALEK

(Etablissements hippiques de l'Algérie.)

1881. — 1^m55. Ar. b. Alezan doré, lég^t charbonné, lég^t en tête, petite balz. post. g. truitée.

188   **BAUTAM**

(Etablissements hippiques de l'Algérie.)

1884. — 1ᵐ 52. Ar. b. Alezan cuivré, zain.

1353   **BEN-CHICAO**

(M. Abeille, à St-Cyprien-les-Attafs.)

1889. — Ar. b. Par BEN-CHICAO, ar., et ZOHRA, 721, b.

494   **BOABDIL**

(M. Barbe, 20, rue de la Faisanderie, à Paris.)

1884. — 1ᵐ 49. Ar. b. Bai châtain, pelote en tête, balz. post. Par DOHENJITAR, ar., et SULTANE, 493, b.

1591   **BOU-SELLEM**

(M. Aboucaya Mardochée, à Sétif.)

1887. — 1ᵐ 53 .Ar. b. Bai foncé, q. q. poils en tête, balz. diag. g.

1507   **CARABI**

(M. Thénier, capitaine en retraite, aux Quatre-Fermes, commune de Blida.)

1888. — 1ᵐ 51. Ar. b. Alezan doré, pelote en tête, crins de la queue mélangés.

484   CARACO

(La société de l'Habra et de la Macta, à Debrousseville.)

1885. — 1ᵐ 51. Ar. b. Bai, châtain zain. Par
MOUANNAKI-SEMMRAOUI, ar. b., et GAZELLE, 482.

1408   CASSIS

(M. El Aïd ben Kaddour, à Achacha, commune mixte
de Cassaigne)

1888. — Ar. b. Bai, en tête, balz. post. Par MOUAN-
NAKI-SEMRAOUI, ar., et AZIZA, 425, b.

189   CEUNEZ

(Etablissements hippiques de l'Algérie.)

1885. — Ar. b. Gris foncé rouané, lég⁺ en tête.

190   CEUSOUF

(Etablissements hippiques de l'Algérie.)

1885. — Ar. b. Bai clair, en tête mélangé, balz. post.
herminées, crins mélangés.

191   # CHEDDID II

(Etablissements hippiques de l'Algérie.)

1881. — 1ᵐ 58. Ar. b. Bai clair, q. q. poils en tête, petit ladre entre les naseaux, petites balz. post. irr.

192   # CRAM

(Etablissements hippiques de l'Algérie.)

1885. — Ar. b. Bai clair, en tête prolongé par une forte liste bordée terminée par du ladre, entre dans le naseau dr. et aux lèvres, balz. post. irr. et chaussées, trace ant. g., crins mélangés.

212   # DAMI

(Etablissements hippiques de l'Algérie.)

1885. — 1ᵐ 40. Ar. b. Rouan vineux, extrémités un peu plus foncées, en tête 3 balz. irr. dont 1 ant. dr. petite raie cruciale.

193   # DEHHAK

(Etablissements hippiques de l'Algérie.)

1885. — Ar. b. Bai.

1355

DOURO

(M Bigle, demeurant à Drahria.)

1889. — Ar. b. Par MENDIL, ar., et DÉCEPTION, 723, b.

494

ÉTENDARD

(La Société de l'Habra et de la Macta, à Debrousseville.)

1887.— Ang. ar. b. Alezan, liste en tête. Par BRACO-NIER, ang. ar., et SULTANE, 473, b.

1444

FEHEUL

(Etablissements hippiques de l'Algérie.)

1888. — Ang. ar. b. Par CEYLON, ang. ar. et AÏCHA, 73, b.

194

FELLAH

(Etablissements hippiques de l'Algérie.)

1882. — 1m 57. Bai marron, en tête mélangé, petit, ladre entre les naseaux, charbonné à la fesse dr.

1254

FETIM

(Etablissements hippiques de l'Algérie.)

1888. — Ar. b. Par ANAZETH, ar., et ACHAÏA, 70, b.

1447

FILE

(Etablissements hippiques de l'Algérie.)

1888. — Ar. b. Par Anazeth, ar., et Djemila, 96, b.

1616

KADDOUR

(M. Hadj Ali ben Abdallah, à Ouled-Rechaich, commune
indigène de Khenchela.)

1890. — Ang. ar. b. Rouan très clair, ladre autour des yeux, au bout du nez et dans les naseaux et
aux lèvres. Par Daplia, ang. ar., et Daama,
1022, b.

1455

KASSA

(Etablissements hippiques de l'Algérie.)

1889. — Ar. b. Par Ammi-Moussa, 55, b., et Baroude,
198, ar. b.

666

KESSIR

(M. Mohammed ben Safir, cadi à Saïda.)

1887. — Ar. b. Par Krim, ar., et Siada, 665, b.

1611

LAZREG

(M. Mohamed ben El Aouès, à Ouled-Ensiga, commune mixte de Khenchela.)

1890. — Ang. ar. b. Rouan, en tête prolongé, ladre à la lèvre inf., 3 balz. dont 1 ant. dr., oreilles fendues. Par DAPLIA, ang. ar.; et ZERGA, 1028, b.

1373

L'ENDORMI

(M. Cherr Bou Khechich, à Pélissier.)

1888. — Ar. b. Alezan, en tête, crins lavés. Par FELLAH, 194, ar. b., et NEDJEMA, 445, b.

195

MA'IRLEB'CH

(Etablissements hippiques de l'Algérie.)

1880. — 1m 54. Ar. b. Bai châtain, q. q. poils en tête, petite liste au bas du chanfrein, petit ladre entre les naseaux, raie de mulet.

1282

MARQUIS

(M. Varlet, Jules, à Boufarik)

1887. — Ang. ar. b. Par PÈLERIN, ang. ar., et MARQUISE, 112, b.

1638 ## MARQUIS

(Etablissements hippiques de l'Algérie.)

1887. — Ar. b. Alezan cuivré, en tête prolongé par une liste terminée par du ladre entre les naseaux, balz. post. truitées, la g. chaussée, coup de lance à la face g. de l'encolure. Par KRALI, ar., et BICHETTE, 400, b.

1371 ## MELECK

(M. Mohammed ben Hadjar, à Bled-Touaria, commune de Bled-Touaria.)

1888. — Ar. b. Gris foncé, en tête. Par BAÏRAM, ar., et ZILI, 453, b.

1615 ## MERZOUG

(M. Amar ben Abid, à Ouled-Rechaich, commune indigène de Khenchela.)

1890. — Ang. ar. b. Rouan foncé, pelote en tête, balz. post. dr., trace opposée. Par DAPLIA, ang. ar., et ZERGA, 1047, b.

1867   # MESSAOUD

(M. Amar ben Belkassem, à Ouled-Rechaich, commune
indigène de Khenchela.)

1891. — Ang. ar. b. Gris. Par DAPLIA, ang. ar., et
NEDJEMA, b. 1866.

1460   # N. . .

(Etablissements hippiques de l'Algérie.)

1885. — 1m 51. Ar. b. Alezan, zain.

1358   # SAÏD

(Mme Vve Porcellaga, à Boufarik.)

1889. — Ar. b. Bai. Par ABOU SAOUD, ar., et ZOHRA,
1147, b.

1365   # SEROUR

(M. Kouïder ben Ayed, à Ighout, commune mixte
de Teniet-el-Haâd.)

1887. — Ar. b. Par SEROUR, ar., et GHABAA, 87, b.

196 ## SMAOUÏ

(Etablissements hippiques de l'Algérie.)

1881.— Ar. b. Alezan doré, ladre entre les naseaux, petite balz. ant. g.

2019 ## TARTARIN

(M. Bedouet, administrateur, à El Madher.)

1888.— 1^m 55. Ar. b. Bai châtain clair, pelote en tête, bordée prolongée sur le chanfrein, ladre aux naseaux et aux lèvres, balz. post., chaussées et bordées.

658 ## T'FOL

(M. Mahmed ould bou Zid, à Tiffrit, commune mixte de Saïda.)

1887. — Ar. b. Alezan, fort^t en tête prolongé sur le chanfrein. Par KRIM, ar., et NAMA, 657, b.

2079 ## TRIM

(Etablissements hippiques de l'Algérie.)

1883. — 1^m 47. Ar. b. Bai marron, fort^t en tête prolongé par une large liste bordée, terminée par du ladre entre dans les naseaux au bout du nez et aux lèvres, 3 balz. irr. et bordées dont une ant. g. plus petite, tache blanche aux boulets post. dr.

DÉRIVÉS DE LA RACE BARBE

FEMELLES

1402   ABEDDA

(M. El Hadj ben Zian ben Abed, à M'Zila, commune mixte de Cassaigne.)

1888. — Ar. b. Alezan, en tête prolongé par une liste se terminant par du ladre entre les naseaux et aux lèvres, balz. diag. g. Par FELLAH, 194, ar. b., et CHAGRA, 414, b.

1341   ACIA

(M. de Bonnand, à Oued-el-Alleug.)

1888. — Ang. ar. b. Par NÈGRE, ang. ar., et PIERRETTE, 172, b.

1600   ADELA

(M. Aboucaya Mardochée, à Sétif.)

1884. — 1m 57. Ang. ar. b. Bai, en tête prolongé par une liste terminée par du ladre entre et dans le naseau g., 4 balz. Par MAMELUCK, ang. ar., de DANKALY, ar., èt CONCEPTION, ang., et mère barbe.

1690   **AÏCHA**

(M. Sliman ben Maklouf, à Oued-Meriem, commune mixte
d'Aumale.)

1890. — Ar. b. Alezan, légt en tête. Par Bali, ar.,
et Houda, 107.

197   **BABIA**

(Etablissements hippiques de l'Algérie.)

1884. — 1m 47. Ar. b. Bai miroité, q. q. poils en
tête, balz. post. dr. herminée.

483   **BALERINE**

(La Société de l'Habra et de la Macta, à Debrousseville.)

1884. — 1m 52. Ar. b. Bai châtain foncé, balz. post.
dr., principe de balz. post. g. Par Dohenjitar, ar., et
Gazelle, 482, b.

1574   **BARKA**

(M. Bouzian ben Abdallah, à Guidjell, commune de Sétif.)

1890. — Ang. ar. b. Par Clairon, ang. ar., et Aïcha,
1573, b.

479   **BARONNETTE**

(La Société de l'Habra et de la Macta, à Debrousseville.)

1884. — Ar. b. Gris rubican, 1 balz. ant. g. Par
Dohenjitar, ar., et Boulotte, 477, b.

198   **BAROUDE**

(Etablissements hippiques de l'Algérie.)

1881. — 1ᵐ 54. Ar. b. Gris pommelé, légᵗ rouané.
plus clair à la tête, petit ladre marbré à la lèvre inf.

1143   **BEAUTEY**

(Mme Vve Porcellaga, à Boufarik.)

1888. — 1ᵐ 53. Ang. ar. b. Gris rouané, fortᵗ truité
aux épaules et aux flancs. Par Mameluk, ang. ar. et
mère barbe.

1149   **BICHETTE**

(M. Morand, à Boufarik.)

1889. — Ar. b. Par Smaouï, ar. b., et Cocotte, 1145, b.

1579   /   # BICHETTE

(M. Galleya, Salvator, à Souk-Ahras, commune de Souk-Ahras.)

1890. — Ang. ar. b. Par Estom, ang. ar., et Mabrouka, 1578.

1661   # BLIDA

(M. Mohamed bel Haḋj Moussa, aux Attafs.)

1890. — Ar. b. Gris clair, balz. post. Par Ben Chicao, ar., et Zarah, 158, b.

1218   # BRISE

(M. Laugier, Charles, à Zaâtra, commune de Courbet.)

1888. — 1ᵐ 53. Ang. ar. b. Rouan vineux pommelé plus clair et truité à la tête. Par Mameluk, ang. ar. et mère barbe.

2124   ′   # CHARLOTTE

(M. de Page, Henri, à Aïn-Témouchent.)

1886. — 1ᵐ 47. Ar. b. Alezan doré, irrégᵗ en tête, balz. post. g.

2125

GHERIFA

(M. Bedouet, Charles, administrateur de la commune mixte
d'Ain-el-Ksar.)

1878. — 1ᵐ 54. Ar. b. Gris fortᵗ truité.

199

CHOUKA

(Etablissements hippiques de l'Algérie.)

1884. — Ar. b. Alezan clair, irrᵗ en tête prolongé
par une liste terminée par du ladre entre dans les
naseaux, balz. ant., la gauche mélangée, la droite plus
petite et herminée.

1255

COCOTTE

(M. Moutier, Simon, à Tizi-Ouzou.)

1889. — Ar. b. Alezan. Par AMALFI, ar. b., et LISA,
1197 b.

200

COUBA

(Etablissements hippiques de l'Algérie.)

1884. — Ar. b. Alezan foncé, en tête mélangé, crins
mélangés.

1569
CRIQUETTE
(M. Caron, capitaine de spahis, à Biskra.)

1889. — Par ACAJOU, ang. ar., et AÏCHA, 1018, b.

201
DAÏFA
(Etablissements hippiques de l'Algérie.)

1885. — Ar. b. Bai.

485
DANAË
(La Société de l'Habra et de la Macta, à Debrousseville.)

1886. — Ar. b. Bai châtain, zain. Par DOHENJITAR, ar., et GAZELLE, 482, b.

202
DAOUÏA
(Etablissements hippiques de l'Algérie.)

1885. — Ar. b. Bai clair.

203
DELFA
(Etablissements hippiques de l'Algérie)

1885. — Ar. b. Alezan.

211

DIFA

(Etáblissements hippiques da l'Algério.)

1885. — 1ᵐ 36. Ar. b. Rouan, en tête prolongé par une liste s'arrétant sur le chanfrein, ladre dans les naseaux et au bout du nez, petite balᵉ. post. g. dentelée.

487

DIZAINE

(La Société de l'Habra et de la Macta, à Debrousseville.)

1886. — Ar. b. Gris rubican, 3 balz. dont 1 post. g. Par Dohenjitar, ar., et Boulotte, 477, b.

907

EL-BERKA

(Etablissements hippiques de l'Algérie.)

1887. — Ar. b. Bai brun. Par N'Sib, 55 b., et Lila, 204, ar. b.

705

EL-KHOUÏA

(Etablissements hippiques de l'Algérie.)

1887. — Ar. b. Gris rouané. Par N'Sib, 55, b., et Sadia, 205, ar. b.

908   **EL-LAHIFA**

(Etablissements hippiques de l'Algérie.)

1887.—Ar. b. Alezan. Par ANAZETH, ar., et DJEMILA, 96, b.

481   **ÉMERAUDE**

(La société de l'Habra et de la Macta, à Debrousseville.)

1887. — Ang. ar. b. Bai, pelote en tête. Par BRACO-NIER, ang. ar., et SELIKA, 480, b.

906   **ET-TAÏGA**

(Etablissements hippiques de l'Algérie.)

1887. — Ar. b. Alezan. Par ANAZETH, ar., et AÏCHA, 73, b.

909   **EZ-ZINA**

(Etablissements hippiques de l'Algérie.)

1887. — Ar. b. Par N'SIB, 55, ar. b.. et BAROUDE, 198, ar. b.

1356   **FANCHETTE**

(M. Morand, à Boufarik.)

1889. — Ar. b. Par SMAQUI, 196, ar. b., et COCOTTE, 1145, b.

1655   # FATMA

(M. Cuignet de Scheldon, à Rouïba.)

1887. — Ang. ar. b. Noir rubican. Par YUNG-NOEL, ang. ar., et GAZELLE, 1220, b.

1374   # FAVA

(Société de l'Habra et de la Macta, commune de Perrégaux.)

1888. — Ar. b. Alezan, Par AÇLY, 309, b., et BALE-RINE, 483, ar. b.

1446   # FEDDAKA

(Etablissements hippiques de l'Algérie.)

1888. — Ar. b. Par N'SIB, b., et BAROUDE, 198, ar. b.

1367   # FELLAAH

(M. M'Hamoud ben Taïeb, à Aïn-Boudinar, commune d'Aïn-Boudinar)

1888. — Ar. b. Alezan, en tête en long, petit ladre entre les naseaux. Par FELLAH, 194, ar. b., et BI-CHETTE, 449, b.

1376   **FLEURETTE**

(Société de l'Habra et de la Macta, commune de Perrégaux.)

1888. — Ang. ar. b. Alezan, liste en tête, balz. post. Par Braconnier, ang. ar., et Sultane, 493, b.

1144   **GAZELLE**

(M. Bossion, à Mustapha.)

1881. — 1ᵐ 52. Ar. b. Alezan, en tête prolongé par une liste terminée par du ladre dans les naseaux et à la lèvre sup., petite balz. post. g.

1596   **GAZELLE**

(M. Burgay, Fernand, commune des Ouled-Rahmoun.)

1882. — 1ᵐ 51. Rouan clair truité, cicatrice au poitrail, au passage des sangles à g. et aux hanches.

1633   **GH'ZALA**

(M. Ali Cherif Brahim, à El-Azebri, commune mixte d'Aïn-M'lila.)

1888. — Ang. ar. b. Bai châtain, pelote en tête mélangée, balz. diag. dr., ladre à la lèvre inf.

1862 ## GH'ZALA

(M. Salah ben Ahmed, à Oued-Rechaïch, commune indigène
de Khenchela.)

1891. — Ang. ar. b. Gris foncé. Par DAPLIA, ang.
ar., et MABROUKA, 1861, b.

1183 ## HAMRA

(M. Catusse, à Ard-el-Beïda, commune d'Orléansville.)

1888. — 1ᵐ 47. Ar. b. Alezan, 3 balz. irr. dentées,
1 post. dr., pelote en tête.

1452 ## KAHATA

(Etablissements hippiques de l'Algérie.)

1889. — Ar. b. Par ANAZETH, ar., et ACHAÏA, 70. b.

1449 ## KAÏMA

(Etablissements hippiques de l'Algérie,)

1889. — Ang. ar. b. Par CEYLON, ang. ar., et RAS-
SAUTA, 173, b.

1634

KAÏMA

(M. Ali Cherif bel Hadj Brahim, à El-Azebri, commune mixte d'Aïn-M'lila.)

1890. — Ang. ar. b. Alezan, pelote en tête prolongée par du ladre. Par SANS-SOUCI, ang. ar., et AÏZIA, 978, b.

1454

KALLABA

(Etablissements hippiques de l'Algérie.)

1889. — Ar. b. Par ANAZETH, ar., et DJEMILA, 96, b.

1458

KINAASSA

(Etablissements hippiques de l'Algérie.)

1889. — Ar. b. Par ANAZETH, ar., et SIADA, 205, ar. b.

204

LILA

(Etablissements hippiques de l'Algérie.)

1882. — 1m 57. Ar. b. Gris rouané, petit ladre à la lèvre inf.

1214

LILI

(M. Dumont, Victor, à Khouanin, commune de Rébeval.)

1887. — Ar. b. Alezan, en tête, liste sur le chanfrein, balz. lat. g. Par Ben-Chicao, ar., et Mignonne,
1214, b.

1525

LOUISA

(M. Mafoud ben Amar, à Ouled-Driss, commune mixte
d'Aumale.)

1890. — Ang. ar. b. Bai. Par Faïk, ang. ar. et Messaouda, 1523, b.

1617

MABROUKA

(M. Abdallah ben Mohamed, à Ouled-bou-Dehrem, commune
mixte de Khenchela.)

1890. — Ang. ar. b. Rouan foncé, pelote en tête. Par
Daplia, ang. ar., et Zerga, 1041, b.

1612

MESSAOUDA

(M. Ahmed ben Belkacem, à Ouled-Ensigha, commune mixte
de Khenchela.)

1890. — Ang. ar. b. Rouan, sous poils de poulain,
en tête, ladre entre les naseaux et à la lèvre inf., balz.
post. g. Par Daplia, ang. ar., et Zerga, 1045, b.

457   **N . . .**

(M. El Arbi ould El Srigher, à Aïn-Boudinar.)

1887. — Ang. ar. b. Alezan clair, pelote irr. prolongée sur le chanfrein. Par CEYLON, ang. ar., et HAMRA, b.

1770   **N . . .**

(M. Dader, Hilaire, à Sétif.)

1891. — Ang. ar. b. Par GAVARNI, ang. ar., et CoCOTTE, b.

1837   **NICHETTE**

(M. Puivarge, à Constantine.)

1882. — 1^m 52. Ar. b. Bai châtain, en tête bordé prolongé sur le chanfrein, ladre aux naseaux et aux lèvres. Par NICHAM, ar., et mère barbe.

1556   **PENSÉE**

(M. Lavedan, Louis, à Constantine.)

1880. — 1^m 51. Ar. b. Gris très clair, ladre aux lèvres.

1601

REINE-CLAUDE

(M. Galéa, Angelo, à Sétif.)

1886. — 1m 51. Ang. ar. b. Rouan foncé. Par SANS-Souci, ang. ar., et mère barbe.

1602

ROSE-THÉ

(M. Bedouet, Charles, administrateur, commune mixte d'Aïn-el-Ksar.)

1886. — 1m 50. Ang. ar. b. Alezan clair, forte liste, balz. post. g., traces ant.

1598

SELLEMIA

(M. Mohamed ben Si el Hassen ben Cheikh, à Constantine.)

1879. — 1m 58. Ar. b. Gris très clair, ladre marbré entre dans les naseaux, au bout du nez et aux lèvres, feu au sommet des épaules.

205

SIADA

(Etablissements hippiques de l'Algérie.)

1881. — 1m 58. Ar. b. Rouan clair, truité à la tête, aux épaules et aux flancs, ladre à la lèvre inf., raie de mulet.

1597   STELLA

(M. Lavedan, à Constantine.)

1873. — 1m 52. Ar. b. Gris clair, fort^t truité, ladre truité aux lèvres.

661   TEFELA

(M. Abd-el-Kader ould Brahim, à Aïoun-el-Beranis, commune mixte de Saïda)

1887. — Ar. b. Alezan, très lég^t en tête, balz. chaussée post. g. Par ABIAN, ar., et TITEM, 662, b.

1659   VIOLETTE

(M. Taboni, Louis, à Orléansville.)

1890. — Ang. ar. b. Alezan clair. Par PÈLERIN, ang. ar. et RIGOLETTE, 1186, b.

1633   ZINA

(M. Ahmed ben Brahim, à Remila, commune mixte de Khenchela).

1890. — Ang. ar. b. Rouan sous poil de poulain. Par DAPLIA, ang. ar., et ZERGA, 1046, b.

1599

ZIZIA

(M. Mohamed ben Si el Hassen ben Cheikh, à Constantine.)

1884. — 1ᵐ 57. Ar. b. Róuan foncé pommelé plus clair à la tête feu arabe au sommet des épaules, cicatrice à la face externe des jarrets.

1209

ZOHRA

(M. Çolenos, Constant, à Bordj-Ménaïel.

1888. — 1ᵐ 47. Ar. b. Bai cerise, en tête bordé, petite tache de ladre à la lèvre sup.

BIBLIOTHÈQUE NATIONALE IMPRIMÉS.

TABLE

———

Alger. — Giralt, imprimeur du Gouvernement Général, rampe Magenta, 46.

ALGER. — IMPRIMERIE GIRALT

Rampe Magenta, 16

www.ingramcontent.com/pod-product-compliance
Lightning Source LLC
Chambersburg PA
CBHW031352210326
41599CB00019B/2739